金华市水利续志

2005—2014

浙江省金华市水利渔业局 编

2012年4月，水利部部长陈雷（前右一）视察东阳城市防洪工程

2012年4月，水利部部长陈雷（前右）听取村级农民水务员队伍建设情况介绍

2014年8月，浙江省委书记、省人大常委会主任夏宝龙（前中）视察兰溪“五水共治”工作

2010年4月，时任浙江省省长吕祖善（前左二）、副省长葛慧君（前左三）在兰溪女埠街道防汛指挥所检查基层防汛体系建设情况

2014年2月，时任浙江省省长李强（前中）冒雨视察浦江三江口湿地建设

2014年6月，浙江省政协主席乔传秀（左二）调研浦江县翠湖生态治理工程

2009年9月，时任水利部副部长矫勇（左二）检查指导金华水利安全生产工作

2012年12月，时任水利部纪检组组长董力（前中）视察义乌水利工作

2013年5月，时任水利部副部长李国英（前右四）视察兰溪农防工程

2011年6月，时任浙江省委常委、副省长葛慧君（前左二）检查指导兰溪防汛抢险救灾工作

2013年2月，浙江省人大常委会副主任程渭山（前中）到金华调研水库安全管理工作

2004年12月，时任浙江省副省长茅临生（前右一）为金华颁发浙江省第十三届水利“大禹杯”金奖

2013年4月，时任浙江省副省长黄旭明（前中）视察兰溪农防工程

2014年4月，浙江省政协党组副书记、副主席陈加元（左三）调研浦江县通济湖生态湿地项目

2006年2月，时任浙江省水利厅厅长陈川（前左二）检查金兰水库除险加固工程

2010年3月，时任浙江省海洋与渔业局局长赵利民（前右二）检查金华渔业工作

2010年8月，时任金华市委书记徐止平（前中）调研九峰水库

2013年3月，时任金华市委书记陈一新（中）调研“浙中水乡”建设工作

2013年8月，时任金华市委书记徐加爱（前左一）检查指导金华市区抗旱工作

2007年4月，时任金华市市长葛慧君（前左一）检查千万农民饮用水工程

2010年7月，时任金华市市长陈昆忠（前右一）检查金华市区城南桥至河盘桥段堤防提档加固改造工程

2014年5月，金华市市长暨军民（前中）、副市长张伟亚（前左一）检查金华水文设施

2010年7月，时任金华市人大常委会主任阎寿根（前右三）视察城市防洪工作

2014年6月，金华市人大常委会主任黄锦朝（左二）、时任市委副书记陶诚华（左一）、市人大常委会副主任林一心（右一）等视察金华市区防洪排涝工作

2006年8月，时任金华市政协主席陈章凤（前一）调研农民饮用水工程建设

2010年5月，时任金华市委副书记黄锦朝（左二）、副市长蔡健（右二）督查金华市区防汛工作

2014年3月，金华市人大常委会副主任张荣贵(前右）检查梅溪铁堰水闸工程建设工程

2007年6月,时任金华市副市长劳红武（右二）检查金兰水库除险加固工程

2012年9月，时任金华市副市长蔡健（中）检查金华市区武义江洪坞桥至丹溪路段堤防提档加固改造工程

2014年9月，金华市副市长张伟亚（中）调研金华市区梅溪水库坝址

2013年6月，金华市四大班子主要领导出席全市“浙中水乡”建设工作动员大会

2010年10月，部分金华市级老领导检查金华市九峰水库

2009年，金华市水利局荣获“全国水利系统先进集体”

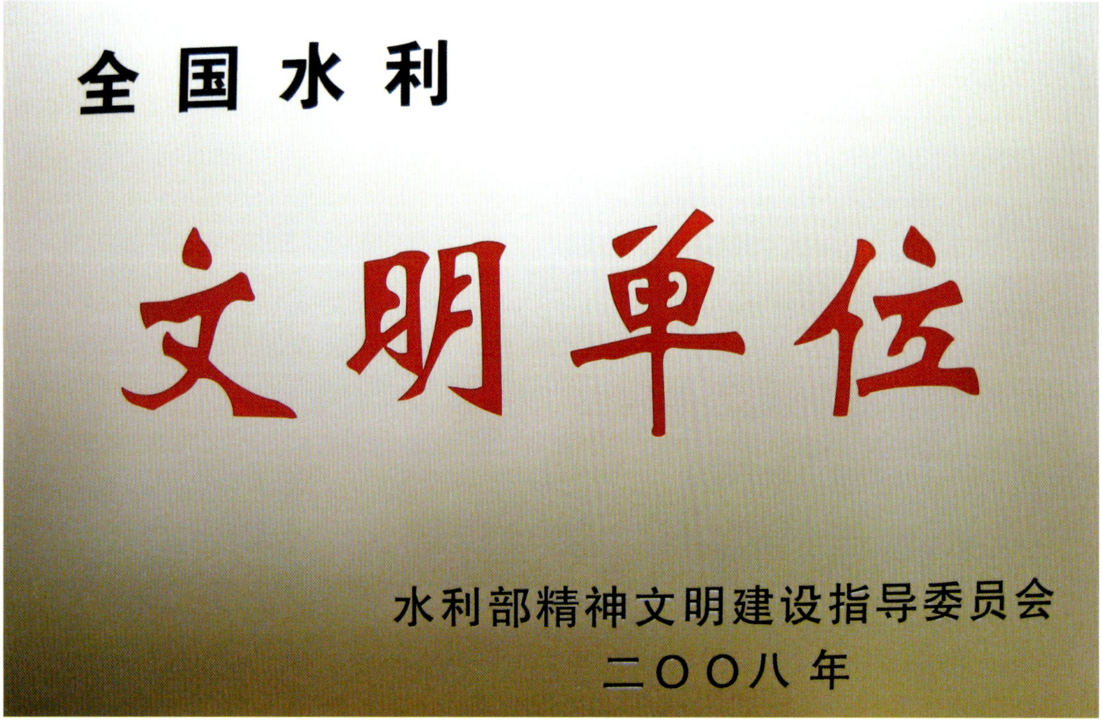

2008年，金华市水利局荣获“全国水利文明单位”

2007年，金华市本级荣获全省水利工作最高荣誉奖——省水利“大禹杯”金奖

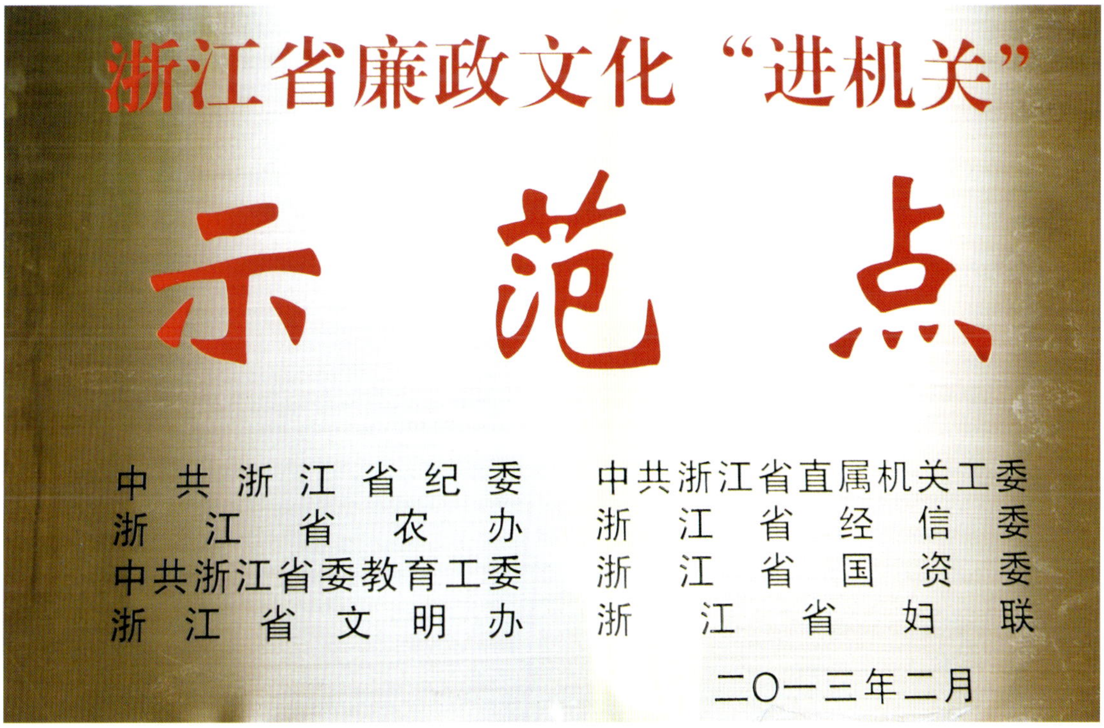

2013年，金华市水利局被评为全省首批廉政文化“进机关”示范点

2013年，金华市水利渔业局连续多次被评为市直机关“党建工作先进单位”

2011年，金华市水利渔业局被评为“市级廉政文化示范点”

2012年，金华市水利渔业局被评为“金华市爱国拥军模范单位”

2010年12月31日，中央电视台中国新闻栏目报道金华市村级农民水务员队伍建设情况

2010年9月，《中国水利报》头版头条报道金华市村级农民水务员队伍情况

2010年3月，《中国水利报》报道金华市民生水利实践

新建的金华市区九峰水库

新建的浦江县仙华水库

新建的武义县石硖水库

新建的兰溪市钱塘垅水库

除险加固后的金华市区沙畈水库

除险加固后的金华市区金兰水库

除险加固中的金华市区安地水库

除险加固后的婺城区莘畈水库

除险加固后的兰溪市城头水库

除险加固后的兰溪市火炉山水库

除险加固后的兰溪市金山头水库

除险加固后的兰溪市高潮水库

除险加固后的东阳市东方红水库

除险加固后的东阳市横锦水库管理区

除险加固后的东阳市南江水库

除险加固后的义乌市柏峰水库

扩建后的义乌市枫坑水库

除险加固后的永康市太平水库

除险加固后的永康市杨溪水库

除险加固后的浦江县通济桥水库

除险加固后的浦江县金坑岭水库

除险加固后的武义县源口水库

扩建后的磐安县花溪水库

除险加固后的磐安县五丈岩水库

钱塘江干堤金华市区城南桥至河盘桥段江堤加固改造工程

金华市区东阳江左岸东关大桥至电大桥段江堤加固改造工程

金华市区五百滩堤防

金东区国湖水电站

金华市城南桥至河盘桥段江堤加固改造工程

金华市区燕尾洲湿地公园

金东区潜溪河道综合整治工程

金东区里郑村河道整治

兰溪市城东片防洪堤应急工程

兰溪市农防工程(泉湖片)

义乌市吴溪河道治理工程

东阳市泗渡溪河道治理工程

义乌市杨宅水轮泵站

永康市生态清洁型小流域

永康市生态清洁型小流域

金华市
安地水库灌区渠系

金华市
金兰水库灌区渠系

金华市
汪家垄水库灌区渠系

金华市
金兰水库灌区中干渠

乌溪江
引水工程金华市域渠道

永康市节水灌溉试验站

武义县王宅石斛种植基地节水灌溉微喷

金东区锦林佛手基地喷雾灌

兰溪市农民饮用水工程（城头水库水厂）

兰溪市永昌街道农民饮用水工程通水仪式

武义县农民饮用水工程(管网铺设)

金西水厂
婺城区农民饮用水工程

东方红水厂
东阳市农民饮用水工程

桥下水厂永康市农民饮用水工程

桥下水厂进水口
永康市农民饮用水工程

永康市农民饮用水工程(南山水厂)

永康市农民饮用水工程(高镇水厂)

浦江县农民饮用水工程（周西坞水厂）

磐安县农民饮用水工程（仁川水厂）

浦江县农民饮用水工程
甘泉工程入户通水

永康市农民饮用水工程入户通水

磐安县农民饮用水工程入户通水

2008年6月，
兰溪市陆上抢险现场

2011年，兰溪市
防汛抗洪救灾现场

2011年，兰溪市洪水

2010年，兰溪市女埠街道民主小围堤决口现场

2011年，兰溪市洪水

2013年10月，金华市防汛抢险支队赴甬支援抗洪排水工作

2010年12月,时任金华市水利局局长包晓华就村级农民水务员工作接受中央电视台采访

2013年,金华市水利渔业局局长潘炉生调研水利渔业工作

2014年2月，金华市水利渔业局
走访慰问扶贫结对村

2010年3月，金华市
水利局干部职工祭扫陆乌铁墓

2005年11月，金华市
水利局在横店举行党员活动

2011年6月，金华市水利系统
“金华市十佳实干型干部”
先进事迹报告会

2010年金华市水利局长会议

2009年12月,
金华市水利系统廉政教育会

2010年6月,金华市水利局
深化作风建设年活动动员会

2011年1月，浙江省首期新农村水利建设与管理培训班在金华市举办

2012年9月，金华市基层水利服务体系建设现场会在浦江县召开

2009年6月，金东区组织农民水务员培训

2010年度金华市水利局党委理论中心组学习

2013年7月，金华市水利局半年工作会议

2009年7月，金华水利系统纪念中国共产党成立88周年

2014年4月18日，中国工程院院士王浩参加我市“科学+会客厅”活动作专题报告

2010年2月，金华市水利局为韩继绍同志过生日

2007年5月，金华市组织开展防汛抢险演练

2008年6月，金华市水利局
组织全市水利安全知识电视竞赛

2014年10月，金华市本级
水利青年参加金华市第三届
“百里毅行”活动

2012年4月，在兰溪兰江
开展小鱼治水放流鱼苗活动

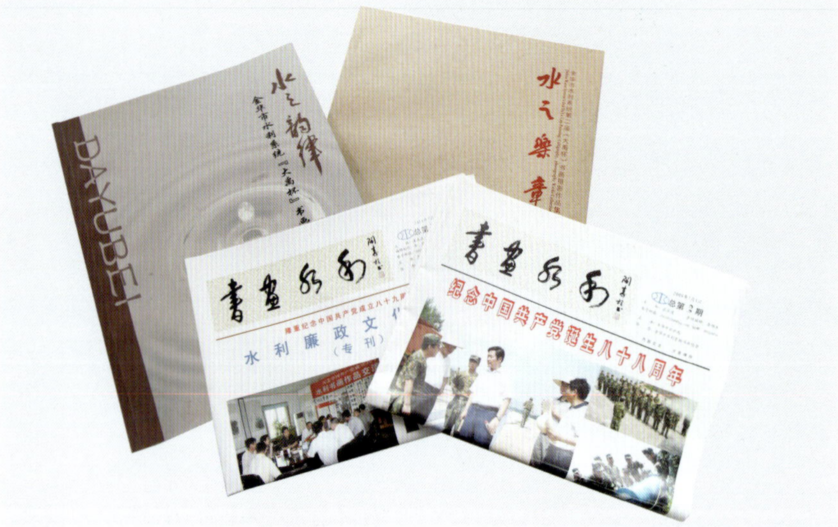

金华市水利
书画协会部分作品集

2011年1月，组织开展世界
水日和中国水周书画作品展

2014年10月，金华市水利渔业局
开展水利安全生产书画展下工地活动

金华市水利系统篮球赛

2014年8月，
金华市水利系统篮球赛

2014年6月，金华市水利系统
足球队参加市足球组织的邀请赛

《金华市水利续志(2005—2014)》编纂委员会

主　　任：潘炉生

副 主 任：包晓华

委　　员：池向东　贾跃俊　金时刚　廖利民

田为民　曹智冲　朱建宏　赵燕华

吴国建　张　斌　蓝一飞　邢方锦

童元能　陈　琦　张咸荣　胡伟中

曹品理

主　　编：包晓华

副 主 编：唐献力　方振强

编　　辑：金华市源水水资源投资开发建设有限公司

王敏敏　黄可谈　章晓玲　张　瑜　雷　瑶

序　一

《金华市水利续志（2005—2014）》即将问世，它集中记载了这十年间金华水利改革发展的历史。这十年，是金华经济社会实现赶超跨越、民生得到持续改善、生态环境得到有效保护的十年；这十年，是金华治水理念不断升华、治水投入不断加大、治水新局面得以开创的十年，也是金华水利人坚守、担当、奉献的十年。这十年，是全市水利投资规模最大、水利基础设施建设进度最快、水利改革力度最强、综合效益最好、群众受益最多的十年。这十年，金华先后获得全国水利系统先进集体、全国水利文明单位、全省五水共治大禹鼎、全省水利大禹杯金奖等荣誉，治水经验多次得到了上级领导的批示肯定，引起了中央电视台、《光明日报》《中国水利报》等媒体的关注并进行了专题报道，在金华治水史上写下了浓墨重彩的一笔。

这十年，金华治水理念不断升华，治水思路实现新转型。水是生命之源，生产之要，生态之基。水利不仅关系到防洪安全、供水安全、粮食安全，而且关系到经济安全、生态安全、国家安全。我们认真践行习近平总书记关于“节水优先、空间均衡、系统治理、两手发力”的重要论述，始终把水利放在保障经济社会发展的重要基础地位，放在保障和改善民生的优先领域，放在倒逼经济转型升级的突破口，更加重视水资源的统筹保护和开发利用，更加重视水环境的综合治理，更加重视水务管理体制机制的创新，更加重视全民治水热情的激发，大力推进“治污水、防洪水、排涝水、保供水、抓节水”等“五水共治”。

这十年，金华治水投入不断加大，水利基础设施实现新跨越。十年来，我们认真贯彻落实中央、省、市关于加快水利改革发展的决策部署，全力推进千库保安、千万农民饮用水、千万亩十亿方节水工程、万里清水河道工程建设以及防洪保安、旱涝保收、水资源保障、水环境保护等兴水惠民工程建设。全市累计完成水利投入206亿元，新建了中型水库2座、小型水库28座，扩建中型水库1座、小型水库3座，完成了505座病险水库的除险加固、1058座山塘整治，解决和改善了300万农村人口的饮水安全条件，完成了钱塘江干堤等堤防加固建设472千米，全市完成渠道衬砌3815千米，新增节水灌面85万亩，喷微灌8万亩，治理水土流失面积1013平方千米，整治河道3780千米，40个万亩以上灌区有三分之二实施了节水配套改造。金华市本级先后建成了九峰水库、市区应急供水工程，完成了金兰水库除险加固工程、金华江城南桥至河磐桥段、东阳江东关大桥至电大桥段、武义江洪坞桥至丹溪大桥段以及金兰水库灌区、安地水库灌区的节水配套改造等一批省、市重点水利项目，启动了安地水库、沙畈水库除险加固工程和梅溪流域综合治理工程。

这十年，金华治水改革不断深入，管理创新实现新突破。组建了全省首支、全国少有的村级农民水务员队伍，经验被写入省委文件；在全省率先建立健全“县县水务一体化、乡乡成立水利站、村村都有水务员”的“三位一体”的基层水利服务体系；启动了“浙中水乡”建设，在全省开“系统治水、综合治水”之先河；十年来，先后战胜了2011年兰江“6·19”、2014年金华江“6·23”、武义江“8·20”等流域性洪水灾害， 2007年“罗刹”等超强台风灾害以及2013年干旱灾害，实现了“不死人、少伤人，少损失”的防汛防台抗旱目标。全市9个县（市、区）均被列为中央财政小型农田水利重点县，3个县（市、区）列为全国中小河流治理重点县。永康市被列为水利部陈雷部长联系点，义乌市被水利部列为国家级节水型社会建设试点，浦江县被列为全省水生态文明建设试点县。十年来，我们始终坚持两手抓，扎实推进水利系统党风廉政建设责任化具体化程序化公开化，干部队伍建设实现了“一个都不倒一个都不少”的廉政目标，金华市水利局被省纪委等8部门评为全省廉政文化进机关示范点。全市水利系统多名干部职工分别获得了全省五一劳动奖章、全市十佳实干家、全市优秀共产党员、全市劳动模范和全市“十大杰出青年”等荣誉称号。

回首过去，治水兴水成效显著，亮点纷呈，收获令人喜悦；展望未来，水利发展前景广阔，任重道远，更当奋力前行。

包晓华

2016年11月30日

注：本文作者2005年6月至2013年4月任金华市水利渔业局局长

序　二

《金华市水利续志（2005—2014）》是中华人民共和国成立以来金华市编撰完成的第三部水利志，它详尽而客观地记述了金华市近十年间的水利建设、防汛抗旱、管理创新、科技兴水、水利渔业经济、水环境保护、精神文明建设等方面所作出的有益探索和经验，展现了十年来金华水利人勇于开拓、自强不息、艰苦奋斗的精神和积极进取、追求卓越的工作风貌，志书观点正确，体例规范，内容丰富，详略得当，具有鲜明的时代特色和水利专业特点。整个编纂工作历时3年，倾注了全体修志人员的心血，在此深表感谢！

2005—2014年的这十年，是金华水利改革发展事业的辉煌时期。十年来，在市委市政府的正确领导和上级水利部门的有力指导下，全市人民大力发扬大禹治水的精神，打响了“治污水、防洪水、保供水、排涝水、抓节水”攻坚战，掀起了治水兴水的新高潮。全市先后兴建了九峰水库、仙华水库，实施了钱塘江干堤加固、中小河流治理、小农水重点县等一大批重点水利工程，全市的江河水库防洪保安能力、城乡供水保障能力、农业两区旱涝保收能力以及水环境保护能力得到了显著提高。水利在保障人民群众生命财产安全、促进经济社会发展、改善生态环境方面的基础性、关键性、战略性作用得到持续有效发挥。

“十三五”是金华实现追赶发展、高水平全面建成小康社会的关键时期。与“走在前列，共建金华”发展新要求相比，金华水利发展还存在病险山塘水库多、堤防防洪标准低、供水水源单一、节水程度不高、河道治理不系统、工程管理标准化程度低等短板。金华水利要按照“四个全面”战略布局，认真贯彻“五大发展理念”和中央治水新方针，以“五水共治”为抓手，全面解决重点地区防洪排涝突出问题，全面提升城乡水资源保障水平，全面改善河湖水域生态环境，全面提高农田水利基础设施水平，构建起“城水相依、湖库相嵌、江河相连、山水相融、保用相促、人水和谐”的水格局，基本实现水利现代化。希望全市水利工作者继续以饱满的工作热情，不断开拓进取，努力创新，扎实做好水利事业的各项工作，为“走在前列，共建金华”做出新的贡献。

潘炉生

2016年11月30日

注：本文作者2013年4月起任金华市水利渔业局局长

凡　例

一、《金华市水利续志（2005—2014）》以马列主义、毛泽东思想、邓小平理论、“三个代表”重要思想和科学发展观为指导，深入贯彻习近平总书记重要讲话精神，实事求是地记述金华市近10年来水利建设发展情况，彰明因果，力求体现时代特色、地方特色和专业特色。

二、编写结构为首列概述、大事记，后按事物性质分设篇、章、节，全志共10篇、44章、104节；体裁采用述、记、志、传、图、表、录等，以志为主。

三、时限上限为2005年，下限为2014年年底。

四、各个时期的行政区划机构均用当时原名。

五、所称省委、市委、县委、区委、党委均指中国共产党各级组织。

六、计量单位除注明外，均采用法定计量单位。

七、资料源于各县（市、区）和市局所属处、室、站的档案、文件、报刊、图表，一般不注明出处。

目　录

第一篇　地理环境

第二篇 防汛抗旱

第三篇 灌溉供水

第四篇　河道治理

第五篇　水力发电

第六篇　生态保护

第七篇　渔业发展

第八篇　水利管理

第九篇　水利改革

第十篇　机构人文

概　述

金华市位于浙江省中部，总面积10942平方千米。2014年年底，全市设婺城、金东2区，兰溪、永康、义乌、东阳4市，武义、浦江、磐安3县，共9个县级行政区。下辖76个镇、36个乡、39个街道，284个社区和4795个村，2014年年底总人口475.07万人。地处金衢盆地东段，为浙中丘陵盆地地区，地势南北高、中部低，有海拔1000米以上山峰208个。

2005年以来，金华市立足人民群众最关心、最直接、最现实的水利需求，围绕提高防洪保安能力、城乡供水能力、水环境生态能力“三大能力”，着力抓好千库保安、千万农民饮用水、千万亩十亿方节水工程、万里清水河道“三千一万工程”建设，加快构建以保障人民生命财产安全为首位、保障城乡饮水安全为重点、提高农业综合生产能力和改善城乡水环境为目标的“四大体系”，水利各项事业取得显著成效。

防灾救灾

每年把确保安全渡汛作为第一要务，严格落实防汛责任制和水利工程安全巡查责任制，取得了一次次抗御洪涝台旱灾害的胜利。2000年金华市启动水利信息化建设，边建设，边使用，边完善，截至2014年，已建立起水雨情信息自动采集、防汛远程会商、防洪工程实时监控、水雨情信息预警、数据库、洪水预报调度、防汛网站等多个子系统。2009年年初开始实施基层防汛体系建设，2010年汛前建设基本完成，2013年年底，根据《浙江省基层防汛防台体系规范化建设标准》，全市全面推进基层防汛防台体系规范化建设，进一步提升了基层防灾救灾能力。

千库保安

全市大部分水库建设于20世纪50年代至60年代，经过三四十年的运行，进入病害多发期，各种险情不断暴露，2003年启动千库保安工程建设，相继完成了东阳市横锦水库、南江水库以及市本级沙畈水库、金兰水库等大中型水库的除险加固。截至2014年年底，全市完成小（一）型以上病险水库加固505座，其中大型水库2座，中型水库22座，小（一）型水库80座。

城乡供水

随着金华城市建设的快速发展，城市自来水日供水量呈快速增长，供需矛盾逐渐显现。2005年以来，新建、扩建了市本级九峰水库，金东区长山垅水库，义乌市巧溪水库、枫坑水库，浦江县仙华水库，兰溪市钱塘垅水库，武义县石峡水库，磐安县花溪水库等一批水源工程和应急备用水源工程。磐安县市岭下水库、永康市北部水库联网工程、兰溪市芝堰水库扩容加固工程开工建设，水资源保障能力不断提高。同时新建、扩建了永康市南山水厂、东阳市第二自来水厂、兰溪市芝堰水厂、武义县清溪水厂、壶山水厂，浦江县仙华水厂，磐安县云山水厂等一批供水工程，全市供水事业迈上新台阶。

2003年以来，金华市响应省委、省政府的号召启动千万农民饮用水工程，各地因地制宜采取了城市供水管网延伸工程、区域集中式饮水工程和单村饮用水工程三种模式推进农民饮用水工程建设。截至2014年年底，累计完成投入24.8亿元，实施了209个面向农村的省级以上重点供水工程。

节水灌溉

2004年，全华市启动千万亩十亿方节水工程建设，对大中型灌区及重点小型灌区的骨干渠道和泵站装机进行改造，至2010年，全市28个灌区列入项目。2009年启动小型农田水利重点县建设工作，至2014年年底，全市九个县（市、区）陆续被列入各批中央财政小型农田水利建设重点县，通过山塘整治、灌区节水改造、渠道改造、河道清淤等项目，基本形成较为完善的灌排工程体系。

河道治理

2008年始，根据浙江省全面实施“强塘固房”工程的要求，实施兰江、衢江、金华江、东阳江、武义江等主要河流堤防建设和小流域堤防加固。2011年启动独流入海治理项目，强塘工程中未实施的部分堤段列入独流入海治理项目。

2002年年底，启动万里清水河道建设，2005—2014年，金华市相继完成了金华市梅溪、金东区潜溪、义乌市吴溪、东阳市泗渡溪等河道治理工程，河道生态功能逐步得到恢复。

水电开发

至2014年年底，全市共建成小型水电站354座，总装机28.4467万千瓦，约占可开发总资源量的88%，其中装机2000千瓦以上电站28座。2014年启动农村水电站安全生产标准化试点建设，全市共有20座电站列为全省安全生产标准化达标试点电站。

生态保护

2005年以来，金华市全面推进水源涵养生态功能区建设，同时结合重要饮用水源区的生态改善、水质保护，在金华市沙金兰水源涵养功能区、永康市杨溪水源区、浦江县金坑岭和大楼源等饮用水源保护区开展以生态修复、清洁型小流域为重点的水土流失综合治理，水土流失得到有效遏制。通过实施“万里清水河道”、“河沟池塘整治”等建成了一批生态景观型河沟池塘。全面推行取水许可制度，逐步推行入河排污口审批制度，基本落实了水资源有偿使用制度。

渔业发展

全市有水产养殖面积20260公倾，2014年，渔业年产量7.62万吨，实现产值15.63亿元，其中大鲵（娃娃鱼）驯养繁殖数量列全国前列，珍珠、龟鳖产量列浙江省前列。珍珠和龟鳖作为金华市渔业特色主导产业，分别被列为全国淡水珍珠主产区和浙江省龟鳖优势产业区，列入了浙江省优势产业带发展规划。

精心管理

坚持以规划为先导，编制了一系列水利规划，促进水资源的持续开发利用。根据金华市人民政府《金华市本级水利工程管理和保护范围规定》，加强对水库、河道堤防、灌区、山塘等水利工程的划界及运行管理。加强水政执法队伍规范化达标建设，全市水政监察队伍做到全员持证、执法网络全覆盖。重视水利科技，应用和推广了一批水利新技术。

深化改革

2009年6月，水利部在永康市率先启动全国水务管理体制改革，将水利工程管理模式由多头管理变为一个口子管理。2011年4月，中共金华市委金华市人民政府出台了《关于加快水利改革发展的实施意见》，对加快水利改革发展做出了部署。同年，金华市被列为全省基层水利服务体系改革试点市。截至2014年年底，全市共建成基层水利站138个，在编水利员310人，在岗村级农民水务员5264人，基本形成了县县水务一体化、乡乡成立水利站、村村都有水务员的“三位一体”基层水利服务体系管理模式，在全省率先完成基层水利服务体系改革试点任务。

争创先进

2005年以来，全市共获得“大禹杯”金杯奖5个，银杯奖1个，铜杯奖2个，2007年市本级获第十三届省水利“大禹杯”金杯奖。2008年金华市水利局被水利部授予“全国水利文明单位”。2010年金华市水利局获“全国水利系统先进集体”称号。2005—2014年，全市水利系统获市（地）厅级以上先进单位荣誉称号56个，其中省（部）级14个，市（地）厅级42个，获市（地）厅级以上先进个人荣誉称号43人次，其中省（部）级8人次，市（地）厅级35人次。

金华水利事业经过几代人的努力，取得了长足进步和发展。随着我市经济社会的快速发展，城市化进程和新农村建设进一步加快，面对新形势和新要求，水利仍存在薄弱环节和明显的短板。一是洪涝灾害威胁依然存在。部分城市防洪工程未随城市建设扩展延伸跟进，金华城市防洪闭合圈尚未形成；早期建设的主要河流堤防存在遇较大洪水不稳定的安全隐患，中小河流系统治理未实施，城市和产业集聚区、低洼易涝地区排涝能力明显不足，乡村集镇防洪工程薄弱；部分区域山洪灾害防御基础工作薄弱，重点山洪沟防洪治理亟待开展。二是水资源供给未能全面满足需求。县域、区域间水资源不平衡，丰水区、缺水区不能有效调配；区域性缺水特征明显，资源型、水质型和工程型缺水问题并存；农业灌溉用水粗放，灌区渠系配套工程仍不完善，农田灌溉水利用系数较低，农业用水比例偏大；工业、居民生活节水潜力较大，环境需水供给较低。三是水生态环境有待改善。水资源短缺、水环境污染、水生态退化、农村河沟水系环境仍有待改观，部分河道、水库、山塘淤积问题依然突出，水生态文明建设仍任重道远；水资源利用在生态环境改善等方面统筹力不高，保护水生态环境良性循环的长效机制尚未建立。四是依法治水科学管水能力亟需提高。水行政管理方式仍需创新，水资源、河塘库涉水管理仍需大力加强，水资源高效配置机制尚未形成；水利工程确权划界不到位，小型工程管理主体责任不明确，小型水利工程建管模式有待持续改革创新；水利管理信息化水平与“智慧水利”尚有明显差距。

今后，金华市要根据党中央提出的“四个全面”战略布局，按照“节水优先、空间均衡、系统治理、两手发力”的新时期治水思路，以治水为突破口，加快经济转型升级，进一步保障防洪与供水安全，促进水环境改善，以“绿水青山就是金山银山”的理念助推“两美”金华、“精品城市”建设，为全面建成更高水平小康社会提供坚实的水利支撑和保障。

金华市水利局大事记

2005 年

1 月 30 日	义乌市巧溪水库除险扩容工程正式开工建设。
1 月 31 日	市委办发〔2005〕4 号文件通报市级机关部门 2004 年度考核结果，市水利局被评为表扬单位。
3 月 18 日	市水利局被评为 2004 年度全省市级水行政主管部门工作目标责任制考核良好单位。
5 月 14 日	中国水利企业协会会长朱登铨（原水利部副部长）到金华市调研，召开由部门县（市、区）水利（水务）局长参加的座谈会，视察了市区城防工程。
5 月 25 日	市委书记徐止平，市委副书记、市长葛慧君检查防汛和水利工作。
6 月 12 日	市委副书记陈昆忠到市防汛防旱指挥部检查指导防汛工作。
6 月 21 日	市委干〔2005〕22 号文任命包晓华同志任中共金华市水利局委员会委员、书记，免去季熙星同志的中共金华市水利局委员会书记、委员职务。
6 月 22 日	市长葛慧君、副市长劳红武参加全省防汛工作电视电话会议。
7 月 14 日	金人大常干〔2005〕10 号文，金华市第五届人大常委会第二次会议任命包晓华为金华市水利局局长,金政干〔2005〕7 号文，季熙星任金华市水利局调研员。
8 月 4 日、5 日	市委市政府在市防汛远程会商中心召开防御 9 号台风“麦莎”电视电话会议，市领导徐止平、葛慧君、陈昆忠、王挺革、劳红武等出席会议。
8 月 18 日	中共金华市委干〔2005〕32 号干部任免通知，孟庆连同志任中共金华市水利局委员会委员、纪律检查委员会书记，免去陈益民同志的中共金华市水利局委员会委员、纪律检查委员会书记职务。
9 月 1 日	市委书记徐止平、市委副书记陈昆忠、副市长劳红武分别指导第 13 号台风（泰利）的抗台防台工作。
9 月 11 日	市领导徐止平、葛慧君、陈昆忠、劳红武在市防汛防旱指挥部坐镇指挥第 15 号台风（卡努）的抗台防台工作。全市派出 4 个台风督导组到各地督导检查水利工程防台措施落实情况。
10 月 16 日	东阳市横锦水库除险加固工程开工。

10月26日	市五届人大常委会第四次会议，审议金华市水资源开发利用和保护情况。
11月7日	金政发〔2005〕123号文批复同意将金华市双龙电站管理所整体移交给金华双龙风景旅游区管委会。
11月8日	金华市双龙电站管理所整体移交给金华市双龙风景旅游区管委会的正式移交手续在双龙电站管理所举行。
11月15日	市水利局召开《金华市水利续志（1991—2004）》评审会。
11月24日	市水利局党委决定建立党委办公室，张春阳同志兼任党委办公室主任。
11月28—30日	市水利局在东阳横店召开务虚会，研究提出“十一五”规划思路和局有关制度。
12月27日	市委市政府在金华国贸宾馆召开全市水利工作会议，会议贯彻全省水利工作会议精神，总结“十五”全市水利成绩，确定“十一五”水利发展目标。陈昆忠副书记讲话，劳红武副市长主持会议，包晓华局长作工作报告。

2006年

2月6日	金华市人民政府（金政发〔2006〕29号）发文《金华市人民政府关于加快农村饮水安全工程建设的若干意见》
2月14日	省水利厅厅长陈川、副厅长彭佳学、省水文局局长王云辉等省钱塘江流域防汛考察组来金检查防汛工作。
2月28日	市水利局被评为2005年度全省市级水行政主管部门工作目标责任制考核优秀单位。
3月9日	金华市市直事业单位改革领导小组金市事改〔2006〕1号文批复同意市水利水电职工培训中心改制方案。
5月13日	水利部中澳环境发展计划—中国水权制度建设项目专家组一行8人考察东阳横锦水库。
5月19日	金华市总工会金总工〔2006〕50号文批准同意成立金华市水利局工会工作委员会，贾宝亮同志为工委主任。
5月25日	金华市防御大洪水指挥调度模拟演练在市防汛办远程会商中心举行。
5月31日	全省重要堤防建设与管理工作会议在金华召开，省水利厅厅长陈川、副厅长褚加福出席，副市长劳红武致辞，市水利局作了河道保护范围划界确权工作典型发言。

6月7日　市委办〔2006〕62号文，市水利局纪委改设纪检组，增设监察室。

6月30日　金华市水利局党委、机关党委召开纪念建党85周年会议，邀请老技术人员韩继绍同志作《献身水利事业、勤政廉洁一生》报告。

8月15日　金华市政协组织部分政协委员跟踪视察金华市农村饮用水安全建设。市政协主席陈章凤参加视察活动。市委副书记陈昆忠出席座谈会，市政府副市长劳红武等陪同视察。

11月21日　金华市金兰水库除险加固工程开工，总投资7272万元。

12月6日　金华市政府葛慧君市长主持召开金兰水库除险加固工程建设领导小组第一次会议。

12月12日　全省农村饮用水工程建设现场会在磐安召开。

12月13日　全省“千万亩十亿方”节水工程暨小型水利工程现场会在武义县召开。

12月19—20日　省政协组织在浙全国政协委员、在杭省政协委员视察金华市农村水利工程建设。

2007年

2月5日　金华市水利局被评为市级机关部门（单位）2006年度考核先进单位。

3月21—24日　全市水利领导干部培训班在浙江大学经济学院举行。

3月　市水利局部署开展了第三轮下属事业单位负责人竞聘上岗工作。

4月27日　全省新农村建设水利现场会在浦江召开。副省长茅临生，省水利厅厅长陈川、副厅长陈岳军，市委书记徐止平，市委副书记、市长葛慧君，副市长劳红武等领导出席会议。

5月31日　市防汛防旱指挥部举行城区防洪抢险演练，市四套班子主要或分管领导到场观摩。

6月28日　金华市水利局被市委授予2005—2006年度市直机关党建工作先进单位。

8月28—29日　省水利厅厅长陈川带队赴金华永康、武义等地进行千万农民饮用水建设工作调研。

9月4日　金华市水利局组织局机关全体干部、局属各单位党政正职、各县（市、区）水利（水务）局局长和纪委书记、纪检组长共70多人，到金华监狱开展警示教育活动。

9月22日　水利部部长陈雷在北京专门听取了有关永康市水务工作的情况汇报。水利厅副厅长褚加福，中共永康市委书记徐建华等参加了汇报。

9月23日　水利部水土保持司司长刘震一行7人考察了兰溪市水土保持综合试验站。

9月27日　水利部原部长汪恕诚到浦江调研。

11月1日　省人大常委会副主任叶荣宝视察武义县清泉工程建设。

11月16日　金华市钻井行业协会成立。

11月17日　全省首期新农村水利建设与管理培训班在金华市委党校举办。

12月6日　省政府召开的全省水利工作会议，宣布金华市本级荣获省第十三届水利“大禹杯”金杯奖，是全省11个市本级中唯一获得两次金杯奖的地区。

2008年

1月3日　浦江县被国家发展改革委、水利部列入全国农村饮水安全工程建设示范县。

1月15日　市委组织部任命田为民同志为金华市水利局党委委员、局长助理。

1月17日　水利部陈雷部长对永康水务工作提出了“六个率先”的要求。

1月26—27日　水利部部长陈雷到东阳、永康等地考察水利工作。

1月29日　金华市水利局被评为市级机关部门（单位）2007年度考核先进单位。

2月24日　水利部水土保持司司长刘震检查永康市开发建设项目水土保持监督执法专项行动、生态清洁小流域建设等水利工作。

2月26日　金华市水利局被评为2007年度全省市级水行政主管部门工作目标责任制考核优秀单位。

3月15日　省水利厅厅长陈川调研磐安好溪水利枢纽前期工作。

3月26—27日　水利部办公厅主任顾冶、副巡视员于琪洋到金华检查病险水库情况。

3月28日　全省防汛防台抗旱工作会议在金华召开。

6月6日　省水利厅组织召开了金兰水库除险加固工程蓄水阶段验收会议。

6月10日　省防指和金华市防指、兰溪市防指在兰溪市三江汇流处马公滩举行了流域性大洪水防御抗洪抢险演习。

6月18—20日　中国灌排中心副主任倪文进一行7人来永康调研“六个率先”。

6月20日　全市水利安全知识电视竞赛节目在金华电视台演播厅录像，市本级和各县（市、区）水务局共10支队伍参加竞赛。

7月17日　全省水政执法案例研讨会在浦江县召开。

7月29日　水利部精神文明建设指导委员会水精〔2008〕6号文命名金华市水利局为“全国水利文明单位”。

7月29日　金政发〔2008〕64号文批复同意《金华市水资源综合规划》。

8月7日　《金华市水利志续编（1991-2004）》正式出版发行。

8 月 25 日　金政发〔2008〕75 号文批复同意《金华市区饮用水水源地安全保障规划》。

9 月 14 日　全省水利人力资源管理信息系统使用培训班在金华举行。

2009 年

1 月 5 日　金华市区城南桥至河盘桥段城防加固改造工程建设指挥部召开第一次成员会议。总指挥、副市长蔡健参加。

1 月 6 日　永康市被评为“2007—2008 年度全国农田水利基本建设先进单位”。

1 月 22 日　市委副书记、市长陈昆忠到九峰水库工地现场检查工程建设进展情况。

2 月 4 日　金华市水利局、金华市财政局联合出台《关于加强市本级农村水务管理的实施意见》，标志着金华市农村农民水务员队伍建设工作正式启动。

3 月 10 日　金华市水利局被省水利厅评为全省市级水利部门 2008 年度目标责任制考核优秀单位。

3 月 26 日　金华市水利水电工程质量监督站经金华市机构编制委员会金市编办〔2009〕3 号文件批准，更名为金华市水利水电工程质量与安全监督站。

3 月 27 日　省重点工程义乌市巧溪水库正式开始向义乌城区供水。

5 月 12 日　金华市水利局荣获“全国农村水电及电气化建设先进集体”称号。

6 月 25 日　金华市水利局被市委授予“2007—2008 年度市直机关党建工作先进单位”。

7 月 2 日　金华市水利工程管理体制改革通过由省发改委、省财政厅、省水利厅等部门专家组成的验收组验收。

7 月 27—28 日　全省山洪灾害防治试点工作会议在磐安召开。

9 月 21—22 日　水利部副部长矫勇、水利部安监司司长王爱国一行 9 人来我市检查指导水利安全生产工作。省水利厅厅长陈川、副厅长虞洁夫等参加检查活动。

10 月 13 日　全省基层防汛防台体系县级试点工作会议在金东区源东乡召开。

10 月 25—26 日　全国水土保持生态清洁型小流域建设现场会在永康召开。

12 月　金华市本级农村农民水务员队伍正式组建。金东区、婺城区、市经济开发区共 1000 多名农村农民水务员正式上岗。

2010 年

1 月 4 日　东阳市南江水库除险加固工程开工。

1 月 5—11 日　金华市 14 个试点乡镇（街道）的基层防汛体系建设通过评审验收。

1月7日　金华市水利局获“全国水利系统先进集体”荣誉称号。

3月4日　省水利厅厅长陈川就金华市本级村级农民水务员队伍建设进行专题调研。

3月9日　金华市水利局被评为2009年度全省市级水行政主管部门工作目标责任制考核优秀单位。

3月18日　市政府召开全市水利工作会议。副市长蔡健出席并讲话。

3月25日　省海洋渔业局局长赵利民到金华考察渔业工作。

4月7—8日　省委副书记、省长吕祖善，省委常委、副省长葛慧君到金华检查防汛工作。省水利厅厅长陈川、副厅长虞洁夫、省防指办常委副主任姚月伟；金华市领导徐止平、陈昆忠、阎寿根、陈章凤等陪同调研。

6月10日　省人大常委会副主任程渭山一行检查金华市水污染防治情况。

7月26日　市人大常委会阎寿根主任率领市人大代表视察市区城防工程，副市长蔡健参加视察活动。

8月18日　市委书记徐止平、副市长蔡健调研九峰水库工程。

8月18—20日　金兰水库除险加固工程竣工技术预验收和竣工验收会议召开，省水利厅副厅长虞洁夫出席。

8月20日　水利部网站、农田水利基本建设简报刊登了题为《浙江金华建立农民水务员队伍成功破解村级水利设施管护难题》的文章。

8月26日　金华市农业综合开发项目金兰灌区节水配套改造工程开工，蔡健副市长参加并宣布开工。

9月23日　《中国水利报》头版头条刊登题为《浙江金华设立村级农民水务员——农民水官破解农田水利管护难题》的长篇报道。

9月26—27日　九峰水库工程蓄水阶段验收会议召开，省水利厅副厅长许文斌出席。

9月28日　九峰水库工程封孔蓄水。市委书记徐止平、市长陈昆忠、省水利厅副厅长许文斌参加，副市长蔡健主持。

10月12日　全市病险水库除险加固工作推进现场会在金东区召开。市委副书记、市长陈昆忠，副市长蔡健参加。

10月13日　全国水资源综合管理永康市试点工作方案专家咨询会在永康召开，水利部水资源管理司副司长程晓冰、省水利厅副厅长连小敏等出席会议。

10月20—21日　金东区作为全国三个典型发言单位之一在全国中小河流治理现场会上作了典型发言。

10月29日　兰溪市农防加固工程举行开工仪式。省委常委、副省长葛慧君，省水利厅厅长陈川，市委书记徐止平，副市长蔡健等参加。

2011 年

1 月 4 日　《金华日报》头版头条，刊登题为《水利大变革，民生大改善——金华水利“十一五”创新发展纪实》的长篇文章。

1 月 25 日　东阳市南江水库除险加固工程通过蓄水验收。

2 月 23 日　金市组干通〔2010〕30 号文，曹智冲任中共金华市水利局委员会委员（副局级）。

2 月 24 日　金华市水利局被评为“2010 年度全省市级水行政主管部门工作目标责任制考核优秀单位”。

2 月 28 日　副市长蔡健部署全市水利普查工作。

4 月 12 日　全省水利工作会议在义乌、东阳召开，副市长蔡健参加。

4 月 14 日　《中共金华市委、金华市人民政府关于加快水利改革发展的实施意见》（市委〔2011〕1 号）印发。

4 月 14 日　省海洋与渔业局局长赵利民一行检查东阳渔业工作。

4 月 15 日　全市水利和防汛工作会议召开，蔡健副市长讲话。

4 月 19 日　市委常委、军分区政委周嘉爱带领驻金某部、武警金华市支队等主要领导赴九峰、金兰水库调研指导金华市水利建设和防汛工作，副市长蔡健参加。

5 月 7 日　市防汛防旱指挥部联合金华军分区在永康市太平水库组织开展了 2011 年度金华市防汛抢险演练。

5 月 18 日　金华市水资源管理委员会成立，蔡健任主任，包晓华任副主任。

5 月 23 日　市委副书记、市长徐加爱，副市长蔡健、傅利常等一行调研九峰水库工程。

6 月 14 日　金华市水利系统举行“金华市十佳实干型干部先进事迹”报告会。

6 月 14—20 日　徐止平、徐加爱等市领导检查指导梅雨洪水防灾救灾工作。

6 月 21 日　中共中央政治局委员、国务院副总理、国家防汛抗旱总指挥部总指挥回良玉到兰溪考察抗洪救灾工作，水利部副部长刘宁、省水利厅副厅长虞洁夫等参加。

6 月 21 日　金华市水利局被市委授予“2009—2010 年度市直机关党建工作先进单位”。

6 月 28 日　金华市水利局更名为金华市水利渔业局。金人大常干〔2011〕7 号文件任命包晓华为金华市水利渔业局局长。

7 月 22 日　金华市编委金市编办〔2011〕17 号文件同意将金华市水利管理站更名为金华市水库管理处。

7 月 28 日　中共金华市委市委发〔2011〕40 号文件决定中共金华市水利局委员会更名为中共金华市水利渔业局委员会。

7 月 28 日　中共金华市委市委干〔2011〕30 号文件任命潘炉生同志任中共金华市水利渔业局委员会委员、副书记；许洪忠同志任中共金华市纪律检查委员会派驻金华市水利渔业局纪律检查组组长。

12 月 13 日　金华市人民政府金政干〔2011〕21 号文件决定金时刚任金华市水利渔业局副局长。

2012 年

2 月 24 日　市政府印发《金华市水利发展“十二五”规划》。

3 月 9 日　武义县源口水库除险加固工程通过竣工验收。

3 月 23 日　磐安县花溪水库开工建设。

4 月 5 日　金东区杨卜山水闸除险加固工程开工。

4 月 13—14 日　水利部陈雷部长一行考察东阳、永康水利工作。

4 月 17—18 日　水利部纪检组长董力一行督查武义农村水电增效扩容改造试点工作。

4 月 26 日　金华市九峰水库主体工程通过合同工程完工验收。

5 月 28 日　义乌市通过国家级节水型社会建设试点验收。

6 月 29 日　金华市区应急供水工程开工建设。

7 月 6 日　市政府第 30 次常务会议审议并原则通过《市本级农田水利“十二五”发展规划》。

9 月 12 日　磐安县五丈岩水库除险加固工程通过竣工验收。

9 月 18 日　水利部在京审查通过《永康市加快实施最严格水资源管理制度试点方案》。

11 月 20 日　金华市区东阳江左岸东关大桥至电大桥段堤防加固改造工程开工。

12 月 23 日　市政府第 41 次常务会议研究统筹浙中城市群水资源保护开发利用工作。

2013 年

1 月 8 日　省水利厅厅长陈川批示肯定金华市基层水利服务体系建设经验。

1 月 31 日　市委、市政府出台《关于统筹浙中城市群水资源保护开发利用工作的意见》（市委办〔2013〕13 号

3 月 5 日　市委书记陈一新专题调研“浙中水乡”建设。

3 月 8 日　金华市启动“浙中水乡”建设总体规划编制工作。

4月10日	黄旭明副省长在金华市调研指导水利工作。
4月25日	金华市水利渔业局召开领导干部大会，宣布局领导班子调整。包晓华同志担任市水利局党委书记，潘炉生同志任市水利局局长。
4月26日	中共中央政治局委员、中央政法委书记孟建柱到金义都市新区视察，充分肯定"浙中水乡"建设经验，省领导王辉忠，市领导陈一新等陪同调研。
5月23日	水利部副部长李国英率队来我市检查防汛工作。
6月8日	金华市举行防汛抢险演练，央视新闻联播进行了报道。
6月14日	金华市水利局被市委授予"2011-2012年度市直机关党建工作先进单位"。
6月14日	全市"浙中水乡"建设动员大会召开，市四大班子主要领导参加。
7月30日	浙中水乡概念性规划通过专家评审。
8月11日	市委书记徐加爱检查市区防旱抗旱工作。
8月13日	市沙畈水库除险加固工程开工。
9月5日	市区应急供水工程通过验收。
10月9—15日	市防汛抢险机动支队驰援宁波排水抢险救灾。
10月30日	浙中水乡总体规划通过专家评审。
12月10日	浙中城市群规划委员会会议审议通过《浙中城市群水资源配置规划》。
12月31日	市政府出台《关于实行最严格水资源管理制度全面推进节水型社会建设的意见》(金政发〔2013〕67号)。

2014年

1月24日	金市组干通〔2014〕4号文，赵燕华同志任中共金华市水利渔业局委员会委员。
2月7日	金华市委书记徐加爱带领有关部门负责人，调研"五水共治"工作。
2月19日—20日	省水利厅厅长陈川率省水库总站主任施俊跃、河道总站主任陈永明一行到金华检查指导"五水共治"工作。市领导徐加爱、黄锦朝、蔡健等陪同。
2月22日	金华市梅溪铁堰水闸除险加固工程开工。
3月6日	市委副书记、市长暨军民一行在武义调研 "五水共治"工作。
3月22日	金华市水利渔业局举行纪念"世界水日"、"中国水周"主题活动暨"五水共治"金华市水利书画摄影展。
4月16日	在金华组织召开沙畈水库除险加固工程蓄水阶段验收会议。

4月24日	市委副书记、市长暨军民现场指导市区梅溪河道水环境综合整治工程。
5月6日	市人大常委会主任黄锦朝、副主任张荣贵带领部分人大代表视察兰溪市防汛排涝工作。
5月8日	市区应急供水工程举行启动仪式。
5月27日	水利渔业局与浙江同济科技职业学院签订 “五水共治”校局合作框架协议。
6月4日	省委常委、省军区政委王新海及省军区副司令员兼参谋长李大清、省军区副参谋长徐学清等到金华检查指导防汛防台工作。
6月10日	副省长黄旭明在兰溪调研“五水共治”等工作。
7月4日	市区梅溪流域综合治理概念性规划设计通过评审。
7月23日	金华市安地水库除险加固工程开工。
8月22日	市防汛抢险机动支队驰援丽水排水抢险救灾。
10月10日	东阳横锦水库除险加固工程通过竣工验收并正式交付管理单位运行。
11月25日	金华市第二水厂配套管网工程开工。

第一篇　地理环境

第一章　区域环境

第一节　地质地貌

金华市地处金衢盆地东段，为浙中丘陵盆地地区，地势南北高、中部低。“三面环山夹一川，盆地错落涵三江”是金华地貌的基本特征。境内山地以 500 ~ 1000 米低山为主，分布在南北两侧,境内千米以上的山峰有208座。位于武义与遂昌交界处的牛头山主峰,海拔1560.2米，为全市最高峰。山地内侧散布起伏相对和缓的丘陵，市境的中部，以金衢盆地东段为主体，四周镶嵌着武义盆地、永康盆地等山间小盆地，整个大盆地大致呈东北—西南走向，大小盆地内浅丘起伏，海拔在 50 ~ 250 米之间，相对高度不到 100 米。盆地底部是宽阔不一的冲积平原，地势低平。上游东阳江自东而西流经东阳、义乌、金东区，在婺江汇合武义江而成金华江，其北流在兰溪城区汇入兰江。兰江北流至将军岩入建德市境。将军岩海拔 23 米，为全市最低点。

第二节　土壤植被

境内土壤主要有红壤和黄壤。红壤主要分布在盆地内侧的缓坡台地及周缘的丘陵和低山坡麓地带，土壤特征为“酸、瘦、黏”；黄壤主要分布在海拔 600 米以上的低、中山，适宜发展多种用材林和部分经济林。

境内植被分为 4 个植被类型组，即阔叶林、针叶林、灌丛、草丛。主要植被类型有常绿阔叶林、常绿阔叶落叶混交林、落叶阔叶林、竹林、暖性针叶林、温性针叶林、常绿落叶混交灌丛、落叶阔叶灌丛、草丛 9 种。常绿阔叶林主要分布在海拔 500 ~ 800 米的低山谷地和坡度较陡的山地；常绿阔叶落叶混交林是常绿阔叶向落叶阔叶的过渡类型，一般分布在海拔 800 ~ 1000 米的低山坡地；落叶阔叶林主要分布在 1000 米以上的中山山地，有的是常绿阔叶林遭到破坏和出现的次生林；竹林多数分布在 900 米以下的山丘坡地，多为人工林和半自然林；针叶林分布面积较大，是主要的森林资源，大多分布在丘陵山地的红壤、黄壤地带，主要树种有马尾松、杉木林、黄山松林等，其中马尾松林分布最广，约占乔林木的70%，在平原和丘陵山麓谷地，有水杉林栽培；灌木草丛通常分原生、次生灌草丛两类，主要分布于海拔1000米以上的山地。全市森林活立木蓄积量2195万立方米，占全省的11.6%，森林覆盖率为60.44%。

第三节　政区概况

金华市位于浙江省中部，介于北纬28° 31′ 32″ ～29° 41′ 6″ ，东经119° 13′ 22″ ～120° 46′ 42″之间，东邻台州，南毗丽水，西连衢州，北接杭州、绍兴，南北跨度129千米，东西跨度151千米，土地总面积10942平方千米。交通便捷，铁路、高速公路纵横全境，公路四通八达，为闽浙赣皖四省交通枢纽。

金华市设婺城、金东2个市辖区，辖武义、浦江、磐安3县及兰溪、东阳、义乌、永康4市，共有76个镇、36个乡、39个街道，284个社区居委会和4795个村委会。2014年年末，全市总人口为475.07万人。

第二章　水　系

境内河流分属钱塘江、瓯江、椒江三大水系，钱塘江水系流域面积9674平方千米，占总面积的88.41%；瓯江水系流域面积913平方千米，占总面积的8.34%；椒江水系流域面积355平方千米，占总面积的3.24%。集雨面积在200平方千米以上的干、支流共有16条，名录见下表。

金华市流域面积200平方千米以上河流情况表

表1-1　（资料来源：2011年水利普查）

序号	河流名称	市域内河流总长度（千米）	市域内流域总面积（平方千米）	下一级河流	流经县（市、区）	河流总长度（千米）	流域总面积（平方千米）
	总计	1987.4	37810	/	/	3307	86773.5
1	钱塘江（衢江、兰江）	46.4	19050	/	兰溪、婺城	609	55491
2	金华江	182	6798	钱塘江（兰江）	磐安、东阳、义乌、金东、婺城、兰溪	182	6798
3	武义江	97.8	2262.4	金华江	武义、丽水缙云、永康、金东	126	2554

续表

4	南江	107	936	金华江（东阳江）	磐安、东阳、义乌	107	936
5	宣平溪	40.8	543.1	瓯江	武义、丽水莲都	78	831
6	浦阳江	49.6	492.6	富春江	浦江、绍兴诸暨、杭州萧山	150	3455
7	梅溪	51	469	钱塘江（兰江）	兰溪	51	469
8	华溪	42	410	武义江	永康	42	410
9	壶源江	48.3	383	富春江	浦江、杭州桐庐、绍兴诸暨、杭州富阳	104	774
10	熟溪	51	356	武义江	武义	51	356
11	厚大溪	55	330	钱塘江（衢江）	婺城	55	330
12	白溪	38	329	金华江（东阳江）	东阳	38	329
13	白沙溪	59.7	286.9	金华江	丽水遂昌、婺城	69	322
14	梅溪	53	265	武义江	武义、婺城	53	265
15	好溪	30.8	223.5	瓯江	磐安、丽水缙云	128	1365
16	槿溪	27	216	南江	东阳	27	216

说明：兰江、衢江统称为钱塘江，东阳江、义乌江、金华江及磐安西溪统称为金华江。

第一节　钱塘江水系

钱塘江水系在金华境内有衢江、兰江等干流及曹娥江、东阳江、金华江、浦阳江等主要支流。

一、衢江：又名衢港，信安江，为钱塘江南源干流。在兰溪市游埠镇入金华市境，经兰溪、婺城，东流至兰溪市区马公滩汇合金华江后称兰江。衢江在市境内全长 23.6 千米，流域面积 11477 平方千米。流入衢江的主要支流有莘畈溪、游埠溪、厚大溪、赤溪 4 条。

厚大溪：又名南源、塔石溪。发源于婺城区与遂昌交界的白岩，经岭上、汤溪、洋埠等乡镇，至罗埠镇黄稍汇合莘畈溪，在董家村北入衢江。主流长 55 千米，流域面积 330 平方千米。

二、兰江：又名兰溪，为钱塘江南源干流。衢江、金华江在兰溪市区汇合后称兰江，经兰溪市区北流，于兰溪市东北将军岩出境入建德市，兰江在市境内全长 22.8 千米，流域面积

19050 平方千米。主要支流有甘溪、梅溪、大溪等。

梅溪：又名龙门水。发源于兰溪市横溪镇大洪岭，西流至香溪镇施村流入兰江。主流长 51 千米，流域面积 469 平方千米。

三、金华江：又名婺江，为钱塘江主要的一级支流，在金华市区通济桥上游 1100 米燕尾洲处，由东阳江、武义江汇合而成，经婺城区、兰溪市在兰溪市区与衢江汇合后称兰江。金华江在市境内全长 27.4 千米，流域面积 6798 平方千米，主要支流有白沙溪、马达溪等。

白沙溪：又名白龙溪。发源于遂昌县与武义县交界的狮子岩，在婺城区银溪乡入境，北流至临江乡后杜村北入金华江。主流长 69 千米，流域面积 322 平方千米，其中在市境内长 59.7 千米，流域面积 286.9 平方千米。

四、东阳江：为金华江的主流，发源于磐安县尚湖镇龙乌尖，主流长 154.6 千米，流经磐安、东阳、义乌，金东、婺城 5 县（市、区）。流域面积 2381.7 平方千米，在金华市区通济桥上游 1100 米燕尾洲处与武义江汇合后称金华江，主要支流有柽溪、白溪、南江、吴溪、航慈溪、孝顺溪、芗溪 7 条。

南江：又名洋滩江、画溪。发源于磐安县双峰乡仰曹尖，横跨磐安、东阳、义乌三县市，在义乌市佛堂镇北汇入东阳江。主流长 107 千米，流域面积 936 平方千米。

柽溪：又名圣溪，发源于东阳市千祥镇破岗岭，在南马镇新龙附近汇入南江。主流长 27 千米，流域面积 216 平方千米。

白溪：发源于东阳市虎鹿镇东白山蒸底尖南，入东方红水库，在六石街道曲塘入东阳江。主流长 38 千米，流域面积 329 平方千米。

五、武义江：为金华江的主要支流，发源于武义县泉溪镇董源坑。绕经缙云县、永康市，复回武义县流入金东区、婺城区。主流全长 126 千米，流域面积 2554 平方千米，其中在市境内长 97.8 千米,流域面积 2262.4 平方千米，在金华市区通济桥上游 1100 米处与东阳江汇合后称金华江，主要支流有华溪、熟溪、乌溪、小白溪、白鹭溪、八仙溪、梅溪等。

华溪：发源于永康市唐先镇纱帽头，入太平水库，在永康城区东南汇合南溪后，即称永康江。主流长 42 千米，流域面积 410 平方千米。

熟溪：发源于武义县桃溪镇碧水坛，主流称麻阳港，在王宅镇李兰桥与乌溪汇合后始名熟溪，在白洋街道丁前注入武义江。主流长 51 千米，流域面积 356 平方千米。

梅溪：发源于婺城区箬阳乡平坑顶，自南而北注入安地水库，出库后流经安地镇、苏孟乡、雅畈镇汇入武义江。主流长 53 千米，流域面积 265 平方千米。

六、浦阳江：为钱塘江一级支流，发源于浦江县花桥乡高塘村东南天灵岩南麓，横穿浦江县南部，在白马镇塘里村北出境，注入诸暨市安华水库。浦阳江在浦江县境内主流长 49.6 千米，流域面积 492.6 平方千米，主要支流有大陈江、延寿溪等。

七、壶源江：古称湖溪、湖源、壶溪，发源于浦江县杭坪镇天灵岩，在浦江县境内主流长 48.3 千米。流域面积 383 平方千米，出县域注入桐庐县。

八、曹娥江：为钱塘江的第一大支流。金华境内属曹娥江上游的河流分两股。一股是曹娥江主流澄潭江，另一股是曹娥江支流剡溪。

（一）澄潭江：上游河段名夹溪，发源于磐安县尚湖镇，流经万苍、尖山、胡宅等乡镇，在胡宅乡出境流入新昌县。境内主流长 33 千米，流域面积 179.1 平方千米。玉溪是澄潭江支流，发源于磐安县玉山镇，境内主流长 19 千米，流域面积 48.6 平方千米。

（二）剡溪：主流长乐江的上游河段名梓溪，发源于东阳市道尚岭，境内主流长 34 千米，流域面积 76.99 平方千米。清溪又名佛前江，是长乐江的支流，发源于东阳市三单乡，出市境入嵊州市。境内主流长 16 千米，流域面积 44.25 平方千米。

第二节　椒江水系

境内属椒江水系的河流主要有灵江上游的始丰溪和溪炉港 2 条，都在磐安县境内。

一、始丰溪：是灵江的支流，发源于磐安县大盘镇，出境入台州市天台县里石门水库。境内主流长 31.632.9 千米，流域面积 169.4182.8 平方千米。

二、溪炉港：是灵江主流永安溪的支流，发源于磐安县盘峰乡，经维新乡出境入台州市仙居县。境内主流长 24.422 千米，流域面积 136.51 平方千米。

第三节　瓯江水系

境内属瓯江水系的河流主要有宣平溪、菊溪、好溪。

一、宣平溪：发源于武义县西联乡东坑，流经柳城镇、大溪口乡至三港乡南出境，流入丽水市瓯江干流大溪。境内主流长 40.8 千米，流域面积 543.1 平方千米。

二、菊溪：又名李村水，是瓯江支流小安溪的上游河段，发源于武义县新宅镇，出武义县境流入丽水市。境内主流长 23.4 千米，流域面积 164.3 平方千米。

三、好溪：发源于磐安县双峰乡，经仁川镇，在冷水镇出境流入丽水市缙云县。境内主流长 30.8 千米，流域雨面积 223.5 平方千米。说明：原曹娥江水系已归入钱塘江水系。

第三章　气候水文

第一节　气　候

金华市属中亚热带季风气候，四季分明，年温适中，热量丰富，雨量丰富，干湿两季明显。

春季气温回升快，但气温变化不定，春末夏初雨水集中，时有冰雹大风；夏季长而炎热，且雨热同步上升，常有干旱；秋季凉爽，空气湿润，时间短；冬季晴冷干燥，大气层结稳定。年度总的光热水条件优越，但时空分布不均匀。盆地小气候多样，有一定垂直差异。由于光温水要素分布不均，灾害性天气也较频繁，冬季冻害、大雪，春秋低温阴雨，梅汛期洪涝，盛夏高温、伏秋干旱等，是金华市的主要气候灾害。金华市热量资源丰富，年平均气温为17.5℃，最低出现在1984年的16.6℃，最高出现在2005年的18.2℃。但热量资源分布不均，1月气温最低，7月、8月气温最高，历史上极端最低温度金华出现在1977年1月6日的-9.6℃。年降雨量较为充沛，但雨量的季节变化和年际变化、地域差异都很大。季节降雨量分布呈单峰型，为春雨多、梅雨量大，夏秋冬雨量少。金华市光能资源较为丰富，处于省内高值区，全年平均日照百分率（指日照时数占可照时数的百分比）为43%，年际最大为55%，最小为37%。日照年际变化明显且季节分布不均，夏季日长且晴朗少云，冬季日短，春季云多，春夏间日照的增加速率大于夏秋间的减少速率，故夏季日照最多，冬季最少，秋季光照优于春季。

第二节　水　文

一、降水

金华市年总降水量平均为1512.9毫米，多数年份降水量均在正负20%距平范围内振荡，降雨量最多年份出现在2010年为2053.3毫米，降雨量最少年份出现在1978年为963毫米。

地区间雨量差异与地形有密切关系，地势高又处于近风坡的西南山区，雨量最大年降水量达1800毫米以上。东部和东北部山区，地势虽高，但由于处于背风坡，雨量次之，中心雨量1600～1700毫米。沿东阳江、武义江、金华江、兰江和浦阳江的河谷平原及盆地底部雨量最小，仅1300～1400毫米。

2010年是丰水年，多数测站年降水量为中华人民共和国成立以来最大或次大值，比多年平均降水量偏多35%以上。年降水量最大纪录为婺城区箬阳站，达2725.1毫米（1975年）。2003年是干旱年，为中华人民共和国成立以来干旱最严重的一年，降水量普遍偏少，最少的东阳巍山站仅为866.1毫米，金华市区也只有1075.4毫米。

年降水量变化山区比平原变幅小，各测站绝对变幅约为700～1000毫米，月降水量的年际变化绝对变幅均超过或接近历年平均降水量的一倍。

金华市最大和最小年降水量比值情况表

（2005—2014年）

表1-2

代表站	实测最大（毫米）	出现年份	实测最小(毫米)	出现年份	比值
兰溪	2040.6	2010	1141.1	2013	1.79
东阳	1870.4	2010	1166.9	2006	1.60
佛堂	2032.1	2012	1076.9	2007	1.89
永康	2061.2	2010	1235.4	2008	1.67
武义	2098.3	2010	1297.5	2013	1.62
寺前	1976.6	2012	1137.4	2006	1.74
柳城	2182.9	2010	1353.1	2011	1.61
安文	1864.7	2010	1092.1	2011	1.71

降雨量的年内变化大，各月间分配极不均匀。3—6月，冬季风南退，夏季风北进的交替季节，冷暖空气频繁交汇在长江中下游，形成多雨期，雨量占全年的50%以上。5—6月份梅雨季节，由于锋面雨经常停留，造成大面积降水，常出现暴雨洪水。7—8月是全年的干旱期，除台风影响和局部雷阵雨外，天气以晴热为主，常出现旱情。9—11月冬夏季风交替时有一段秋雨期，但比春雨雨期短、雨量少，时有秋旱发生。12月至次年2月，则是少雨季节。

金华水文站旱情记录表

（2005—2014年）

表1-3

年份	天数	起迄日期	期间降水量（毫米）
2005	85	08.08—10.31	100.8
2006	45	09.17—10.31	16.3
2007	41	04.31—06.09	87.1
2008	67	08.26—10.31	87.5
2009	51	01.01—02.20	60.1
2010	39	07.10—08.17	71.5
2011	150	01.01—05.30	291.3
2012	35	09.24—10.28	8.0
2013	49	06.30—08.17	32.5
2014	50	09.12—10.31	44.5

说明：1次降水量小于30毫米的，都列入旱期统计。起迄日期统计到每年10月31日止。

金华市年内雨量分布统计表

（2005—2014年）

表1-4　　单位：毫米

代表站	实测完整年平均雨量	3—6月雨量		7—9月雨量		4—10月雨量	
		均值	占全年（%）	均值	占全年（%）	均值	占全年（%）
金华	1487.0	753.7	50.7	350.1	23.5	1006.0	67.7
兰溪	1457.6	778.0	53.4	298.2	20.5	988.4	67.8
东阳	1398.6	667.4	47.7	346.2	24.8	916.2	68.7
佛堂	1443.6	707.0	49.0	363.7	25.2	1004.1	69.6
永康	1486.7	675.7	45.4	428.4	28.8	1042.7	70.1
武义	1532.4	729.0	47.6	416.1	27.2	1069.0	69.8
寺前	1500.1	688.0	45.9	413.1	27.6	1041.0	69.4
柳城	1675.7	792.1	47.3	499.6	29.8	1200.1	71.6
安文	1484.5	662.7	44.6	443.0	29.8	1055.1	71.1

金华市1-7天最大暴雨量统计表

（2005—2014年）

表1-5　　单位：毫米

代表站	1天		3天		7天	
	降水量	出现时间	降水量	出现时间	降水量	出现时间
金华	108.5	2010.07.08	185.0	2014.06.20	316.0	2014.06.21
兰溪	134.5	2011.06.15	243.5	2014.06.20	368.0	2011.06.13
东阳	114.0	2014.06.22	186.0	2014.06.20	274.0	2011.06.13
佛堂	111.0	2014.06.22	181.5	2014.06.20	239.6	2011.06.13
永康	106.0	2010.07.08	165.9	2007.10.06	230.5	2014.06.21
武义	123.5	2014.08.19	185.0	2014.06.21	281.0	2014.06.21
寺前	149.5	2012.06.17	197.0	2011.06.13	324.5	2011.06.12
柳城	146.5	2014.08.19	202.0	2014.08.17	286.5	2014.08.15
安文	149.1	2007.09.18	209.5	2007.10.06	298.0	2014.06.21

二、蒸发

蒸发包括陆面蒸发和水面蒸发。陆面蒸发是土壤蒸发、植物蒸腾、地表水体蒸发的总和。陆面蒸发是通过计算而得，市境多年平均陆面蒸发量在600—800毫米之间。水面蒸发反映在充分供水条件下的蒸发能力，按E601型蒸发皿观测值，多年平均值900—1035毫米。

金华水文站2005—2014年实测年蒸发量最大值为2008年的1171.5毫米，最小值是2005年的828.1毫米。月最大值为2013年8月的192.1毫米，日蒸发量最大值是2013年8月11日的10.8毫米。

金华水文站逐月蒸发量统计表

（2005—2014年）

表1-6　　单位：毫米

年份	1	2	3	4	5	6	7	8	9	10	11	12	年总量
2005	18	18.9	33.3	69.9	58.7	96.4	136.9	112.9	117.9	77.7	41.4	46.1	828.1
2006	37.6	43	73.2	99.1	105.9	97.2	166.6	190.9	107.3	98.1	59.2	49.3	1127.4
2007	36.3	49.4	63	88.6	119.3	109.9	178.8	170.4	103.5	112.3	64.8	37.5	1133.8
2008	34.2	48.1	78.7	94.2	144.8	93.1	178.1	154.5	127	103.3	63	52.5	1171.5
2009	43.4	43.3	58.6	117.5	144.4	115.1	151	135.1	125.5	106.2	63.2	43.5	1146.8
2010	37.8	40.4	64.9	64.2	77.3	80	126.8	178.4	112.9	75.3	57.4	48.4	963.8
2011	36	41.8	79.1	85.5	107.6	90.8	162	155.6	108.5	80.7	52.9	53.4	1053.9
2012	33.1	35.9	55.8	86.4	97.5	72.1	167.7	133.2	112.2	111.9	58	45.8	1009.6
2013	31.2	31.3	67.3	80.8	101.1	86.9	190.8	192.1	138.3	89.3	69	44.6	1122.7
2014	45.5	40.1	69.0	81.0	91.5	103.4	132.1	109.3	100.1	110.1	51.9	58.2	992.2

金华市最大和最小年蒸发量记录表

（2005—2014年）

单位：毫米

表1-7　　陆上水面E601蒸发皿

县（市）代表站	最大年蒸发量		最小年蒸发量	
	蒸发量	发生年份	蒸发量	发生年份
金华	1171.5	2008	828.1	2005
东阳横锦	1050.5	2013	791.6	2012
义乌佛堂	1008.0	2013	881.4	2010
永康	875.6	2013	750.7	2012
武义柳城	888.3	2009	616.4	2005
磐安安文	1021.0	2013	759.1	2010

金华市最大日蒸发量记录表

（2005—2014年）

单位：毫米

表1-8　　陆上水面E601蒸发皿

县（市）代表站	最大日蒸发量	发生时间
金华	10.8	2013.08.11
东阳横锦	9.2	2013.07.29
义乌佛堂	9.9	2013.07.12
永康	8.6	2013.07.29
武义柳城	7.5	2005.07.04/2009.07.17
磐安安文	10.8	2013.08.26

三、径流量

（一）地区分布。年径流深度和年降水量的地区分布基本一致。西南山区最大，为年径流高值区，达1200~1300毫米，2002年最高达1400毫米；东部山区为次高区，在1000~1100毫米之间；河谷平原及盆地为低值区，2003年最小仅为300毫米。年径流深度地区分布变化在300~1400毫米之间，变幅比降水量的变幅大。

（二）年际变化。年径流和年降水量的年际变化基本一致，但由于陆面蒸发量丰水年少，枯水年大，其变幅比年降水量的变幅大。实测年径流量年际变化的最大值与最小值比在2.44~2.72之间。

金华市径流量最大与最小比值表

（2005—2014年）

表1-9

河流	代表站	年径流最大（亿立方米）	出现年份	年径流最小（亿立方米）	出现年份	最大与最小比值
兰江	兰溪	272.3	2010	111.6	2007	2.44
金华江	金华	75.48	2010	29.97	2007	2.52
东阳江	南王埠	38.71	2010	14.22	2007	2.72
东阳江	东阳	10.24	2012	4.108	2009	2.49
武义江	武义	24.22	2010	9.876	2007	2.45
武义江	对家地	34.98	2010	13.74	2007	2.54

备注：东阳水文站2008年投入使用。

（三）年内变化。年径流和降水的年内变化一样，随着季节交替而变化。但由于受降水强度及下垫面的影响，径流量集中于汛期的程度超过降水量集中于雨季的程度。各代表站测得的多年平均年径流量与汛期（5—9 月）径流量如下表。

金华市主要江河多年平均年径流量与汛期径流量比较表

（2005—2014年）

表1-10　　单位：亿立方米

河流	代表站	多年平均天然径流量	其中：汛期（5—9 月）	汛期占全年（%）
兰江	兰溪	172.4	91.6	53.1
金华江	金华	46.7	24.7	52.9
东阳江	东阳	6.97	4.01	57.5
武义江	武义	14.5	7.51	51.8

四、洪水、枯水

洪水多发生在 6—9 月，5 月下旬至 7 月上旬的梅雨季节中，由于大面积和长时间的暴雨，各条河流的中下游常形成持续时间长达 5—15 日的多峰洪水过程。当下游干支流洪峰叠加时，则形成大洪水。由于受台风影响，有的年份也会形成洪水灾害。

金华江和兰江最高水位、最大流量及出现时间表

（2005—2014年）

表1-11

年份	最高水位					
	金华江（金华水文站）			兰江（兰溪水文站）		
	水位（米）	流量（立方米/秒）	出现时间	水位（米）	流量（立方米/秒）	出现时间
2005	33.58	1410	02.17	28.26	4640	02.17
2006	34.07	1670	05.19	28.62	5400	06.05
2007	35.34	3040	10.09	27.85	4680	10.09
2008	34.36	2130	06.10	28.36	5710	06.10
2009	33.10	1130	07.01	26.08	3340	04.20
2010	34.86	2610	06.25	30.28	9280	07.10
2011	35.91	3660	6.20	31.86	12500	06.20
2012	34.73	2620	03.05	28.36	7400	03.06
2013	34.02	1960	10.07	26.15	4170	06.29
2014	36.53	4250	06.23	29.90	9960	06.22

金华水文站超警戒水位洪水统计表

（2005—2014年）

表 1-12　　　　单位：米

发生时间	最高水位	发生时间	最高水位
2007.10.07	35.34	2011.06.20	35.91
2010.06.25	34.86	2012.03.05	34.73
2011.06.16	34.86	2014.06.23	36.53

说明：金华站警戒水位34.67米，危急水位36.67米

兰溪水文站超警戒水位洪水统计表

（2005—2014年）

表 1-13　　　　单位：米

发生时间	最高水位	发生时间	最高水位
2005.02.17	28.26	2010.07.10	30.28
2005.05.24	27.75	2011.06.16	31.54
2006.06.05	28.62	2011.06.20	31.86
2007.10.09	27.85	2012.03.06	28.36
2008.05.29	27.85	2012.04.30	27.65
2008.06.10	28.36	2012.06.24	27.80
2010.03.07	29.45	2014.06.23	29.89
2010.04.12	28.07	2014.06.28	29.26
2010.06.21	28.95	2014.08.20	28.13

说明：兰溪站警戒水位 27.63 米，危急水位 29.13 米

冬季为枯水季节，但江河最低水位则往往出现在伏旱期，由于受水利工程的影响，有的测站出现的历年最低水位不能反映江河水位的实况。2005—2014 年，金华市各主要江河没有出现断流情况。

第四章　水资源

第一节　水资源状况

金华市多年平均降水量为 1512.9 毫米，年均水资源量 91.7253 亿立方米，其中地表水量

91.7253 亿立方米，地下水量 19.2247 亿立方米（地下水与地表水重复计算量 19.2247 亿立方米）。

2006 年，金华市平均年降水量 1321.7 毫米，折合降水总量 144.2979 亿立方米，比多年平均年降水量减少 12.6%，比上年减少 9.0%。水资源总量为 75.9942 亿立方米，折合年径流深 696.0 毫米，比多年平均水资源总量减少 17.2%，比上年减少 14.2%，其中地下水资源量 15.5628 亿立方米，比多年平均减少 19.0%。全市平均产水系数 0.53，产水模数 69.60 万立方米/平方千米。人均水资源量为：金华市区（含婺城区、金东区）1778 立方米，义乌市 889 立方米，东阳市 1124 立方米，永康市 1476 立方米，兰溪市 1270 立方米，浦江县 1224 立方米，武义县 4349 立方米，磐安县 4171 立方米，人均占有水资源量 1663 立方米。

2007 年，金华市平均降水量 1348.2 毫米（相当于 75%降水频率），折合降水总量 147.1967 亿立方米，比多年平均偏小 10.9%。全市水资源总量 72.3126 亿立方米（其中地下水资源量 15.7366 亿立方米），比多年平均偏小 21.2%。产水系数 0.49，产水模数 66.23 万立方米/平方千米。人均水资源量为：金华市区（含婺城区、金东区）1594 立方米，义乌市 771 立方米，东阳市 1273 立方米，永康市 1234 立方米，兰溪市 978 立方米，浦江县 1284 立方米，武义县 3645 立方米，磐安县 5455 立方米，全市人均水资源量为 1575 立方米。

2008 年，金华市平均降水量 1385.2 毫米，折合降水总量 151.2408 亿立方米，比常年值（多年平均值，下同）偏少 8.4%。全市水资源总量 79.1411 亿立方米（其中计算地下水资源量 16.1821 亿立方米），比常年值偏少 13.7 %。产水系数 0.52，产水模数 72.5 万立方米/平方千米。人均水资源量为：金华市区（含婺城区、金东区）1823 立方米，义乌市 1042 立方米，东阳市 1269 立方米，永康市 1291 立方米，兰溪市 1492 立方米，浦江县 1602 立方米，武义县 3918 立方米，磐安县 3836 立方米，全市平均 1714 立方米。

2009 年，金华市平均降水量 1416.0 毫米，折合降水总量 154.6022 亿立方米，比常年值（多年平均值，下同）偏少 6.4%。全市水资源总量 80.4789 亿立方米（其中计算地下水资源量 16.5685 亿立方米），比常年值偏少 12.3%。产水系数 0.52，产水模数 73.7 万立方米/平方千米。以常住人口计算，人均水资源量为：金东区 1370 立方米，婺城区 1362 立方米，义乌市 423 立方米，东阳市 954 立方米，永康市 870 立方米，兰溪市 1067 立方米，浦江县 1769 立方米，武义县 3430 立方米，磐安县 4328 立方米，全市平均 1194 立方米。

2010 年，金华市平均降水量 2053.3 毫米，折合降水总量 224.1757 亿立方米，比常年值（多年平均值，下同）偏多了 35.7%，比上一年增加 69.5735 亿立方米。全市水资源总量 152.2162 亿立方米（其中计算地下水资源量 24. 0160 亿立方米），比常年值偏多 65.9%。产水系数 0.68，产水模数 139.4 万立方米/平方千米。以常住人口计算（包括外来人口），人均水资源量为：婺城区 3821 立方米、金东区 2483 立方米、兰溪市 2660 立方米、东阳市 1993 立方米、义乌市 773 立方米、永康市 1487 立方米、浦江县 1863 立方米，武义县 5822 立方米、磐安县7533立方米，全市平均2248立方米。

2011年，金华市平均降水量1405.3毫米，折合降水总量153.4433亿立方米，比常年值（多年平均值，下同）减少7.1%，比上一年减少70.7324亿立方米。全市水资源总量80.1917亿立方米（其中计算地下水资源量16.3970亿立方米），比常年值偏少12.6%。产水系数0.52，产水模数73.4万立方米/平方千米。以常住人口计算，人均水资源量平均为1488.9立方米。

2012年，金华市平均降水量1991.7毫米，比常年值（多年平均值，下同）偏多31.7%，比上一年增加64.0096亿立方米。全市水资源总量144.3406亿立方米（其中计算地下水资源量23.2348亿立方米），比常年值偏多57.4%。产水系数0.66，产水模数132.2万立方米/平方千米。以常住人口计算，人均水资源量平均为2676.4立方米。

2013年，金华市平均降水量1415.6毫米，比常年值（多年平均值，下同）偏少6.4%，比上一年减少62.8999亿立方米。全市水资源总量81.6577亿立方米（其中计算地下水资源量16.5609亿立方米），比常年值偏少11.0%。产水系数0.53，产水模数74.8万立方米/平方千米。以常住人口计算，人均水资源量全市平均为1504.4立方米。

2014年，金华平均降水量1712.4毫米，折合年降水总量186.9557亿立方米，比常年值165.1749亿立方米（多年平均值，下同）偏多13.2%，比2013年偏多21.0%。全市水资源总量115.1293亿立方米（其中地下水资源量20.0510亿立方米），比常年值91.7258亿立方米偏多25.5%。产水系数0.62，产水模数105.4万立方米/平方千米。以常住人口计算，人均水资源量平均为2117.5立方米。

第二节　开发利用

2005—2014年，全市新建小（二）型以上水库30座，增加蓄水量2亿立方米。截至2014年年底，全市建成小（二）型以上水库821座，蓄水总库容19.6亿立方米；蓄水1万～10万立方米的山塘5124座，1万立方米以下的塘坝23204座。

一、蓄水工程：主要包括水库、塘坝。全市现有水库821座，约占全省总量1/5，蓄水总量19.5亿立方米，约占全省4%。其中大型水库2座，控制流域面积588平方千米，水库总库容3.97亿立方米，灌溉农田27.24万亩；中型水库27座，控制流域面积1655平方千米，总库容9.77亿立方米，灌溉农田100.77万亩；小（一）型水库145座，控制流域面积1928平方千米，总库容4.13亿立方米；小（二）型水库647座，流域面积1755平方千米，总库容1.82亿立方米，小型水库灌溉农田46.80万亩。蓄水1万~10万立方米的山塘5332座，蓄水1.41亿立方米；500~10000立方米水塘18342座，蓄水5752万立方米。

二、引水工程：共有堰坝4074条，其中灌溉农田千亩以上的堰坝87条。外调引水工程主要为乌溪江引水工程，设计年引水量1.5亿立方米左右，实际每年引水1200~2000万立方米。

乌引工程向金华供水量

（2005—2014 年）

表 1-14

年份	供水量（万立方米）	年份	供水量（万立方米）
2007	725.87	2012	1814.99
2010	792.77	2013	1224.74
2011	1532.13	2014	1245.76

三、提水工程：共有机电排灌装机容量 127.81 兆瓦；其中固定机埠 5110 处，装机容量 69.85 兆瓦；流动装机容量 49.14 兆瓦；喷滴灌装机容量 8.82 兆瓦。机电提灌总面积 123.5 万亩，部分与水库灌区面积重复。

四、地下水利用工程：水利系统共有机电井 382 眼，装机容量 3650 千瓦，主要用于农业灌溉。

五、其他工程：全市现有堤防总长 4230.7 千米，其中 1 级堤防 3.59 千米，2 级堤防 16.38 千米，3 级堤防 337.66 千米，4 级堤防 2449.78 千米；现有规模以上（过闸流量 5 立方米/秒以上）水闸 303 座，其中大中型水闸 10 座；现有规模以上(装机流量 1 立方米/秒以上或者装机功率 50 千瓦以上)泵站 93 处；现有灌溉面积 253 万亩、有效灌溉面积 238 万亩、旱涝保收面积 178 万亩，其中万亩以上灌区 41 处，有效灌溉面积 160 万亩。

六、水利工程防洪供水能力。全市水库防洪总库容 2.51 亿立方米，控制流域面积 5926 平方千米，灌溉农田 174.8 万亩，保护全市 70%以上的人口和农田。全市现有堤防总长 4230.7 千米，达标堤防 1020.69 千米，保护人口 350.25 万，保护耕地 109.62 万亩。水库年设计供水能力 22 亿立方米，年实际供水能力 19 亿立方米，承担着 80%以上人口和 200 余万亩农田的供水任务。众多水库中，有 11 座大中型水库向城市供水，有 100 多座水库向各类开发区、集镇及农村供水。各城区和大部分集镇都已实现水库供水，建成日供水 1000 立方米以上供水人口 1 万人以上的集中供水厂 62 处；现有山塘、堰坝年设计供水能力 2.55 亿立方米，年实际供水能力 2 亿立方米；全市农村饮水安全人口 354 万人，农村饮水安全覆盖率达到 99%以上。2014 年，全市水资源利用率为 15.44%，总供水量为 17.7757 亿立方米，其中地表水供水量 16.6707 亿立方米，占总供水量的 93.8%（含蓄水供水量 11.8629 亿立方米，引水供水量 1.8189 亿立方米，提水供水量 2.9889 亿立方米）。

七、水资源利用结构及水平。农业用水是全市用水第一大户，工业用水次之。2014 年全市总用水量 17.7757 亿立方米，占多年平均水资源总量 91.7 亿立方米的 19.4%。其中农业用水量 8.3951 亿立方米（占 47.2%），工业用水量 5.4741 亿立方米（占 30.8%）、城镇生活 3.2531 亿立方米（占 18.3%）、生态环境用水 0.6534 亿立方米（占 3.7%）。人均年综合用水量 326.9

立方米，农田灌溉亩均用水量 303.7 立方米，万元工业增加值用水量 42 立方米。

第三节　水资源管理

一、加强水资源监督管理。2011 年，金华市水资源管理委员会成立，主任由金华市人民政府分管领导兼任，市政府分管副秘书长、市水利局局长兼任副主任，成员市农办、发改委、经委、教育局、科技、公安、民政、财政、国土资源、环保、建设、交通、水利、农业、林业、卫生、国家统计局金华调查队、法制办、物价、电业等部门负责人组成。金华市水资源管理委员会办公室设在市水利局，办公室主任由市水利局分管副局长兼任。截至 2014 年年底，全市保有有效取水许可证 1412 本，其中金华市本级 64 本。根据 2014 年 9 月浙江省物价局、浙江省财政厅、浙江水利厅联合发文《关于调整我省水资源费分类和征收标准的通知》（浙价资〔2014〕207 号），金华市水资源费分类和征收标准见下表：

金华市水资源费分类和征收标准

表 1-15

分类		收费标准
地表水	公共供水企业、原水企业	0.20 元/立方米
	工商业自备取水	0.20 元/立方米
	贯流水	0.02 元/立方米
	水力发电	0.008 元/千瓦时
	特种用水	1 元/立方米
地下水	一般用水	0.50 元/立方米
	特种用水	2 元/立方米

说明：特种用水指洗浴、高尔夫球场、滑雪场等用水

实行水资源论证制度，大中型水库或市级水行政主管部门直接管理的水库中的取水、日取水量在 200 立方米及以上的地下取水、水力发电总装机 1000 千瓦时及以上的取水，以及年取水量在 50 万立方米及以上的建设项目，都应当按规定编制水资源论证报告书。落实取水户年度取水计划管理制度，全市年取水量 10 万立方米以上的取水户均已实行年度取水计划管理，金华市本级对年取水量 1 万立方米以上的取水户实行了年度计划管理工作。

二、实行最严格水资源管理制度。2011 年 3 月，根据中央一号文件要求，省委、省政府出台了《关于加快水利改革发展的实施意见》，明确要求积极推进最严格水资源管理制度的实施，确立"三条红线"和水资源管理责任和考核制度。将水资源管理主要指标和工作内容

纳入地方各级政府考核序列，进一步提升水资源管理在政府工作中的地位。2012年12月省政府制定了《浙江省人民政府关于实行最严格水资源管理制度全面推进节水型社会建设的意见》（浙政发〔2012〕107号），2013年12月《金华市人民政府关于实行最严格水资源管理制度全面推进节水型社会建设的意见》（金政发〔2013〕67号）就全市实行最严格水资源管理制度，全面推进节水型社会建设提出了相关要求、重点任务。明确了各县（市、区）2015年年末水资源管理控制目标。随文发布的，还有《金华市实行最严格水资源管理制度考核办法》。文件明确了要建立覆盖全市的水资源开发利用控制红线、用水效率控制红线、水功能区限制纳污红线“三条红线”控制指标体系和考核制度。一是确立水资源开发利用控制红线，2015年年末全市用水总量控制在20.13亿立方米以内；二是确立用水效率控制红线，2015年年末万元GDP用水量和万元工业增加值用水量分别为65立方米和45立方米，农业灌溉水有效利用系数提高到0.559以上；三是确立水功能区限制纳污红线，到2015年末列入省级考核的30个主要江河湖库水功能区达标率达到64%，县城以上集中式供水水源地水质达标率达到90%以上。启动节水型社会试点县建设。到2020年，基本建立比较完善的水资源管理制度和监督管理体系，基本建成节水型社会，水资源优化配置，用水效率不断提高，水资源对经济社会的保障能力显著增强。2014年11月，永康市加快实施最严格水资源管理制度试点工作通过水利部验收。

三、积极推进节水型社会试点建设。启动义乌市、永康市节水型社会建设试点工作。义乌市已于2012年通过国家节水型社会建设试点验收，被授予“全国节水型社会建设示范区”称号。

四、开展水功能区区划修编工作。根据《关于开展水功能区水环境功能区划分方案修编工作的通知》（金生态办发〔2014〕27号），2014年3月，各县（市、区）环保、水利部门对辖区内水功能区水环境功能区进行了整体修编与完善；同年7月底，召开了金华市水功能区水环境功能区划分方案（修编）评审会；10月，省环保厅技术组对汇总情况作了再次审核，全市按要求对总体情况做了进一步修改和完善。

五、水功能区监测断面标准化建设、水资源监测能力建设开展情况。根据《浙江省水利厅关于开展水功能区水质监测断面标准化建设的通知》（浙水保〔2013〕60号）要求，主要对金华市本级12个水功能区的17个水质监测断进行标准化建设，2014年年底已完成该项目的安装工作。根据《浙江省水利厅关于开展2013年全省地下水监测站网建设工作的通知》（浙水保〔2013〕35号）要求，全市2013—2015年规划建设地下水水位监测站点12处。截至2014年年底，已有8个站点完成建设任务。全市5万立方米以上实时监控系统也已全建成接入省平台。

六、加强水功能区水质监测系统建设。对全市67个水功能区共80个监测段面开展了水质监测，编制每月一期的《金华市重点水功能区水资源质量通报》，形成较为完善的水功能区动态监测系统。加强对金兰、横锦等18个重要供水水源地水功能区水质监测工作，监测频次不少于每月1次。对源口水库、金兰水库开展了藻类监测，成为全省唯一的水生态监测试点。

七、加强饮用水水源保护。一是加强饮用水水质监测监控和预警体系建设，科学划定全市饮用水水源保护区，全力推进合格规范饮用水水源保护区创建工作，建成52个合格规范饮用水水源地，完成县级以上8个饮用水源一级保护区物理或生物隔离工作以及短信提醒。二是建立了饮用水源涵养生态功能区补偿机制，2010年3月，金华市政府出台了《沙金兰水源涵养生态功能区补偿专项资金使用管理办法》。该办法明确了补偿范围、补偿对象、资金筹集方法、资金管理和分配、监督与检查等，市政府每年安排专项资金，用于功能区生态环境、水源保护和发展山区生态经济。2013年出台了新一轮《金华市区饮用水源涵养功能区生态补偿资金使用管理办法》。2003—2009年金华市水利、林业、农业、环保、建设等部门共投入各项资金7000余万元，用于沙畈-金兰水源涵养功能区水土流失治理、农村饮水安全工程、下山移民、农村生活垃圾和生活污水治理、养殖场搬迁、垃圾焚烧炉建设等。2010—2012年，市财政累计安排功能区生态补偿资金4082.5万元，实施项目216个，自2012年起，地方财政每年投入2000多万元用于沙金兰水功能涵养区建设。三是加强饮用水源巡查和执法工作，市区开展多轮饮用水源禁泳禁钓联合执法行动，不定期对市区沙畈、金兰、安地、九峰等四座中型水库进行巡回执法，有效防止水质污染，保障居民用水安全。

八、加强地下水管理。2014年2月，开始开展《金华市区地下水资源管理办法》调研起草工作，3月发函征求相关部门意见并报金华市法制办，并按照法制办的意见进行了修改完善，形成了《金华市区地下水资源管理办法》，并经金华市政府第86次常务会议审议通过，于11月3日以金政发〔2014〕43号文件正式发布。

九、沙金兰饮用水源保护建设试点工作。自2011年7月开始，沙金兰水库开展全国重要饮用水水源地安全保障达标建设工作，通过5年时间的努力，沙金兰水库饮用水水源地达到“水量保证、水质合格、监控完备、制度健全”，初步建成重要饮用水水源地安全保障体系。金华市委市政府高度重视饮用水水源保护工作，成立了由市政府分管领导为组长，发改、财政、农业、林业、水利、规划、国土、环保、旅游等有关部门负责人组成的沙金兰水源涵养生态功能区领导小组及办公室。切实把保障供水安全、提高饮用水质量作为政府的重要职责和惠民实事来抓。通过近三年各方努力，沙金兰生态功能区通过一系列卓有成效的建设，饮用水源保护工作取得了一定成绩，2013年12月，通过省厅的试点验收。

十、编制水资源公报、水资源管理年报。

第四节　水质监测

金华市水质监测工作始于1980年。1980年，金华地区水文站建立水质分析室，主要对河流水质进行天然化学分析和水污染监测。1995年，浙江省水资源监测中心金华分中心成立，承担全市全市主要河流、重要水源地、重点水功能区开展水质监测和分析评价。

按照《浙江省水功能区水环境功能区划分方案》（浙政办发〔2005〕109号）文件要求，全市共划定水功能区78个，总评价河长1489.56千米。至2014年底，已开展常规监测评价的水功能区共67个（80个监测断面），参评河长1266千米，包含重要供水水源地水功能区18个、县市界水功能区17个、其他水功能区32个。水质评价方法采用单因子评价法，评价标准参照国家《地表水环境质量标准》（GB3838-2002）；水库湖泊的营养化评价参照《地表水资源质量评价技术规程》（SL395-2007）中的《湖泊（水库）营养状态评价标准及分级方法》；地表水水质监测评价项目为pH、溶解氧、高锰酸盐指数、化学需氧量、五日生化需氧量、氨氮、总磷、铜、锌、氟化物、硒、砷、汞、镉、铬（六价）、铅、氰化物、挥发酚、石油类和阴离子表面活性剂等20余项；城市供水水源地水质评价除上述项目外，还增加氯化物、硫酸盐、硝酸盐、铁、锰；水库营养化状况评价指标为高锰酸盐指数、总磷、总氮、叶绿素a和透明度。

通过监测数据分析，河流污染以有机污染为主，主要污染指标为氨氮和耗氧量。2005—2014年全市主要河流的水质总体趋于好转，按监测站点统计，达到Ⅰ～Ⅲ类水质标准的监测站点占比逐年提升，劣Ⅴ类水质的监测站点占比自2006年后逐年下降。尤其是2014年“五水共治”工作全面铺开后，东阳江、武义江、浦阳江等河流的水功能区水质提升明显。2013—2014年，全市河流水功能区的达标率由63.9%上升到71.6%，河长达标率由58.9%上升到72.7%，Ⅴ类和劣Ⅴ类的河段大幅减少。

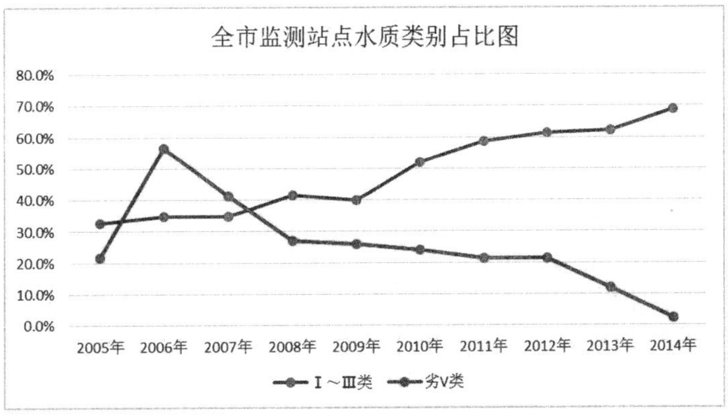

2014年，对全市80个监测断面1266千米河流的水质进行评价。按年均值统计，符合Ⅰ类水质标准的断面有14个，占17.5%；符合Ⅱ类水质标准的断面有28个，占35.0%；符合Ⅲ类水质标准的断面有13个，占16.3%；符合Ⅳ类水质标准的断面有17个，占21.2%；符合Ⅴ类水质标准的断面有6个，占7.5%；劣于Ⅴ类水质标准的断面有2个，占2.5%。具体情况如下：

东阳江（含南江）参与评价的水质断面22个，涵盖17个重点水功能区，评价河长360.7千米。其中符合目标水质要求的水功能区12个，达标河长250.3千米，分别占参评数的70.6%、69.4%。主要超标项目为氨氮、五日生化需氧量、总磷等。

武义江参与评价的水质断面18个，涵盖15个重点水功能区，评价河长233.5 千米。其中符合目标水质要求的水功能区10个，达标河长150.7 千米，分别占参评数的66.7%、64.5%。主要超标项目为氨氮、总磷、五日生化需氧量等。

金华江参与评价的水质断面7个，涵盖5个重点水功能区，评价河长105.3千米。其中符合目标水质要求的水功能区1个，达标河长50 千米，分别占参评数的20.0%、47.5%。主要超标项目为氨氮、总磷、五日生化需氧量等。

衢江参与评价的水质断面6个，涵盖5个重点水功能区，评价河长109.3千米。所有参评水功能区水质均符合水功能区目标水质要求，达标率100%。

兰江参与评价的水质断面5个，涵盖5个重点水功能区，评价河长80 千米。其中符合目标水质要求的水功能区3个，达标河长28 千米，分别占参评数的60.0%、35.0%。主要超标项目为总磷、氨氮。

浦阳江参与评价的水质断面8个，涵盖7个重点水功能区，评价河长96.6千米。其中符合目标水质要求的水功能区5个，达标河长64.6 千米，分别占参评数的71.4%、66.9%。主要超标项目为氨氮、五日生化需氧量。

曹娥江参与评价的水质断面4个，涵盖4个重点水功能区，评价河长56.2千米。其中符合目标水质要求的水功能区3个，达标河长42.7 千米，分别占参评数的75.0%、76.0%。主要超标项目为总磷。

壶源江参与评价的水质断面2个，涵盖2个重点水功能区，评价河长73.6 千米，所有参评水功能区水质符合水功能区目标水质要求，达标率100%。

椒江参与评价的水质断面2个，涵盖2个重点水功能区，评价河长36 千米，所有参评水功能区水质均符合水功能区目标水质要求，达标率100%。

瓯江参与评价的水质断面6个，涵盖5个重点水功能区，评价河长114.8 千米。所有参评水功能区水质均符合水功能区目标水质要求，达标率100%。

2014年对全市20个重点城市饮用水水源地进行监测。按年均值统计，金兰、沙畈、九峰、柏峰、源口、安地、巧溪、八都、莘畈水库为Ⅰ类水质，横锦、岩口、南江、杨溪、太平、三渡溪、东方红、通济桥、马蹄坑、金坑岭和芝堰水库均为Ⅱ类水质。对水库水质进行营养状态指数评价：金兰、沙畈、安地、九峰、横锦、岩口、南江、东方红、杨溪、太平、三渡溪、源口、马蹄坑、金坑岭、通济桥、巧溪、柏峰、莘畈、芝堰和八都水库为均为中营养。

2014年全市地表水环境质量总体呈现好转。与上年相比，全市各江河重要水功能区水质达标率上升7.7%，达标河长上升13.8%。其中，东阳江、武义江、浦阳江各水功能区水质改善明显；其余江河各水功能区水质基本稳定。全市主要饮用水源地监测断面的参评项目基本符合标准，水质状况良好。

第二篇　防汛抗旱

第一章　自然灾害

受特定自然地理气候条件影响，历来洪涝台旱灾害频发。5—6月为梅雨季节，常发生暴雨洪水，7—9月为少雨期，易出现干旱，其间也常受台风影响，易发生强降雨。2005—2014的10年间，金华市范围内发生较大的水灾11次，平均每年1.1次；发生较严重的洪灾6次，平均每年0.6次；造成影响的台风共有17次，平均每年受台风影响1.7次。

第一节　水　灾

2005年。2月4日立春以后，金华市出现了绵延阴雨，13—17日全市普降中到大雨，局部出现大到暴雨，2月17日早7时，兰江兰溪水文站出现洪峰水位28.26米，超警戒水位0.62米，为中华人民共和国成立以来2月份最高水位。2月17—19日金兰等9座水库先后开闸泄洪。同年6月10—28日为梅汛期，历时19天，比常年26天偏少7天，全市平均梅雨量为119.7米毫米，比多年平均梅雨量偏少54.8%。梅汛期出现全市性大范围降水3次，但面雨量均较小，未产生较大洪水。

2006年。入汛以后，全市局地雷雨大风和短历时暴雨不断，仅金华城区就出现了5次大风和10次短历时暴雨，全市出现较大影响的强对流过程有10多次，其中“6·10”“6·24”“7·7”3次雷雨大风对全市造成了较大损失，这种非台风影响的突发性短历时局地暴雨大风天气，为多年来所少见。“6·10”风灾：6月10日上午10时30分至11时30分，全市大部分地区受强对流天气影响，出现9~10级雷雨大风，全市平均降雨小于10毫米，狂风造成部分工棚、脚手架、雨棚、广告牌、树木等被刮倒，甚至50米高的吊机倒塌，损失严重。据统计，全市共有23万人受灾，倒塌房屋213间，损坏房屋2609间，农作物受灾面积7.74万亩，绝收2.38万亩，造成直接经济损失5279万元，其中农业直接经济损失4098万元。“6·24”雷雨大风灾害：6月24日傍晚18时30分至21时30分，西南部的婺城区、金东区、武义县南部，东部的东阳市、磐安县北部出现雷雨大风天气，其中婺城区降雨量最大，全区平均降雨量 39.6 毫米，最大降雨量点为婺城区的塔石乡井上村降雨达 98 毫米（18 时至 19 时 30 分）。受强对流天气影响地区风力达 7～8 级，婺城区长山乡局部地区风力达 9～10 级。据统计，全区共有 13 个乡（镇）6.08 万人受灾，倒塌房屋 111 间，无人员死亡，直接经济总损失 8200 万元。“7·7”短时暴雨灾害：7 月 7 日 20 时至 23 时，兰溪市局部地区出现暴雨，兰溪的石孔头、大庆、小西湖 3 小时雨量分别达 122 毫米、107 毫米和 95 毫米，造成兰溪 5 个乡（镇）共 20.7 万人受灾，885 间房屋倒塌，无人员死亡，直接经济损失 4869 万元。7 月 8 日永康局部出现暴雨，杨溪水库 21 时至 23 时降雨达 115 毫米，其中 21 时至 22 时达 76 毫米。

2007 年。1—8 月，全市没有连续强降雨，主要江河汛情平稳。6 月 23 日入梅，7 月 11 日出梅，梅雨期 18 天，梅雨不明显，以过程性雷阵雨天气为主，雨量明显偏少，接近空梅，全市平均梅雨量仅 41 毫米，比常年偏少 83.8%。梅中有伏，梅雨期出现了大范围 35℃以上的持续高温天气，雷雨天气也较多，雷灾频繁。

2009 年。 6 月 21 日进入梅汛期，7 月 8 日出梅，梅雨期 17 天，梅雨不典型，无连续性暴雨过程，多雷阵雨天气，梅雨量少，气温偏高，梅中有伏。全市平均梅雨量 103.4 毫米，比多年平均梅雨量 253.5 毫米偏少 59.2%。短历时暴雨频发，各地发生暴雨的偶然性极大，对全市防御小流域暴雨洪水提出了很高的要求。汛期 1 小时暴雨量达到 30 毫米以上的有 366 站次，超过 50 毫米的有 37 站次。6 月 21 日晚上 8 时左右，义乌市城区遭强雷暴雨袭击，短短一小时内，义乌中心城区降雨量达到 51 毫米，直接导致义乌江支流城西河水位暴涨，绣湖西路一带的副食品市场、店铺和小区 1 楼居民楼、西城路桥洞、丹溪路桥洞等地段积水，全市近百辆汽车受淹，经济损失严重。8 月 13 日，浦江县西部山区遭遇强降雨袭击，导致山洪暴发、山塘水库溢流、壶源江水位暴涨、桥梁受损。20 省道浦江与建德交界的马岭隧道中上方山洪暴发，5300 余立方米泥石流直泻而下，堵住了隧道，交通阻断 10 多小时；多个村庄进水，房屋倒塌 73 间；农作物受灾 4.11 万亩。8 月 13 日 21 时至 23 时，东阳市北部地区出现强降雨，降雨量超过 50 毫米的站点有 5 个，其中虎鹿镇白溪站降雨量达 102 毫米。强降雨造成 2 个乡镇 6000 人受灾，倒塌房屋 40 间，农作物受灾 4100 亩，直接经济损失 1800 万元。8 月 14 日 17 时至 15 日 8 时，婺城区西南部遭遇强降雨袭击，降雨量普遍超过 50 毫米，其中安地镇外畈站降雨量达 118.5 毫米（17 时至 20 时降雨量达 106 毫米）。强降雨造成农作物受灾 3200 亩，公路塌方和山体滑坡 100 多处，倒塌房屋 27 间，直接经济损失 2300 万元。

2010 年。 2—3 月降雨异常偏多，全市平均降雨量达 440.5 毫米，比常年同期偏多近 1 倍，其中 3 月上旬降雨量比常年偏多近 4 倍，农历正月里就发生了汛情，出现历史罕见的“早春汛”。全市主要江河水位超警戒，兰江兰溪站 3 月 7 日 9 时，洪峰水位 29.45 米，超保证水位 0.31 米，为兰溪站历年 3 月份实测最高水位。受连续强降雨影响，全市有 10 座大中型水库水位超汛限，并相继泄洪。据统计，全市“早春汛”洪灾共造成 4 个县（市、区）47 个乡（镇）14.5 万人受灾，倒塌房屋 170 间，农作物受灾面积 16.1 万亩，直接经济损失 9585 万元。6 月 17 日入梅，7 月 17 日出梅，梅雨期比常年偏长 8 天（常年 22 天），梅雨期出现了 6 次过程性强降雨。全市平均梅雨量 355.4 毫米毫米，比常年偏多 4 成，为全市 1999 年以来时间最长、降雨量最多的梅汛期。梅汛期间全市大部分地区出现了暴雨过程，降雨量在 400 毫米以上的有 69 个站，最大降雨量点为婺城区琅琊镇山脚站（620 毫米）。受强降雨影响，水库、江河水位迅速上涨，安地、金兰等 9 座中型水库一度超汛限水位，并相继泄洪。兰江、金华江和武义江等发生较大洪涝，武义、金华站洪峰水位超警戒，兰溪站 7 月 10 日凌晨 1 时，洪峰水位 30.28 米，超保证水位 1.14 米，洪峰流量 9280 立方米/秒。据统计，全市梅汛期有 8 个县（市、区）96 个乡（镇）37.1 万人受灾，因灾死亡 1 人、伤 2 人，倒塌房屋 1588 间，农作物受灾面积 28 万亩，直接经济损失 4.32 亿元。

2011 年。1—5 月降雨异常偏少，全市累计平均降雨量 307 毫米，只有常年同期的一半，为历史同期最少。进入 6 月降雨明显增多，6 月 3 日—21 日出现了四轮大范围持续强降雨，全市累计平均雨量 380 毫米，20 天不到下的雨量高于前 5 个月的总和，致使全市出现旱涝急转，发生了严重洪涝灾情。6 月 10 日全市入梅，6 月 26 日出梅，梅汛期 17 天，比常年（22 天）少 5 天。全市平均梅雨量 292.8 毫米，比常年（253.5 毫米）偏多 15.5%。6 月以来四轮强降雨区域基本重叠，降水呈现西北多东南少的分布，主要集中在西北部浦江、兰溪、婺城，其中浦江最多 399.5 毫米，永康最少 214.1 毫米，梅雨量相差 185.4 毫米，单站降雨最多的为浦江白石源 474.0 毫米。持续的强降雨导致兰江水位急剧上涨，6 月 16 日 19 时，兰江兰溪站洪峰水位达 31.54 米，超保证水位 2.40 米，洪峰流量达 12000 立方米/秒；6 月 20 日 7 时 30 分出现中华人民共和国成立以来第二大洪水，创造了二次流域性大洪水发生时间间隔短的纪录，洪峰水位达 31.86 米，超保证水位 2.72 米，洪峰流量达 12500 立方米/秒，仅次于 1955 年 6 月 21 日的 33.49 米的洪峰水位和 20400（调查值）立方米/秒的洪峰流量。兰江沿线堤防全线告急，兰溪市宣布进入紧急防汛期。同期，衢江出现超危急水位，金华江、东阳江出现超警戒水位，全市除永康外 8 个县（市、区）受灾。据统计，全市共有 113 个乡（镇）90.2 万人受灾，倒塌房屋 3031 间，农作物受灾面积 63.75 万亩，1365 个工矿企业停产，公路中断 269 条次，供电中断 321 条次，通信中断 68 条次，损坏堤防 942 处 383 千米，堤防决口 110 处，损坏护岸 772 处，损坏灌溉设施 1324 处，冲毁塘坝 311 座。农林渔业损失 19.29 亿元，工业交通损失 15.7 亿元，水利设施损失 9.63 亿元，直接经济损失 48.5 亿元。其中兰溪和浦江受灾最为严重，直接经济损失分别达 29.89 亿元和 8.39 亿元。

2012 年。 1 月 1 日—10 月 15 日，全市平均降水量 1657.3 毫米，比常年同期（1354.2 毫米）偏多 22.4%，降水主要集中在上半年。汛前（1 月 1 日—4 月 14 日，下同），全市平均降水量 543.5 毫米，比常年同期偏多 39.6%；主汛期（5—9 月）全市平均降雨量 977.2 毫米，比常年同期偏多 14%。全市 6 月 17 日入梅，6 月 29 日出梅，历时 12 天，其间降雨集中、强度大，但全市平均降雨量207.5毫米低于常年同期的253.5毫米。从时间分布看，梅雨期暴雨过程较密，全市先后经历3次系统性强降雨过程（17—19日、22—25日、26—28日）；从空间分布看，总体呈现西北多东南少分布，其中永康最少，浦江最多。受早春汛和梅汛期持续强降雨影响，全市主要江河水位猛涨，兰江全年出现7次较高洪峰，其中超警戒水位3次（3月6日、4月30日、6月24日）。6月24日14时，兰江兰溪站出现洪峰水位27.80米，超过警戒水位（27.63米）0.17米。据统计，全市共有85个乡（镇）46.41万人受灾，倒塌房屋840间，农作物受灾面积26.53万亩，184个工矿企业停产，公路中断63条次，供电中断40条次，通信中断6条次，损坏堤防156处43.45千米，堤防决口17处，损坏护岸221处，损坏灌溉设施161处。农林渔业损失2.42亿元，工业交通损失1.39亿元，水利设施损失1.03亿元，直接经济损失6.06亿元。

2013年。全市于 6月6日入梅，7月1日出梅，梅雨期25天，比常年偏长3天。梅雨期全市平均降水量230.3毫米，比常年253.5毫米偏少9.2%，降雨量最多的浦江县达300.0毫米，最少的永康市156.9毫米。

2014年。全市于6月17日入梅，7月7日出梅，梅雨期20天，全市累计降雨量394.2毫米，比常年偏多55.5%，其间出现两轮大范围强降雨过程。6月19日14时至25日14时出现第一轮大范围强降雨，过程降雨量244.7毫米；6月26日14时至30日出现第二轮强降雨，主要集中在婺城、兰溪和武义境内，过程降雨量108.3毫米。梅雨期间，300毫米以上雨量基本覆盖全市，400毫米以上雨量覆盖面积7365平方千米，500毫米以上雨量覆盖面积904.1平方千米。全市梅雨期间累计降雨量超过600毫米的有1个站点（武义履坦站612.0毫米）；500～600毫米的有24个站点，婺城和安（大山）站593.0毫米。7月3日，武义县遭遇52年来最强短历时降雨，局部最大雨量达到150.5毫米。7月13日，永康市遭遇50年一遇的特大暴雨突袭，其中， 永康黄坑口11—20时（9小时）累计降雨量124毫米、11—23时（12小时）累计降雨量141毫米，内涝灾情均十分严重。8月16—20日，全市出现大范围连续降雨过程，累计平均面雨量达168.2毫米，其中武义240.6毫米，永康211.6毫米。单站累计降雨量超过200毫米的有79个站点，其中最大的为永康杨溪站395.1毫米。8月19—20日，全市平均雨量77.8毫米，其中武义126.9毫米、永康105.5毫米，全市降雨超过300毫米的站点有7个。持续强降雨导致武义江发生1962年以来最大洪水；金华江出现了1973年以来最大洪水；兰江三次出现超保证水位洪水；东阳江、义乌江、武义江等主要江河水位超过警戒；金华江、兰江等重要河流出现复式洪峰。“8·20”洪水期间，金华江发生洪峰流量超过五年一遇的大洪水。

“6·23洪水”：兰江兰溪站6月23日2:30出现第一次洪峰，洪峰水位29.90米，超保证水位0.76米，洪峰流量9960立方米/秒；23日18:00出现第二次洪峰，洪峰水位31.73米，超保证水位0.73米，洪峰流量9810立方米/秒。金华江金华站于6月22日16时10分达到警戒水位 34.67 米；第一次洪峰出现时间 22 日 23 时 30 分，洪峰水位 35.51 米，超警戒水位 0.84 米；第二次峰现时间 23 日 18 时 40 分，洪峰水位 36.53 米，超警戒水位 1.86 米。

“6·27 洪水”：由于“6·23”洪水尚未完全退却，全市主要江河起涨水位普遍较高，且土壤含水饱和，径流系数较高，受 26 日下午开始的第二轮强降雨影响，27 日全市主要江河水位再次大幅上涨，兰江出现了第三次超保证水位的洪水，金华江出现了超警戒水位的洪水。金华江金华站于 6 月 27 日 19 时 30 分达到警戒水位 34.67 米， 洪水峰现时间 6 月 28 日 01 时 30 分，洪峰水位 35.23 米，超警戒水位 0.56 米，洪峰流量 3140 立方米/秒；兰江兰溪站于 6 月 27 日 20 时 55 分达到警戒水位 27.64 米，洪水峰现时间 6 月 28 日 5 时，洪峰水位 29.27 米，超保证水位 0.13 米，洪峰流量 8510 立方米/秒。

“8.20 洪水”：金华江金华站于 8 月 20 日 18 时出现洪峰 36.49 米（接近危急水位 36.67 米），洪峰水位列 1961 年以来第六位；实测洪峰流量 4180 立方米/秒，超过五年一遇，接近梅汛期“6・23”洪水（“6・23”洪峰水位 36.53 米，洪峰流量 4250 立方米/秒）。武义江武义站于 20 日 9 时出现洪峰 67.4 米（接近危急水位 67.5 米），实测洪峰流量 2100 立方米 3/秒，为 1962 年以来最高水位。

据统计，2014 年，全市 9 个县（市、区）共 140 个乡镇 72.5 万人受灾，倒塌房屋 1737 间，因灾转移人口 3.01 万人，农作物受灾面积 59.42 万亩，直接经济损失 17.5886 亿元；全市投入抗灾 5.01 万人次，出动抢险舟（船）111 舟次，运输设备 1534 班次，机械设备 1877 台班，投入资金 3838 万元，减灾效益 4.3 亿元。 无人员因灾伤亡。

第二节　旱　灾

2005 年。6 月 27 日出梅，29 日出现一次降水过程后迅速出现高温干旱天气。由于连续的高温，部分山区、半山区的靠天田出现旱情，造成一定的损失，部分山区群众出现饮水困难。7 月 19 日后受台风影响，旱情得到解除。据统计，2005 年全市农作物受旱面积 10880 公顷，其中受灾面积 7320 公顷，绝收 880 公顷，减产粮食 0.87 万吨，经济作物损失 0.33 亿元，受旱高峰时 4.5 万人和 0.165 万头大牲畜发生饮水困难。

2006 年。6 月 13 日入梅，18 日出梅，梅汛期只有 6 天（常年达 26 天）且雨量偏少。全市平均梅雨量 71.6 毫米，不到常年平均梅雨量的 30%。7 月、8 月，台风对金华市的影响不大，带来的降雨量也很少。1—8 月全市降雨总量 1033.7 毫米，为多年平均值 1205 毫米的 85.8%，而 8 月降雨量仅为 50 毫米，只占多年平均值 151 毫米的 33.1%。受副热带高压控制，7 月下旬至 9 月初，金华市出现连续的晴热高温天气，35℃以上的高温天气达 50 天，各地均出现不同程度的旱情，部分山区旱情比较严重。据统计，全市农作物受旱面积 42300 公顷，作物受灾面积 19500 公顷，其中成灾 16900 公顷，绝收 2600 公顷，因旱少种面积 690 公顷，因旱减收粮食2.1万吨，经济作物损失1.13亿元。此外，林业受旱面积7800公顷，经济损失3226万元，水产养殖因旱减产697.6吨，经济损失516.7万元，水力发电因旱减少发电量5184.5万千瓦时。

2007年。1—8月全市降雨总体偏少，累计平均降雨量860.5毫米，比常年同期（1212.6毫米）偏少29%。梅汛期降雨量仅有41毫米，比常年253.5毫米偏少83.8%，接近空梅，是1958年和1981年2个空梅之后梅雨量最少的一年。6月下旬至8月中旬受副热带高压控制，全市出现连续的晴热高温天气，各地均出现不同程度的旱情，尤其是部分山区旱情比较严重。据统计，全市农作物累计受旱面积46530公顷，作物受灾面积30500公顷，其中成灾15500公顷，绝收660公顷，因旱少种面积2030公顷，因旱减收粮食2.04万吨，经济作物损失1.65亿元。林业受旱面积15600公顷，经济损失4338万元，水产养殖因旱减产2622.6吨，经济损失2135.8万元，水力发电因旱减少发电量16188万千瓦时。

2010年。受梅汛期降雨量偏多的影响，全市大中型水库蓄水率达98%，是2002年以来同期水库蓄水最满的一年，全市局部山区的山垄田和靠天田存在旱情。8月26日到9月29日，衢州乌引分三次向金华婺城乌引灌区集中供水，供水总量792.8万立方米。

2011年。 1—5月降雨异常偏少，全市累计平均降雨量307毫米，只有常年同期的一半，为历史同期最少，局部地区旱情露头。5月中下旬，婺城区、金东区、东阳市局部山区出现一定的旱情，衢州乌引从5月9日至5月12日集中向婺城乌引灌区供水四天，供水总量100万立方米，有效地缓解了婺城乌引灌区的旱情。6月后，全市降雨增多，大中型水库蓄水率达92%，未出现明显旱情。

2013年。 7月1日至8月中旬，全市出现持续高温少雨天气，35℃以上高温达44天，40℃以上极端温度达8天。7月降雨量只有46.7毫米，比常年同期偏少8成，是2003年以来同期降雨量最少的一年。据统计，全市农作物受旱面积5.71万公顷。其中，受灾4.04万公顷，绝收0.57万公顷。全市共56个乡镇，185个自然村3.9159万人饮水困难。

第三节　台风灾害

2005年，全市先后遭受5号台风“海棠”、9号台风“麦莎”、13号台风“泰利”和15号台风“卡努”影响。

5号台风“海棠”：7月19日17时10分在福建省连江县黄岐镇登陆，近中心最大风力12级（33米/秒）。受其影响，全市7月18—21日普降大到暴雨，主要集中在磐安县大部、武义县西南部。其中，五丈岩水库过程雨量达286毫米。面平均降水量较大的有磐安县179.9毫米，武义县74.4毫米，两县灾情较重。据统计，磐安县20个乡镇141个村受灾，受灾人口6.52万人，受损房屋1136间（倒塌房屋133间），受损面积达4.5万平方米；损坏输电线路 17 杆，长度 15.5 千米；损坏通信线路 4 杆，长度 0.33 千米；交通干线多处路基被冲毁或塌方，毁坏公路及机耕路基 32 千米；损坏堤防 37 处 11.7 千米，损坏护岸 86 处，渠道缺口 2.15 千米，损坏机埠 5 座，损坏水电站 2 处；农作物受灾总面积 4358 公顷；无人员伤亡，直接经济损失 0.3129 亿元。

9 号台风“麦莎”：8 月 6 日 3 时 40 分在玉环县干江镇登陆，近中心最大风力 12 级。受其影响，全市 8 月 4 日下午开始降雨，暴雨主要集中在磐安县、东阳市东部、武义县中南部、金东区西南部、永康市东南部。8 月 6 日 14 时，台风中心位置进入磐安县境内，7 日上午结束对全市的影响。9 号台风降雨区域分布与 5 号台风基本相似，但降雨强度（除兰溪、浦江）更大，暴雨范围更广，受灾损失更重。过程降水量最大的是金华市本级沙畈水库库区小源口雨量站 265 毫米。全市共造成 27.74 万人受灾，倒塌房屋 532 间，无人员伤亡，直接经济损失 1.602 亿元。其中，磐安县 20 个乡镇受灾，受灾人口 16.24 万人，受损房屋 2410 间（倒塌 439 间）；全县 512 家企业停产；多段公路的路基冲毁或塌方，毁坏公路及简易公路 56 千米；2 处大规模山体滑坡；堤防损坏 185 处 30.2 千米，护岸损坏 310 处，堤防决口 220 处 2.9 千米，损坏灌溉设施 185 处，损坏机电井 18 处；损坏电力线路 27 千米；损坏通信线路 12 千米；农作物受灾总面积 4733 公顷；水产养殖受损 30 公顷。直接经济损失达 1.34 亿元。

13 号台风“泰利”：9 月 1 日 14 时 30 分在福建省莆田平海镇登陆，登陆时中心气压 970 百帕，近中心最大风力 12 级（35 米/秒），9 月 2 日早晨进入江西。受台风外围影响，全市 9 月 1 日早上出现降雨，到 9 月 2 日早上 8 时降雨结束，过程降水量在 100 毫米以上的区域面积 310 平方千米，主要集中在武义县西南部。全市平均过程降雨最大为武义县的 47 毫米（县内最大值为新塘站 181 毫米，竹客 173.5 毫米和内庵水库 132 毫米次之），磐安和永康均为 30 毫米，其他县（市、区）均小于 10 毫米。与 5 号、9 号台风相比，13 号台风降雨区域分布不均衡，降雨强度弱，暴雨区域更小。武义县局部受强降雨影响受灾较为严重，其他县（市、区）基本无灾情，共造成 5.42 万人受灾，倒塌房屋 82 间，直接经济损失 0.357 亿元。

15 号台风“卡努”：9 月 11 日下午 2 时 50 分在台州路桥区金清镇登陆，中心风力 945 百帕，风速 50 米/秒（15 级）。经过台州、绍兴、杭州、湖州后，于 12 日 5 时进入江苏宜兴境内。受其外围影响，全市东部 9 月 11 日 2 时开始降雨，17—23 时雨量最大，到 9 月 12 日早上 8 时雨止。全市平均过程降水量最大的是磐安县 107.2 毫米，降水量在 100 毫米以上的区域达 1713 平方千米，主要集中在磐安、东阳东部、义乌北部。全市过程降水量最大的站点是东阳三单 191.5 毫米，其他如马蹄坑、五丈岩、大路、长北坑等水库过程降雨均超过 100 毫米。与前几次台风相比，15 号台风降雨时间更集中，影响时间更短，由于本次台风内部结构更密实，表现为风速更大，更具有破坏力。据统计，磐安县 20 个乡镇受灾，受灾人口达 19.67 万人，受损房屋 2512 间（倒塌 414 间）；全县 515 个工矿企业停产；东仙线、大科线、云大线等几条交通干线许多路段的路基被毁或塌方，毁坏公路、简易公路 64.5 千米；堤防损坏212处34.7千米；堤防决口235处3.2千米，损坏护岸356处，损坏灌溉设施213处，损坏机电井17处，损坏机电泵站14座；农作物受灾总面积5443公顷，其中，粮食作物2177公顷，经济作物3266公顷，农作物成灾面积3220公顷，绝收面积104公顷，估计粮食减产2.415万吨；水产养殖受损34公顷，估计损失产量0.011万吨；双坑村上游溪滩失踪1人（后查实已死亡）。全市共造成27.5965万人受灾，倒塌房屋560间，直接经济损失1.9811亿元，为今年4次台风之最。

据统计，全市遭受4次台风的袭击共造成44.4065万人受灾，倒塌房屋1312间，直接经济损失4.25亿元。水利设施共损坏堤防356处，81.29千米；堤防决口246处，11.4千米；损坏护岸377处；损坏灌溉设施319座；损坏机电井45眼；损坏机电泵站54座；损坏水电站12座，水利设施直接经济损失0.8785亿元。农作物受灾面积10948公顷，成灾面积6762公顷，绝收面积309公顷，减收粮食4.96万吨，农业、林业、牧业、渔业直接经济损失1.6416亿元；停产工矿企业555个；公路中断26条次，毁坏路基150.63千米；损坏输电线路107.31千米；损坏通信线路46.73千米。磐安受灾最重，共有15.67万人受灾，房屋倒塌986间，直接经济损失3.3313亿元。其中，工业、交通运输业直接经济损失达1.1549亿元。

2006年。全市先后受到1号台风“珍珠”和4号台风“碧利斯”影响。其中，1号台风“珍珠”于5月18日凌晨2时15分在广东省饶平到澄海之间沿海登陆，受其外围影响，全市5月17日—18日普遍降雨，平均过程降雨63毫米，主要集中在金东、兰溪，受灾人口0.3万人，直接经济损失0.04亿元，这次台风是1950年以来影响全市时间最早的一次；4号台风“碧利斯”于7月14日中午在福建省霞浦沿海登陆，受其外围影响，全市过程降雨量平均为40毫米，其中，磐安平均降水量达96毫米（茶谭雨量最大达130毫米，长北坑107毫米），磐安五丈岩水库泄洪。全市共有27个乡（镇）11万人受灾，倒塌房屋25间，无人员死亡，直接经济总损失0.2027亿元。

2007年。全市先后遭受13号台风“韦帕”和16号台风“罗莎”的袭击。

“韦帕”台风：13号台风“韦帕”9月19日2时30分在苍南县渔寮附近的霞关镇登陆，登陆时中心最大风力达14级，风速为45米/秒，中心气压为950百帕。受台风外围影响，全市从9月17日23时开始降雨，累计平均降雨量90毫米，其中，婺城区78毫米，金东区58毫米，兰溪市48毫米，永康市91毫米，义乌市62毫米，东阳市126毫米，浦江县59毫米，武义县72毫米，磐安县220毫米。累计降雨超100毫米的有磐安长北坑286毫米、三跳284毫米、五丈岩268毫米，东阳沈坑岭177.5毫米，永康方丘127.5毫米。，全市强降雨过程导致水库蓄水量明显增加，到9月20日8时，全市26座大中型水库蓄水总量为6.38亿立方米，蓄水率68.94%，增加水量1.13亿立方米。大中型水库中只有磐安的五丈岩水库泄洪，最大泄洪流量280立方米/秒。武义县武义江莲塘口水文站于9月19日17时出现洪峰水位67.50米，超过警戒水位0.24米，其他江河主要水文站水位均在警戒水位之下。全市除兰溪和浦江外，其他县（市、区）均出现不同程度的灾情，磐安受灾较重。据统计，全市共有58个乡（镇）计29.56万人受灾，倒塌房屋1496间，无人员死亡；农作物受灾面积9800公顷，其中成灾4533公顷；停产工矿企业118个；公路中断131条次；损坏输电线路70.7千米。直接经济损失1.84亿元。

16号台风“罗莎”台风：10月7日15时30分在苍南县霞关镇的浙闽交界处登陆，登陆时近中心风力33米/秒(12级）。受台风和冷空气共同影响，全市10月6日下午起至8日夜里普降暴雨，部分地区大暴雨，局部特大暴雨，至9日8时，“罗莎”对全市影响基本结束，过程风力最大是北山10级，还有2个站达到8级，普遍风力在5～7级。全市累计平均降雨量145.2毫米，各县（市、区）都出现暴雨，磐安、武义、永康、婺城南部、东阳义乌东部出现大暴雨。降雨量超过300毫米的站点有1处，超过200毫米的站点有38处，其中，磐安的方前330.0毫米、茶潭292.5毫米、马蹄坑276.0毫米、长北坑272.0毫米，武义的建坑282.5毫米，婺城区的箬阳286.5毫米、沙畈255.5毫米。各县（市、区）累计平均降雨量为婺城区153毫米，金东区99毫米，兰溪市94毫米，永康市141毫米，义乌市130毫米，东阳市150毫米，浦江县124毫米，武义县158毫米，磐安县228毫米。金华市本级沙畈、磐安五丈岩、东阳东方红和武义清溪口水库超正常水位。金华市本级沙畈、金兰和安地、磐安五丈岩、东阳横锦、南江和东方红、武义源口和清溪口水库共9座大中型水库开闸泄洪。台风前全市大中型水库蓄水总量6.25亿立方米，蓄水率67.5%，至10月9日8时，蓄水总量7.9亿立方米，蓄水率85.4%，增加水量1.65亿立方米。金华江金华站于10月9日0时出现洪峰水位35.33米，超过警戒水位0.66米，洪峰流量3030立方米/秒，为中华人民共和国成立以来10月最大洪水；武义江武义站10月8日18时30分出现洪峰水位65.73米，超过警戒水位0.23米；东阳江义乌佛堂站10月8日20时出现洪峰水位52.69米；兰溪站10月9日8时水位27.77米，超过警戒水位0.14米。受“罗莎”影响，全市除浦江县，各地均有灾情。据统计，全市共有105个乡镇51.77万人受灾，转移灾区群众1.4万人，倒塌房屋825间，无人员死亡；农作物受灾农田面积1.779万公顷、成灾面积9810公顷，绝收面积960公顷，减收粮食1.66万吨；水产养殖损失面积520公顷；174家工矿企业停产；165条次公路中断，毁坏公路路基（面）102.7千米,损坏输电线路23.2千米，损坏通信线路13.1千米；损坏堤防516处39.36千米，堤防决口93处2.53千米，损坏护岸278处，冲毁塘坝68座，损坏灌溉设施494处，损坏机电井36眼，损坏水文测站4座，损坏机电泵站24座，损坏水电站3座。这次灾害造成全市直接经济损失达3.96亿元，其中：农业直接经济损失1.35亿元，工业交通直接经济损失0.82亿元，水利设施直接经济损失1.06亿元。直接经济损失较大的有武义（1.21亿元）、磐安（0.75亿元）、兰溪（0.82亿元）、永康（0.45亿元）。主要灾情有：

10月8日上午，安地水库下游梅溪4处堤防共200余米出现迎水坡坍塌滑坡险情，金华市水利局、金华开发区管委会及有关乡镇组织60多辆装卸车、150余名抢险队员全力抢险，采取了堤脚抛石、迎水坡加盖防渗薄膜等措施，到下午4时30分险情得到有效控制。

10月8日12时，受永康江水位猛涨的影响，永康市东城街道黄棠村黄棠桥出险，东桥头部分护墙石基冲塌，严重威胁大桥及旁边村庄安全。金华市水利局及当地政府迅速组织水利专家、机关干部、公安干警、武警官兵等200余人投入抢险，下午4时险情得到控制。

10月8日中午，武义县桐琴镇湖干畈村有24名民工被洪水围困。时任金华市委书记徐止平、市长陈昆忠、副市长劳红武在市防汛防旱指挥部多次电话联系武义救援现场，了解进展情况。武义县县委、县政府主要领导在一线指挥营救工作。当得知救援工作因故受到阻碍后，徐止平、陈昆忠立即赶往现场指导救援工作。在驻金部队的支援下，18时30分被围困人员全部被解救。

10月8日晚上10时，受金华江洪水上涨影响，兰溪市上华街道沈村段70余米堤防逐步坍塌，并出现绕坝渗水，严重影响堤防安全，一旦决口，7700亩农田和经济开发区江南园区康恩贝制药公司等10多家企业将受淹，7200多名村民的生命财产和330国道交通线的安全受到威胁，后果不堪设想。兰溪市委、市政府立即组织200多名抢险队员和当地群众一起上堤抢险，兰溪市委书记、市长在现场指挥抢险，时任金华市防指指挥、副市长劳红武，金华军分区司令员吴辉华以及参谋长叶少军连夜赶赴现场指挥抢险。凌晨1时30分，金华军分区人员赶来救援，并调集军分区机关和婺城、金东、浦江、工兵团1300余人参与抢险，金华武警支队250余名官兵也赶来救援。金华市供销社执行金华市防指命令运送麻袋1万只、救生衣、铁锹等抢险物资支援兰溪抢险，金华市交通局集结24辆抢险车待命。经过连夜奋战，搬运水泥板300余块，装运沙袋1万余袋，构筑围堰120米、子堤150米，到9日早晨，险情基本得到控制。

2008年。全市先后防御了7号台风“海鸥”、8号台风“凤凰”、13号台风“森拉克”和15号台风“蔷薇”。其中，8号台风“凤凰”对全市产生一定影响。7月28日—30日，受“凤凰”台风影响，全市平均降雨量58.2毫米，过程降雨量大于100毫米的站点有14个，直接经济损失1926万元，是全市2004年以来受台风影响最小的一年。

2009年。金华市遭受8号台风“莫拉克”的袭击。8月 9日16时20分，8台风“莫拉克”在福建霞浦县登陆，登陆时中心气压970百帕，近中心最大风速33米/秒（12级）。受台风影响，全市从8月7日上午开始出现降雨并逐渐增大，东部、南部出现大暴雨。全市降雨100～200毫米的遥测站118个；200～300毫米20个；300毫米以上1个。自8月7日8时至8月12日8时，全市累计平均降雨量106毫米，其中，磐安170毫米，武义161毫米，婺城131毫米，浦江105毫米，永康94毫米，义乌87毫米，金东85毫米,东阳83毫米,兰溪58毫米。降雨量较大的站有：婺城区的石塘307毫米，武义的大河源275.5毫米，金华市本级沙畈水库266.5毫米，磐安的大路258毫米。由于降雨量大且相对集中，水库蓄水明显增加，金兰、沙畈、安地、东方红、五丈岩、源口6座中型水库先后开闸泄洪。台风共造成6个县

（市、区）的73个乡镇，46.85万人受灾，倒塌房屋463间，直接经济损失1.89亿元。

2010年。没有台风直接登陆浙江省。全市仅受到9月10日在福建省石狮登陆的10号台风“莫兰蒂”外围影响。9月10—11日全市大部分地区出现强降雨过程，全市平均降雨量50.3毫米，降雨量在100毫米以上的有3个站，50毫米以上的有83个站。受其影响，浦江县局部出现洪涝，直接经济损失520余万元。2010年是全市自2004年以来受台风灾害损失最小的一年。

2011年。9号台风“梅花”对全市有轻微影响，该台风8月6日8时至9日8时影响全市，全市平均降雨量30.4毫米，没有灾情上报。

2012年，全市连续遭遇9号台风“苏拉”和11号台风“海葵”袭击。

9号台风“苏拉”：8月3日6时50分在福建福鼎秦屿镇（距浙闽交界20千米处）沿海登陆，登陆时近中心最大风力10级（25米/秒），中心最低气压为985百帕。对全市影响轻微，全市平均降雨量22.3毫米。

11号台风“海葵”台风：8月8日3时20分在宁波市象山县鹤浦镇（三门湾北侧）登陆，登陆时中心气压965百帕，近中心最大风力14级（42米/秒），严重影响全市。全市大部分地区普降大到暴雨，特别是东部地区出现特大暴雨，全市平均降水量89毫米，东部地区普遍100～200毫米，义乌的双溪站降雨量达350毫米。导致部分小流域出现山洪、泥石流等地质灾害。

2013年，12号台风“潭美”和23号台风“菲特”对全市造成影响。

12号台风“潭美”：8月22日2时40分前后在福建省福清市沿海登陆，登陆时近中心最大风力12级（35米/秒），中心气压958百帕。受台风“潭美”外围云系影响，8月21—22日全市过程雨量达59.8毫米，其中降雨量最大的东阳东井站达122.5毫米，雨量超过100毫米的站点19个，江河、水库水量明显增加，有效缓解了全市持续多日的晴热高温干旱灾害。

23号台风“菲特”：10月7日1时15分在浙闽交界处（福鼎沙埕镇）登陆，登陆时强度为强台风，近中心最大风力42米/秒（14级），中心气压955百帕。10月5日22时开始至8日8时，全市出现强降雨过程，全市累计平均降雨量122.7毫米，其中东、南部的磐安、婺城、永康雨量较大，分别达203.8毫米、149.6毫米、141.2毫米，其他地区70～130毫米。最多的婺城区罗坪站达289毫米，全市共有39个站点累计雨量超过200毫米，覆盖面积990平方千米，超过150毫米的覆盖面积3359平方千米。全市29座大中型水库蓄水率79.5%，比台风影响前增加蓄水1.6亿立方米。这次台风造成金东、义乌、东阳、磐安、武义、浦江等6个县（市、区）58个乡（镇）5.872万人受灾，农作物受灾面积3465公顷，公路中断13处，通信中断11处，直接经济损失0.8147亿元，没有发生人员伤亡。

2014年。16号台风“凤凰”对全市产生影响。全市9月21—23日出现降雨，过程降雨量23.6毫米，降雨较多的磐安62.6毫米、永康36.5毫米、东阳33.6毫米、婺城30.9毫米，其中最大的婺城罗坪104.5毫米、磐安源头103.5毫米。

第二章 防灾抗灾

第一节 指挥机构

金华市人民政府成立金华市防汛防旱指挥部，负责领导、组织全市防汛防旱防台工作，由市政府分管领导任指挥，其成员由金华军分区、市水利局、市委宣传部、市监察局、市气象局、市发改委、市经委、市教育局、市公安局、市民政局、市财政局、市国土资源局、市建设局、市规划局、市交通局、市农业局、市卫生局、市行政执法局、市安全监管局、市旅游局、市供销社、金华电业局、金华开发区管委会、武警金华市支队、金华日报社、市广电总台、电信金华分公司、移动金华分公司等单位和部门负责人组成。

市防汛防旱指挥部的主要职责是：贯彻执行有关防汛防旱工作的方针、政策、法律、法规，制订落实防汛防旱工作计划，统一指挥本地区防汛防旱和抗灾救灾工作。指挥部各成员单位，按照本部门的职责，做好有关的防汛防旱工作。各县（市、区）成立相应机构，其成员单位由各县（市、区）人民政府确定。

市防汛防旱指挥部下设办公室，作为指挥部日常办事机构，办公室设在市水利局，负责防汛防旱的日常工作。每年4月15日至10月15日的汛期，办公室实行24小时值班制度。

2005年、2009年、2010年、2012年、2013年、2014年调整了市防汛防旱指挥部成员，名单如下：

2005年金华市人民政府防汛防旱指挥部成员名单

表2-1

指挥部职务	姓　名	工作单位及职务
指　挥	劳红武	市政府副市长
副指挥		金华军分区参谋长
	吴小明	市委副秘书长
	江国富	市政府副秘书长
	包晓华	市水利局局长
	阮金荣	市水利局副局长
成　员	王丁路	市委宣传部副部长
	邵金钱	市发改委副主任、市物价局局长
	赵少华	市经委副主任

续表

指挥部职务	姓　名	工作单位及职务
	徐灵甫	市教育局党委委员、纪委书记
	施欣辉	市公安局副局长
	陈志恒	市教育局党委委员
	李　影	市监察局副局长
	洪永生	市民政局副局长
		市财政局副局长
	楼溪潮	市国土资源局副局长
	姚栓柱	市建设局副局长
	王　健	市规划局副局长
	董一平	市交通局副局长
	宋旭宝	市农业局副局长
	胡爱珠	市卫生局副局长
	费伟林	市行政执法局副局长
	叶敢胜	市安全监管局副局长
	钱森元	市旅游局副局长
	陈福雨	市供销社副主任
	陈　升	金华电业局副局长
	李邦宪	市气象局局长
	关　导	市人防办副主任
	丁剑峰	电信金华分公司副总经理
	王授武	金华日报社副总编辑
	骆利平	金华广播电视总台副台长
	郭国松	武警金华市支队副支队长
	金登成	婺城区委常委、常委副区长
	何耀明	金东区政府副区长
	李郁华	金华开发区管委会副主任

2009年金华市人民政府防汛防旱指挥部成员名单

表2-2

指挥部职务	姓　名	工作单位及职务
指　挥	蔡　健	市政府副市长

续表

指挥部职务	姓　名	工作单位及职务
副指挥	叶少军	金华军分区参谋长
	任建生	市委副秘书长
	祝维伟	市政府副秘书长
	包晓华	市水利局局长
	阮金荣	市水利局副局长
成　员	李　影	市监察局副局长
	潘江涛	市委宣传部副部长
	陈智源	市气象局局长
	吴红青	市发改委副主任
	徐方根	市经委副主任
	徐灵甫	市教育局纪检组长
	施欣辉	市公安局副局长
	洪永生	市民政局副局长
	任晓俐	市财政局副局长
	周国新	市国土资源局副局长
	姚栓柱	市建设局党委委员
	王　健	市规划局副局长
	董继祥	市交通运输局副局长
	骆　芳	市农业局副局长
	胡爱珠	市卫生局副局长
	王旭照	市行政执法局副局长
	谢顺龙	市安全监管局副局长
	钱森元	市旅游局副局长
	陈福雨	市供销社副主任
	左万山	市人防办主任助理
	楼其民	金华电业局副局长
	童喜阳	金华开发区管委会副主任
	王授武	金华日报社副总编辑
	方青云	金华日报社编委委员
	骆利平	金华广播电视总台副台长
	李传魁	武警金华市支队副支队长
	熊德营	电信金华分公司副总经理
	周兴潮	移动金华分公司副总经理

2010年金华市人民政府防汛防旱指挥部成员名单

表2-3

指挥部职务	姓　名	工作单位及职务
指　挥	蔡　健	市政府副市长
副指挥	叶少军	金华军分区参谋长
	任建生	市委副秘书长
	祝维伟	市政府副秘书长
	包晓华	市水利局局长
成　员	李　影	市监察局副局长
	潘江涛	市委宣传部副部长
	陈智源	市气象局局长
	吴红青	市发改委副主任
	李中军	市经委副主任
	徐灵甫	市教育局纪检组长
	施欣辉	市公安局副局长
	洪永生	市民政局副局长
	李　俊	市财政局副局长
	周国新	市国土资源局副局长
	姚栓柱	市建设局党委委员
	施革维	市规划局副局长
	董继祥	市交通运输局副局长
	贾跃俊	市水利局总工
	骆　芳	市农业局副局长
	胡爱珠	市卫生局副局长
	王旭照	市行政执法局副局长
	谢顺龙	市安全监管局副局长
	钱森元	市旅游局副局长
	陈福雨	市供销社副主任
	左万山	市人防办主任助理
	楼其民	金华电业局副局长
	宋旭宝	金华开发区管委会副主任

续表

指挥部职务	姓　名	工作单位及职务
	王授武	金华日报社副总编辑
	方青云	金华日报社编委委员
	骆利平	金华广播电视总台副台长
	厉锦平	武警金华市支队副支队长
	朱建宏	市防指办主任
	熊德营	电信金华分公司副总经理
	周兴潮	移动金华分公司副总经理
顾问	阮金荣	市水利局调研员

2012年金华市人民政府防汛防旱指挥部成员名单

表2-4

指挥部职务	姓　名	工作单位及职务
指　挥	蔡　健	市政府副市长
副指挥	叶少军	金华军分区参谋长
	朱　飞	市委副秘书长
	陈峰齐	市政府副秘书长
	包晓华	市水利渔业局局长
	贾跃俊	市水利渔业局副局长
成　员	李　影	市监察局副局长
	潘江涛	市委宣传部副部长
	陈智源	市气象局局长
	吴红青	市发改委党组成员，金华新兴产业集聚区管委会副主任
	李中军	市经委副主任
	陈志恒	市教育局党委委员
	施欣辉	市公安局副局长
	洪永生	市民政局副局长
	李　俊	市财政局副局长
	周国新	市国土资源局副局长
	姚栓柱	市建设局党委委员
	陆　峰	市规划局副局长

续表

指挥部职务	姓　名	工作单位及职务
	董继祥	市交通运输局副局长
	骆　芳	市农业局副局长
	胡爱珠	市卫生局副局长
	王旭照	市行政执法局副局长
	谢顺龙	市安全监管局副局长
	钱森元	市旅游局副局长
	陈福雨	市供销社副主任
	左万山	市人防办主任助理
	宋旭宝	金华经济技术开发区管委会副主任
	楼其民	金华电业局副局长
	王授武	金华日报社副总编辑
	方青云	金华日报社编委委员
	叶顺清	金华广播电视总台副台长
	楼国伟	武警金华市支队副支队长
	朱建宏	市防指办主任
	熊德营	电信金华分公司副总经理
	周兴潮	移动金华分公司副总经理

2013 年金华市人民政府防汛防旱指挥部成员名单

表 2-5

指挥部职务	姓　名	工作单位及职务
指　挥	蔡　健	市政府副市长
副指挥	叶少军	金华军分区参谋长
	陈峰齐	市政府副秘书长
	潘炉生	市水利渔业局局长
	贾跃俊	市水利渔业局副局长
成　员	李　影	市监察局副局长
	潘江涛	市委宣传部副部长
	谷风鸣	市气象局局长
	王有法	市发改委副主任
	王新锋	市经信委副主任

续表

指挥部职务	姓　名	工作单位及职务
	陈志恒	市教育局党委委员
	施欣辉	市公安局党委副书记、副局长
	洪永生	市民政局副局长
	李　俊	市财政局副局长
	周国新	市国土资源局副局长
	孙金荣	市建设局党委委员
	卢立明	市规划局副局长
	董继祥	市交通运输局副局长
	曹智冲	市水利渔业局党委委员
	盛光文	市农业局副局长
	周国彪	市卫生局副局长
	徐　峰	市行政执法局副局长
	谢顺龙	市安全监管局副局长
	钱森元	市旅游局副局长
	刘晓斌	市供销社副主任
	关　导	市人防办副主任
	方　鹰	金华经济技术开发区管委会纪工委书记
	楼其民	金华供电公司副总经理
	方青云	金华日报社编委委员
	周建华	金华广播电视总台副台长
	厉锦平	武警金华市支队副支队长
	朱建宏	市防指办主任
	陈华平	电信金华分公司副总经理
	戴皓胜	移动金华分公司副总经理

2014年金华市人民政府防汛防旱指挥部成员名单

表2-6

指挥部职务	姓　名	工作单位及职务
指　挥	张伟亚	市政府副市长
副指挥	叶少军	金华军分区参谋长
	朱　飞	市政府副秘书长
	潘炉生	市水利渔业局局长
	潜高星	市建设局局长

续表

指挥部职务	姓　名	工作单位及职务
	贾跃俊	市水利渔业局副局长
成　员	杨国良	市委宣传部副部长
	何　锋	市气象局副局长
	黄旭光	市发改委副主任
	王向华	市经信委党委委员、机关党委书记
	陈志恒	市教育局党委委员
	马尚伟	市公安局副局长
	郑永峰	市民政局党组成员
	李　俊	市财政局副局长
	周国新	市国土资源局副局长
	孙金荣	市建设局党委委员
	程家旺	市规划局副局长
	董继祥	市交通运输局副局长
	曹智冲	市水利渔业局党委委员
	方龙井	市农业局副局长
	王飞豹	市卫生局副局长
	倪喜斌	市行政执法局党委副书记、副局长
	谢顺龙	市安全监管局副局长
	吴兴旺	市旅游局副局长
	刘晓斌	市供销社副主任
	关　导	市人防办副主任
	楼其民	金华供电公司副总经理
	方青云	金华日报社副总编辑
	周建华	金华广播电视总台副台长
	厉锦平	武警金华市支队副支队长
	朱建宏	市水利局党委委员、市防指办主任
	陈华平	电信金华分公司副总经理
	戴皓胜	移动金华分公司副总经理

第二节　防灾非工程措施

防灾非工程措施中主要包括预案编制修订、小流域防洪规划、山洪灾害治理、基层防汛体系、人工增雨、防汛物资储备、抢险专业队伍等。

一、预案编制修订

根据“分类管理、分级负责、属地为主”之原则,全市防汛防台抗旱预案体系包括总体预案、专项预案（水库专项预案、山洪灾害防治专项预案）、部门预案、基层组织预案。

总体预案：2006年金华市本级编制了《金华市防汛防台抗旱应急预案》，并于2013年对此方案进行了修订，全市9个县（市、区）已编制10个县级总体预案并经过了县级人民政府批准颁发。

专项预案：全市共编制了专项预案45个。其中，金华市防指编制修订了《金华市区防御大洪水方案》《金华市抗旱工作预案》等专项预案；县级防指分别编制了防御洪水、抗旱防旱、山洪灾害等43个专项预案。同时，根据实际情况，水库及水库管理部门编制了29个大中型、104个小（一）型水库安全应急预案、水库抢险预案；29个大中型、17个小（一）型水库放水预警方案；编有9个县级、130个乡级、1286个村级山洪灾害防治专项预案。

部门预案：金华市本级防指成员单位共编制了《金华市水利局防汛防台应急工作预案》《金华电业局防汛防台应急预案操作手册》《市建设局防汛防台灾害应急处置预案》《市城市管理行政执法局防汛抗洪处置应急预案》《金华市气象灾害应急预案》《金华市地质灾害防治方案》等94个部门专项预案；县级防指有关部门共编有88个部门预案。

基层组织预案：全市共编有3139个基层组织应急预案，其中乡级312个、村级2794个、其他33个。

二、小流域防洪规划。根据《浙江省水利厅浙江省发改委关于开展全省小流域防洪避洪规划编制工作的通知》（浙水计〔2005〕69号）的要求，金华市水利局于2005年9月5日成立了领导小组。

2005年年底，全市确定“十一五”期间计划编制防洪避洪规划的小流域21条，列入省“十一五”规划实施的小流域防洪避洪规划有19条。2005年底至2006年底期间，各县（市、区）基本完成小流域防洪避洪规划文本的编制，并通过审批。

金华市“十一五”规划实施的重要小流域防洪避洪规划名单

表2-7

县（市、区）	流域名称	流域面积（平方千米）	主流长度（千米）	所在乡镇	流域人口（人）	雨量站名称
金华市本级	雅干溪	36	14.7	婺城区安地镇	5000	
婺城区	厚大溪	228	55	塔石、岭上、汤溪、罗埠	48000	塔石
	莘畈溪	166	43	莘畈、汤溪、罗埠、洋埠	39000	莘畈、井下
金东区	孝顺溪	150	22	源东、付村、孝顺	66136	阳郑
	八仙溪	128	28	岭下、江东	18903	

续表

义乌市	梅溪	14	4.3	城西街道	5000	长堰水库
	临溪			上溪镇		
东阳市	芦塘溪	43.3	12.7	画水镇	20000	
	仙门溪	52	15.2	东阳江镇、湖溪镇	21000	
永康市	永祥溪	35.9	17.5	江南街道	13843	永祥、白雁口
	新楼溪	35	13.3	舟山镇	9976	方丘、大陆任
	八字墙溪	37.6	7.2	花街镇	12268	八字墙
兰溪市	石渠溪	25.03	14.79	马涧镇	7956	大庆水库
	马涧溪	48.1	15.6	马涧镇	12871	马涧
	水阁溪	55	16.12	柏社乡	16316	
武义县	古竹溪	37.3	13.4	大田乡	2982	
	曳坑溪	33.9	11.4	大溪口乡	1636	竹翠
浦江县	白麟溪	15.63	10.25	郑宅	15000	
	中余溪	60.15	15.56	中余、檀溪	17000	
磐安县	双溪	61.6	14.1	新渥镇、冷水镇	16562	
	玉虹溪	46.6	12.3	尚湖镇、万苍乡	17379	尚湖

列入浙江省“十一五”规划实施的重要小流域防洪避洪规划名录

表 2-8

县（市、区）	流域名称	流域面积（平方千米）	主流长度（千米）	所在乡镇	流域人口（人）	雨量站名称
金华市本级	雅干溪	36.0	14.7	婺城区安地镇	5000	
婺城区	厚大溪	228.0	55.0	塔石、岭上、汤溪、罗埠	48000	塔石
	莘畈溪	166.0	43.0	莘畈、汤溪、罗埠、洋埠	39000	莘畈、井下
金东区	孝顺溪	150.0	22.0	源东、付村、孝顺	66136	阳郑
	八仙溪	128.0	28.0	岭下、江东	18903	
义乌市	巧溪	43.12	11	苏溪	2000	
	声闻溪尚阳段	17.06	5.68	赤岸	7000	枫坑水库
东阳市	芦塘溪	48.2	14	画水镇	20000	
	仙门溪	52.0	15.2	东阳江镇、湖溪镇	21000	
永康市	永祥溪	35.9	17.5	江南街道	13843	永祥、白雁口
	新楼溪	35.0	13.3	舟山镇	9976	方丘、大陆任

续表

兰溪市	石渠溪	25.0	14.8	马涧镇	7956	大庆水库
	马涧溪	48.1	15.6	马涧镇	12871	马涧
武义县	古竹溪	37.3	13.4	大田乡	2982	
	曳坑溪	33.9	11.4	大溪口乡	1636	竹翠
浦江县	白麟溪	15.6	10.3	郑宅	15000	
	中余溪	60.2	15.6	中余、檀溪	17000	
磐安县	双溪	61.6	14.1	新渥镇、冷水镇	16562	
	玉虹溪	46.6	12.3	尚湖镇、万苍乡	17379	尚湖

三、山洪灾害治理。金华市9个县（市、区）均开展了山洪灾害防治县级非工程措施建设，批复概算总投资5789万元（中央、省级财政补助3600万元，地方配套2189万元）。其中，金东区和武义县被列为第一批山洪灾害防治县级非工程措施建设项目，婺城区、兰溪市、东阳市、义乌市、永康市、浦江县被列入第二批山洪灾害防治县级非工程措施建设项目，磐安县被列入第三批山洪灾害防治县级非工程措施建设项目。项目批复至2013年9月，各县（市、区） 扎实推进建设工作，基本完成项目批复的实施内容。根据《关于印发<浙江省山洪灾害防治县级非工程措施建设项目验收办法>（试行）的通知》（浙水汛〔2011〕17号）等文件精神，金华市水利局会同市财政局、国土局、气象局，分别于2012年6月初和7月初对第一批、第二批8个县（市、区）山洪灾害防治县级非工程措施建设项目进行了初步验收。磐安县为第三批列入建设的项目，于2013年12月11日完成初步验收。全部项目验收工作由项目运行管理单位、各参建单位和有关专家参加，成立山洪灾害防治县级非工程措施项目初步验收委员会，听取建设、施工、测试、监理等参建单位工作报告和县（市、区）水务、气象部门的专项验收意见以及遗留问题处置的情况报告，查阅了相关档案资料，并进行了认真讨论、质询，原则通过9个县（市、区）山洪灾害县级非工程措施项目初步验收并投入试运行，金华市水利局分批印发了各县（市、区）的《山洪灾害防治县级非工程措施建设项目初步验收鉴定书》。

四、基层防汛体系。全市积极开展基层防汛防台体系建设，2009年年初开始实施基层防汛体系建设，2010年汛前建设基本完成，2010年5月25日通过省级验收。为巩固建设成果，保障体系正常运行并形成长效管理机制，根据省防指统一部署，按照《浙江省基层防汛防台体系管理暂行办法（试行）》和《浙江省基层防汛防台体系管理考核办法（试行）》等文件要求，自2011年开展基层防汛防台体系考核工作。2012—2013年，各地因地制宜开展了基层防汛防台体系示范单位创建，以点带面，不断完善基层防汛防台体系。

2013年年底，根据《浙江省基层防汛防台体系规范化建设标准》，按照“以人为本、以防为主、以避为先”的原则，以“不死人、少伤人、少损失”为最高目标，围绕“巩固、规范、加强、提升”的要求，全市全面推进基层防汛防台体系规范化建设，包括组织责任体系、应急预案体系、监测预警体系、安全避险体系、抢险救援体系、宣传培训体系和运行保障体系等七大体系。

（一）组织责任体系。按照《浙江省防汛防台抗旱条例》规定和“分级负责、属地管理、不留死角”的原则，结合基层水利服务体系、综合减灾示范社区等建设，进一步完善以乡镇（街道）政府防汛防台指挥部（以下简称乡级防指）为单位，以行政村、城市(镇)社区防汛防台工作组（以下简称村级防汛防台组）为单元，以自然村、居民区、企事业单位、水库山塘、堤防海塘、水闸泵站、山洪与地质灾害易发区、船只、危房、公路危险区、地下空间、下沉式立交桥、农家乐和避灾场所等责任区为网格的基层防汛防台组织体系。基层防汛防台工作实行行政首长（行政主要负责人）负责制，配齐、配足各类责任人，明确职责，实行定格、定人、定责监管，做到分片包干，重要岗位应实行 AB 岗制，确保责任到人。建立防汛防台责任人数据库， 每年汛前全面核对， 逐级上报，并实行动态管理；责任人在汛期变动的，应在 1 周内报上级防指；各防汛防台责任人在汛期必须保持 24 小时通信畅通，确保责任落实到位。

（二）应急预案体系。对现有预案进行全面梳理，并修订完善。基层预案要重点突出，强化针对性和可操作性，尽可能图表化（风险图、人员转移线路图、责任人及责任表、危险区域人员及联络表），明确事前、事发、事中、事后各个环节由谁来做、怎样做、何时做，做到表述清楚、简明扼要、一目了然，并按要求报批或备案。县级防指应建立预案管理信息库，并纳入综合信息管理系统。县级、乡级防指要定期或不定期地组织开展预案演练。

（三）监测预警体系。全市结合国家防汛抗旱指挥系统二期工程、中小河流治理、山洪灾害防治等项目建设及当地实际，在全市范围适当加密监测站点，进一步整合防汛、水利、水文、气象、国土、海洋与渔业等部门的监测预警资源，与通信运营商、广播、电视、网络等公共信息传播部门、单位建立了防汛防台监测通信保障和预警信息发布联动机制，实现监测预警信息统一发布。进一步规范和完善乡镇（街道）以及行政村（社区） 、企事业单位预警信息的接收途径和处置程序，确保预警信息及时传递到户到人。进一步完善防汛远程会商系统，实现防汛防台远程会商到乡、视频到村、预警入户。

（四）安全避险体系。全市认真贯彻落实《关于加强避灾安置场所规范化建设的意见》（浙政办发〔2013〕108 号）的相关精神，按照“规划科学、布局合理、设施齐全、功能完备、管理规范、服务高效”的要求，在全市范围建立并完善县、乡、村三级避灾安置场所，形成避灾安置网络；在山洪地质灾害易发区、病险水库下游、低洼易涝区等危险区域的人员居住地及企事业单位设立警示标牌，标明危险区域类型、范围、危害性和区域内居住人数、企事业单位名称及安全转移条件、线路、避灾安置场所和责任人；规范“明白卡”、“责任告知卡”等制作发放并建立台账；制定避灾安置场所管理制度，明确避灾安置场所责任人和管理人员，规范避灾安置工作流程，加强避灾安置场所日常管理。

（五）抢险救援体系。全市建立了以专业队伍为主体、非专业队伍和群众队伍相配合的防汛防台抢险队伍，并配备必要的抢险设备及工具。整合基层防汛抢险、抗旱服务、森林消防、治安巡逻、消防等应急抢险资源，采取正规化、准军事化训练，形成一批基层综合抢险救灾队伍；充分发挥基层民兵预备役骨干作用，动员广大基层干部群众积极参与防汛防台抢险救灾。在汛期，防汛抢险队伍随时接受有管辖权的防指等机构调度指挥；县级防指充分衔接当地驻军、 武警部队，建立军民联防机制。参照《浙江省乡（镇、街道）、村（社区）防汛物资储备定额》和《水利部防汛储备物资验收标准》，按照分级储备的原则，优化防汛物资仓库布局，完善物资储备管理制度，对防汛防台物资储备的品种、数量和储备方式实行标准化管理，建立台帐实行规范管理。

（六）宣传培训体系。全市按照“防汛防台减灾全民参与”的要求，加强对公众防汛防台宣传教育培训，通过电视、广播、报刊、宣传栏、 宣传册和社区学校等多种形式，普及防汛防台知识，增强公众防灾减灾意识和自防自救能力。建立基层防汛防台责任人培训制度，每年由县级防指组织对乡级防指、村级防汛防台组责任人进行培训，由乡级防指组织对责任区网格责任人进行培训。县级水利、国土资源、气象、海洋与渔业、民政等有关部门要对本系统防汛防台责任人进行培训。专业性较强的监测员、巡查员、预警员和信息员等应经培训后方可上岗。

（七）运行保障体系。全面落实县、乡级防指及防指办和村级防汛防台组工作场所，配备防汛防台工作办公、通信、交通等必需的设施设备，建立健全防汛防台信息管理系统，落实防汛防台工作经费。健全规范基层防汛防台组织责任、应急预案、监测预警、安全避险、抢险救援、宣传培训、运行保障七大体系，到 2015 年年底全市基层防汛防台体系达到“组织健全、责任落实、预案实用、预警及时、响应迅速、全民参与、救援有效、保障有力”的规范化要求，基层有效应对洪涝台灾害的能力显著提升，最大程度保障人民群众生命财产安全。

五、人工增雨。2011 年 2 月 10 日和 4 月 3 日,义乌市在城西街道各发射了 8 枚火箭弹用于人工增雨，增加了降雨量，缓解了当时旱情。4 月 3 日，金华市本级在金东区澧浦镇发射了 6 枚火箭弹用于人工增雨，增加了降雨量，缓解了当时旱情。

2013 年 7—8 月，全市高温少雨，旱情比较严重。从 7 月底到 8 月 26 日，除武义和永康外，其它县（市、区）共开展人工增雨作业 27 次，发射火箭弹 116 枚，极大地缓解了当时旱情。

2014 年 10 月 31 日，永康市在龙山镇发射了 8 枚火箭弹用于人工增雨，增加了降雨量；11 月 1 日，义乌市在城西街道发射了 8 枚火箭弹用于人工增雨，增加了降雨量。

六、防汛物资储备。全市市、县、乡三级防指及重点水管单位均落实了防汛物资储备仓库。金华市级防汛物资储备基地于 2009 年 3 月 25 日正式建成并投入使用，基地设在金华市供销社农资配送中心，仓储面积600多平方米，储备了麻袋5万只、钢管550根、木桩1300根、救生衣1020件、救生圈220只、自动泛光灯4台、水泵20台、发电机2台（套）等30余种防汛抢险物资。基地制定健全了防汛物资仓库管理、物资调用、管理台账等制度，明确了仓库管理责任人及职责，且所有规章制度均挂牌上墙。每年金华市本级财政均安排防汛物资储备资金20余万元。据统计，2014年全市储备麻袋26.06万条、编织袋89.70万条、土工膜12694平米、救生衣11695件、冲锋舟29艘、机动船30艘、铁锹7914把等防汛物资，物资价值3000余万元。各级防汛物资仓库的建立，为全市抗洪抢险和防汛救灾提供了有力保障。

七、抗旱服务队。全市抗旱服务队以县级抗旱服务队为基础，乡镇抗旱服务分队为依托，坚持村级抗旱小组和农民抗旱相结合，开展抗旱保人饮保农灌工作。2013年中央财政下拨东阳、兰溪、永康等三支县级抗旱服务队专项资金200万元用于抗旱设备购置，设备购置工作于2013年汛前已基本完成，2014年年初通过了省水利厅组织的设备购置验收。据统计，全市县级抗旱服务队抗旱浇地能力3.3万亩/天,共有应急拉水车5辆，应急灌溉设备66台套，移动喷滴灌节水设备34台套，输水软管1.2万米，简易净化设备2套，清淤设备16台套，发电与动力设备24台套。

第三节　防汛信息化

遵循“总体规划、分步实施、实用为主、急用先上”的原则，2000年金华市启动水利信息化建设，边建设、边使用、边完善。截至2014年，逐步建立起了水雨情信息自动采集、防汛远程会商、防洪工程实时监控、水雨情信息预警、数据库、洪水预报调度、防汛网站等多个子系统。主要已建系统有：

一、信息采集系统

信息采集系统是整个水利信息化的基础，包括水情、工情、旱情、灾情、气象等信息的采集。

（一）水雨情自动采集系统。全市水雨情自动采集系统建设起步较早，20世纪70年代末，全市超短波无线电报汛通信网开始建设；80年代，由欧共体投资的水情自动遥测系统和永康、义乌市人工无线报汛系统建成使用；90年代以来，横锦、南江、金兰、安地和沙畈水库相继建设了水情自动遥测系统，钱塘江流域金华江水情自动采集系统也在1999年主汛期建成并投入使用。进入新世纪，全市根据全市流域、地形、雨量、水位报汛设站规范，结合防汛工作的实际需要，着手大规模布点建设，截至2014年年底，全市已建水情采集站点约409个（平均25平方千米设有一个水情采集点），站点覆盖全市，确保各水系、河网的水文、气象等情况实时录入省中心站的水情数据库。系统建成以来较为稳定可靠，故障率较低，在防汛指挥中发挥了巨大作用，水情报汛工作现代化已基本实现。

（二）卫星云图接收系统。全市现已安装2套卫星云图实时接收系统，可同时接收风云二号和日本气象卫星的实时卫星云图，并通过计算机网络与各县（市、区）共享，满足防汛防台会商的需要。

二、计算机通信网络系统

计算机通信网络系统是水利信息化的硬件基础和实现手段，也是系统正常运行的重要保障。目前已初步建成了以光缆宽带为主的，贯穿上下级和各部门的计算机通信网络系统。

（一）局域网。市水利系统计算机局域网采用星形结构的千兆以太网技术，百兆到桌面。网内的核心交换机选用一台高性能的三层交换机，确保信息管理、数据交换、预警预报、视频监控等应用系统的良好运行，整个内网网络功能强大、性能稳定，扩展强，具有完善的网络管理功能。

（二）广域网。全市防汛计算机广域网于2002年组网成功。与省水利厅采用省广电的6兆SDH相连，市～县（市、区）组网方式采用电信的4兆SDH专网，该网络运行至今一直可靠安全，为防汛数据信息传递，特别是远程会商系统的正常运行提供了可靠的保障。

（三）城域网。市防汛指挥部大楼与市水利局机关大楼采用电信百兆光缆相联，保证信息共享和数据畅通。

三、主要决策支持系统

防汛决策支持系统建立在信息采集、通信和计算机网络系统的基础上，是水利信息化的核心。目前已建成的主要系统有：

（一）数据库系统。全市从1999年起逐步进行相关数据库的建设工作，目前数据库系统包括实时汛情、历史汛情、水利工程信息、社会经济信息等多方面内容。主要数据库有：

水情数据库。库表结构和添加方式均严格按照国家防总的设计标准和要求。以雨量站、水文站、水库站为基本单元，存储实时水雨情及各种统计值，实现了实时水情以及历史暴雨洪水的查询检索、动态更新、输入与输出等功能，为暴雨洪水模拟、洪水调度分析提供信息支持。

工情数据库。水利工程数据库建设于2002年启动，由省水利厅统一组织实施，目前全市已完成水库、堤防、电站、河流、灌区等10大类438项工程的基础资料数据、工程图纸、照片的收集、整理、入库工作，可通过水利广域网进行查询、检索。

（二）雨情分析系统。本系统采用高精度的数学模型和矢量地图，实现降雨分析的各种表现。根据水情库的雨量数据进行查询和统计，能实现降雨等值线、面雨量的计算绘制、降雨图表和等值线的打印输出等功能。

（三）金华江洪水预报系统。本系统实现金华江流域雨量信息查询、历史洪水模拟和实时洪水预报，可通过预估未来降雨和上游来水对洪水变化的趋势进行预测和分析。

（四）金华市实时水情信息WebGIS发布预警系统。本系统利用WebGIS平台，以图、表、过程线等不同方式显式全市水情报讯站不同时段的实时雨量、水位、流量等参数，并具有对超警站点的预警及特征参数的显示功能。

（五）金华防汛网站。全市防汛网站于 2001 年 4 月即已初步建成，但只对防汛水利内网用户开放，主要用于发布实时汛情和防汛防旱防台信息。2006 年建成公网防汛网站，2008 年 10 月进行改版，向公众发布全市实时水雨情、台风路径、卫星云图等防汛信息，宣传防汛水利法规文件和防灾知识。2013 年主汛期前重新改版。

（六）远程会商系统。全市防汛远程会商系统于 2003 年底初步建成并投入使用，2006 年汛前进行了视频终端的升级，2007 年汛前更新升级了显示大屏。为提高防汛指挥的时效性，根据省防指的要求，全市在 2010 年主汛期前完成了全市防汛远程会商系统建设，实现了市–县–乡三级防汛实时视频会商，市防指通过该系统可直接与 140 个乡镇（街道）进行视频会商指挥调度。该系统共投资 2170 万元，是目前连接市、县、乡的唯一视频会议系统，该系统整合了资源，统一了标准，今后各部门视频到乡会议均可共享此系统。

（七）金华市本级防洪工程实时监控系统。2006 年底全市实施了金华市本级防洪工程实时监控系统建设，总投资 205 万元，建成监控点 19 个（包括沙畈、金兰、安地三座中型水库和重要堤防、站监控点），于 2007 年汛期正式投入使用。该系统作为防汛调度指挥的重要辅助手段，进一步提高了全市防汛工作的实时预警监测能力。

第四节　救灾实录

一、兰溪市 2007 年“10·8”新周片沈村段抢险情况。10 月 8 日，受第 16 号超强台风“罗莎”影响，金华江流域普降大到暴雨，降雨强度大，雨量集中，水位上涨较快，金华江迅速逼近警戒水位，给金华江下游兰溪农防造成很大压力。当晚兰溪市上华街道新周片沈村段农防发生重大塌陷险情。由于发现及时、组织及时、抢险及时，经 1000 余名部队官兵和群众 13 小时的奋力抢险，终于控制住险情，围片内也始终未进水，确保了当地 7000 余名村民和 10 余家企业的安全以及兰溪对外主通道的畅通。

（一）险情地段工程基本情况

新周片沈村段堤防建于 1979 年，原设计标准为五年一遇，堤防总长 10942 米。1998 年对堤防进行加固，达到 20 年一遇防洪标准。围保农田 7700 亩，保护人口 7224 人。本次出险位置位于沈村段即排埠头水轮泵站左岸船闸部位堤段，堤顶高程 34.29 米。

排埠头水轮泵站建于 1981 年 12 月，上游集雨面积 6580 平方千米。1987 年 12 月完成水轮泵站续建改造。电站安装 125 千瓦发电机组 1 台、40 千瓦发电机组 6 台，总装机 365 千瓦。水轮泵提水灌溉灵洞乡方村、上郭、下郭、横路四个行政村农田 4000 亩。拦河工程有：活动坝 1 座长 350 米，设水力自控翻板门 38 扇，调节闸 8 座、工作桥 1 座，通航船闸 1 座（宽 8 米，长 40 米）。

（二）抢险情况

10月8日晚上10时左右，兰溪市防汛指挥部值班室接到上华街道新周片沈村段堤防出现险情的报告。时任兰溪市副市长朱红和兰溪市水务局主要领导在第一时间迅速赶赴现场，紧急启动堤防应急抢险预案。随后时任兰溪市领导朱福林、宋志恒等赴现场指挥抢险救灾。现场临时成立抢险救灾指挥部，在半夜时分，一条条指令迅速发向相关职能部门；兰溪市水务局机关全体干部立即到指挥中心集中待命，堤管所、三江办、设计所、抢险队及抢险物资供应站等技术人员迅速赶赴现场参加抢险救灾，并紧急调集全体防汛机动抢险队员和防汛抢险物资在第一时间到达现场；上华街道、兰溪开发区分头通知保护范围内的村民和企业设备物资进行转移；公安、供电、建设、交通、民政、开发区等有关防指成员及上华街道根据职责分工全力参与抢险；人武部紧急联系预备役部队等抢险力量参加堤防抢险。

险情发生后，时任金华市委常委、军分区司令员吴辉华，金华市副市长劳红武及金华市水利局领导等深夜亲临现场指挥抢险，并紧急从金华调运1万只麻袋支援，调集400余名武警、预备役官兵进行紧急增援。

当晚金华江水位越来越高，22时左右堤防迎水面被水流冲刷约20米。由于受场地和安装照明设施、车辆运输等限制，到23时30分开始实施全方位抢险时，迎水面冲刷长度已增至50米，水位上升至27.95米。由于水流湍急，通过抛预制板、块石，仍不能有效控制险情。直至次日早上4时，水位上升至28.15米，险情仍在扩大，迎水面堤身、堤顶被冲刷长度约100米。

情况万分危急，堤坝随时有冲跨可能，上华片和新周片面临洪水淹没的危险。现场指挥部经过磋商，随即启用第二套抢险方案，在冲刷面继续抛袋装砂石、块石加固堤脚，以减缓洪水对坝基冲刷，防止坝体进一步坍塌的同时，在镇压平台上筑子堤设第二道防线。第二天上午，在近1000名军民的共同抗击下，围片内始终没有进水，随着金华江洪峰水位的减退，险情也终于得到有效控制。

本次抢险共抛预制楼板15车165片、块石2600立方米回填土方1500立方米，使用1万只麻袋、13000只编织袋，投入挖机8辆、装载机4辆、运输车45辆、农用车16辆、拖拉机8辆、铁铲500把、敲棍60根。转移人员7000多人，工厂企业停工搬运物资10余家。

二、兰溪市2010年“7·10”洪水抗洪

（一）汛情概况

由于兰溪市及兰江上游普降暴雨，7月10日凌晨1:00，兰江兰溪站水位达到30.28米，流量9280立方米/秒。“7·10”洪水造成女埠、香溪、上华、赤溪等沿江乡镇街道损失严重，造成直接经济损失1.6亿元。

（二）抢险情况

“7·10”洪水中，兰溪市防汛指挥部及时向省防指和富春江电厂反映兰江汛情，努力争取加大调控、错峰调度等方面的支持。7月9日6时，富春江水电站开闸放水，下泄流量为

4250立方米/秒，12时加大到8000立方米/秒，14时加大到8500立方米/秒，17时为9000立方米/秒，24时又加大到9500立方米/秒。一天之内，富春江电厂加大泄洪次数达5次之多，为防御“7·10”洪水洪峰赢得了宝贵的准备时间。

兰溪市防汛机动抢险队和防汛物资储备基地做好抢险人员集结和抢险物资待命准备。各防指部门和各镇乡街道抢险队伍、抢险机械、运输车辆和抢险船只在指定地点待命，分区域分地段值守，一有险情，全力抢险。

兰溪市委办、市府办专门派出信息科人员到市防汛指挥部，第一时间向上级报送兰溪抗洪抢险信息，争取工作支持。兰江导报、广电台认真做好汛情播报工作，相关记者深入现场采访，及时报道汛情、灾情和抢险动态。全市所有市级领导分头到联系镇乡、街道，深入抗洪第一线，现场指导防汛抗洪工作。7月9日至10日，所有机关部门取消双休日，正常上班、到岗到位，全面参与联系镇乡、街道抗洪抢险工作。时任兰溪市委书记宋志恒、市长吴国成、市委副书记朱建军分赴受灾严重的香溪镇、上华街道、女埠街道一线指挥抢险。

灾情发生后，兰溪市积极开展生产自救，力争将损失降到最低。兰溪水务部门专门成立水毁工程修复专业技术指导组，到水毁工程严重的镇乡、街道，指导当地镇乡、村制定修复方案，采取临时应急度汛措施；农业部门组织农技人员，分成六组下乡进行技术指导；受灾镇乡街道农办、农技站人员也分赴各受灾村，指导村民开展生产自救。

三、兰溪市2011年“6·16”“6·20”特大洪水

6月14日8时至15日20时，兰江流域平均降雨104毫米，兰江于16日9时出现洪峰31.54米。6月19日0时至19日13时止，兰溪平均降雨量为105.9毫米，兰江上游流域平均降雨量为151毫米，19日15时再次突破警戒水位27.64米，18时突破危急水位29.14米，20时突破30.14米，至20日0时突破水位31.14米。兰江水位1小时最大涨幅出现73厘米，为历次洪水之最。6月20日7时30分，兰江洪峰水位31.86米，流量为12500立方米/秒。据统计，本次洪水受灾人口340794人，倒塌房屋1135间，转移人口134950人，其中：内涝转移47643人、洪水转移84436人、地质灾害转移2871人。造成直接经济损失29.89亿元，其中农牧渔业损失9.52亿元、水利设施损失6.78亿元、工交运输业13.57亿元。

6月19日凌晨6时，根据当时降雨监测数据，兰溪市防指办立即与省防指办、富春江电厂做好沟通、联系，要求富春江电厂加大预泄，8时下泄7000立方米/秒。9时兰溪市防指书面向省防指请求加大兰江流域泄洪调度，富春江电厂下泄流量快速加大，20日3时20分下泄12000立方米/秒，4时30分下泄13000立方米/秒。

在水文预报兰江洪水位将达到31.66米时，省防指对高水位的新安江、乌溪江全部停止泄洪，进行错峰调度，以减轻洪水压力。

根据省、金华市主要领导指示精神，兰溪市上下发扬连续作战作风，全力以赴投入抗洪抢险。一是市委市政府下达危急汛情《紧急动员令》，向全市人民发布汛情预警，紧急申请部队、武警支援，发动全市党团员带头行动，出动2000余名机关干部迅速奔赴抗洪一线，全力配合当地进行抗洪救灾。二是发布《人员转移令》，当晚8时前对农防低洼危险区域人员、地质灾害隐患点人员及时转移。三是对女埠下街、云山吴村等6片8段6950米堤防进行加高加固，力保兰江主干堤安全，对10年一遇以下的后郑片、前方小片、泽基小片、祥圩里小片、石龙头小片提前采取开闸保坝措施。四是加强沿江街道、村的巡查，突击抢修“6·16”水毁设施，做好水库山塘、小流域和地质灾害隐患点的监测、防控。五是有序调配物资、人员，做好应急保障。共有2300名官兵、5000多名干部群众奋战在抗洪一线，累计投入50余万只编织袋、1万平方米土工布、沙石土料等，以及大小型运输车辆350多辆。六是果断决策，紧急撤离人员。

围片情况

表2-9

1.主动开闸保坝：5个五年一遇小片

围片名称	长度（米）	围保面积（亩）
女埠前方小片	1580	300
女埠后郑片	1093	530
女埠泽基小片	4168	1280
香溪祥圩里小片	1983	450
赤溪石龙头片	3140	2100
合 计	11964	4660

表2-10

2.本次“6·20”漫顶进水围片

围片名称	长度（米）	围保村（个）	围保面积（亩）	保护人口（人）
女埠汇潭前方片	6958	11	4800	4000
香溪洲上黄沙圩片	11576	14	7015	10330
女埠女埠片上街段	500		300	
合 计	19034	25	12115	14330

表2-11

3.造成内涝围片

围片名称	长度（米）	围保村（个）	围保面积（亩）	保护人口（人）
香溪黄坑边片	2456	3	870	1830
香溪官塘片	5569	10	3796	4782
香溪上新方片	3520	2	890	990

续表

香溪、云山吴村片	6556	11	6790	4710
云山岩山片	6728	12	8890	7140
马涧周村片	1321	5	868	430
兰江许埠片	3717	4	1900	2842
兰江童家埠片	4100	5	1348	2150
兰江后郑片	1093	2	530	700
兰江毕陶片	448	3	624	
兰江塔山片	4985	8	7000	8000
女埠泉湖片	4259	5	2600	1600
灵洞方村片	6089	5	6100	3877
上华陈家片	4793	4	2665	2280
上华张坑片	12663	12	14641	14384
赤溪后龚片	5313	4	1476	1622
游埠洋港片	5367	7	2925	3049
游埠游埠片	4496	3	2500	2400
游埠中洲片	6622	7	5610	3830
合 计	90095	122	72023	66616

由于本次洪水远远超过农防防御能力，造成库区大部分农防支堤发生漫顶险情，经过兰溪市防指正确决策部署和全体官兵、机关干部、抢险队伍的奋力抢险，确保了19个十年一遇防洪围片安全，全市未造成人员伤亡。

四、兰溪市云山街道上源垅山塘背水面滑坡

2014年6月20日开始连续几天降雨，兰江水位持续上涨，22日13时，云山街道上源垅山塘大坝背水面发生部分滑坡，危及下游3个村近千人生命财产安全。该山塘集雨面积1.5平方千米，总库容9.5万立方米，坝长50米，坝高15米，坝顶高程120.76米。

接到险情后，兰溪市委市政府在上级有关部门的指导下，立即启动防汛应急预案，开展相关处置工作。现场组织抢险加固、排水除险、疏散转移及交通管制，调用大型设备三台（挖机两台、强排水车一台），开挖溢洪道及抽排水降低水位，背水坡坝脚采取镇压防护措施阻止坝坡进一步滑动，安全转移下游三个村庄680多名村民，封道管控47省道组织来往车辆绕行。

6月23日15时，兰溪市防汛指挥部召开紧急会议。经专家组论证，决定在左坝头开通导流渠，开挖面用彩条布铺盖并用砂袋压实，以加快排水速度。截至6月24日16时，导流渠已基本完成作业，山塘水位明显下降，比出险之前降低了10米，相应容量约为0.5万立方米，该险情得到控制，确保人员安全。

五、金华市防汛抢险支队驰援宁波排水抢险救灾

2013年10月9日下午16:30，由于宁波强降水后灾情严重，省防指给全市发来了紧急指令，要求全市派出力量赶赴宁波支援。接到命令后，省防汛机动抢险总队金华支队抽调10名队员紧急集合，于当天即携同1辆排水量为3000立方米/小时的大功率排水泵车出发驰援宁波。

金华支队的第一个抢险地点是宁波市海曙区的中山西路，队员们到达时，这条路已经被淹了三天，交通完全瘫痪。10月9日晚上22时30分，金华支队的排水车在该路段上的公铁立交桥开始作业，桥洞积水水面和桥面已经持平，约有4米多深。作业一直持续到第二天早上六七点钟抽干，发现桥洞底下停着一辆大货车，还有9辆小车。随即队员们马不停蹄赶赴第二个作业点江东区世纪大道，此路段是高速“宁波东”出口进入宁波市区的必经之路。80米宽的路面受淹400多米，水深近5米，交通严重堵塞。由于该积水点是斜坡形状，排水车不能直接进入积水中心点作业，队员们只好每隔30米移动一次排水车和水管，工作量是完成同样水量的七八倍。经过近30多个小时的连续强排水，积水被清除，交通恢复。

在连续完成多段道路积水作业点的排水任务后， 10月13日下午，金华支队赶到了江北区慈城镇作业点。队员们到达该镇时，该镇已经有上万亩农田被淹，水稻、盆景、茭白等作物全部泡在水里，几个村子的村民都已经被转移。从10月13日晚上开始至15日上午，排水车连续作业40个小时，受淹村庄的公路路面全部露出。

从10月9日出发驰援宁波到15日回金，金华支队在宁波奋战了七天六夜，其间共完成四个作业点的排水抢险任务，连续排水作业120多个小时，排水近40万立方米，为全力保障宁波人民的生命财产安全做出了应有的贡献。

六、金华市防汛抢险支队驰援丽水排水抢险救灾

2014年8月，受持续强降雨影响，丽水60%以上地方受洪灾影响，主城区多地积水成灾。至8月22日，丽水市区路面积水基本退去，但街道上淤泥、垃圾遍地，地下车库等地面以下建筑积水仍然无法排出，严重影响居民生产生活。22日中午，根据金华市防指指令，浙江省防汛抢险总队金华支队（市防汛抢险支队）立即启动防汛抢险预案，集结12名抢险队员，装备1辆排水量为3000立方米/小时的大功率排水泵车，于当天下午15时左右抵达丽水市莲都区夏河三区小区地下停车库随即投入抢险。抢险队员们克服道路狭窄抢险设备不易展开、积水脏臭等困难，徒步涉水将排水管逐步往积水深处推进实施强排水，经过两天一夜高强度连续作业，强排水约5万立方米，成功排出地下车库中的积水，圆满完成支援任务。在强排水作业过程中，抢险队员们的干劲和忘我援助精神以及抢险支队在本次支援行动中发挥的作用得到了当地政府和百姓的充分肯定和赞许。

第三章　水文测报

第一节　水文站网

1991年至1995年5月金华市水文站归属省水文总站，1995年6月全省水文管理体制实行分级管理，金华市水文站归属金华市水利局，兰溪水文站归属省水文勘测局，义乌市水文站、永康市水文站、东阳市水文站、浦江县水文站和武义县水文站分别归属各县(市)水利(水务)局。金华市水文站负责全市水文业务行业管理，金华水文站、南王埠水文站和对家地水文站为金华市水文站下属单位。

随着水文管理体制的变动和站网的调整，全市水文站、水位站和雨量站也有所变动。2005—2014 年，撤销芳地、东阳岩下二处水文站，停测白雁口水位、流量，同时将永康（二）水位站升级为永康（二）水文站。新增东阳水文站和浦江水文站，撤销永祥雨量站 1 处，新增臯溪、朱桥雨量站 2 处。

2004 年和 2014 年金华市水文站的设置情况分别见下表。

2004年金华市水文测站设置表

表2-12

河　流	站　名	集水面积（平方千米）	站　址
南　江	东阳岩下	760	东阳市黄田畈镇岩下村
东阳江	义乌佛堂	2341	义乌市佛堂镇
东阳江	南王埠	3246	金东区澧浦镇南王埠
武义江	武义	1701	武义城区
武义江	对家地	2505	金华市婺城区对家地村
永康江支流仙溪	白雁口	19.1	永康市江南街道白雁口村
金华江	金华	5953	金华市区婺江西路
兰　江	兰溪	18233	兰溪市区
浦阳江支流蜈蚣溪	芳地	27.0	浦江县岩头镇
永康江	永康	965	永康市区
衢　江	洋港	8860	兰溪市游埠镇洋港村

2004 年年底，全市共有雨量站 57 处（不包括水文站雨量项目）。分布如下：

金华市区 9 处：杨郑、三角塘、国湖、郑宅、金华北山、金华银坑、金兰水库、山脚、周村。

兰溪 6 处：洋港、诸葛、兰溪上包、马涧、新宅、白鸠。

东阳 11 处：秀溪、南马、东阳白溪、巍山、南江水库、楼店、东阳、八达、西坞、学陶、横锦水库。

义乌 7 处：枫坑水库、八都石曹头、华溪、柏峰水库、义乌、长富、苏溪。

永康 5 处：前仓、潘川、黄坑口水库、八字墙、永祥。

武义 5 处：柳城、源口、桃溪、旧处、竹翠。

浦江 5 处：大岭脚、杭口坪、海母口、寺前、下宅溪。

磐安9处：方山、后甲、尚湖、五丈岩水库、安文（磐安）、深泽、铜钱、窈川、史姆。

2014年金华市水文测站设置表

表2-13

河　流	站　名	集水面积（平方千米）	站　　址
东阳江	义乌佛堂	2341	义乌市佛堂镇江东路270号
东阳江	南王埠	3246	金东区澧浦镇南王埠村
武义江	武义	1701	武义县白洋街道白溪口村
武义江	对家地	2505	金华市婺城区苏孟乡对家地村
东阳江	东阳	989	东阳市白云街道江滨南街
金华江	金华	5953	金华市婺城区滨江路1456号
兰　江	兰溪	18233	兰溪市云山街道兰江路151号
永康江	永康（二）	978	永康市江南街道下园朱村
衢　江	洋港	10732	兰溪市游埠镇洋港村
浦阳江	浦江	188	浦江县浦南街道后陈村

2014年年底，全市共有雨量站60处（不包括水文站雨量项目）。分布如下：

金华市区9处：杨郑、三角塘、国湖、郑宅、金华北山、金华银坑、金兰水库、山脚、周村。

兰溪6处：洋港、诸葛、兰溪上包、马涧、新宅、白鸠。

东阳11处：秀溪、南马、东阳白溪、巍山、南江水库、楼店、八达、西坞、学陶、横锦水库、东阳岩下。

义乌7处：枫坑水库、八都石曹头、华溪、柏峰、义乌、长富、苏溪。

永康5处：前仓、潘川、黄坑口水库、八字墙、白雁口。

武义5处：柳城、源口水库、桃溪、三港（原旧处）、竹翠。

浦江8处：大岭脚、杭口坪、海母口、寺前、下宅溪、通济桥水库、枭溪、朱桥。

磐安9处：方山、后甲、尚湖、五丈岩水库、安文（磐安）、深泽、磐安西岭（原铜钱）、窈川、史姆。

第二节　水文测验

一、测验规范

水文测验执行《水文情报预报规范》《水文基本术语符号标准》《水文观测标准》《河流悬移质泥沙测验规范》《河流流量测验规范》《降水量观测规范》《水文站网规划技术导

测》《水文测量规范》《水文自动测报系统技术规范》《地下水监测规范》《水质采样技术规程》《水文巡测规范》《水文调查规范》《水环境监测规范》《水文资料整编规范》《水道观测规范》《水文基础设施及技术装备标准》《声学多普勒流量测验规范》《水库水文泥沙观测规范》《水位观测平台技术标准》《水文缆道测验规范》《水文年鉴汇编刊印规范》《水工蒸发观测规范》《水文设施工程验收规程》。水文站基本观测项目有水位、流量、降水量及蒸发量、水质、含沙量等。

二、测验项目

（一）水位观测。金华江、兰江、衢江等主要江河，均设立水文测站进行水位观测。人工观测采用直立式水尺每日 8 时观读，自记水位台采用岛岸结合式，每日 8 时观测，20 时校测，日分界为 0 时，洪水时增加观测次数。现各水文测站均安装了遥测水位计，并采用遥测水位资料进行整编。

（二）流量测验。各水文测站均采用电动缆道测流，并安装了自动测流系统根据流速的不同，各水文站配备有多种高、低速流速仪，操作台采用可控硅调速，也可采用人工手摇测速，缆道测流适用于中高洪水测流，特大洪水时尚需采用电波流速仪测流比降面积法或其他方法测流。

（三）降水观测。全市有降水观测测站 67 处，人工观测采用直径为 20 厘米的雨量器，雨量器口离地面 70 厘米，日分界定为 8 时，平时 20 时加测一次，自记采用遥测雨量计，器口直径为 20 厘米，雨量器口离地面 120 厘米。

（四）蒸发观测。全市有 10 个水文测站进行蒸发观测，采用 E601 型水面蒸发器，埋入土内，四周有水圈与土隔开，蒸发器口缘高出地面 30.0 厘米并保持水平，日分界定为 8 时。

（五）泥沙测验。兰溪水文站进行悬移质泥沙测验项目，在缆道上采用瓶式采样器积深法取样，泥沙测验除了试测输沙率外，还试测单位水样含沙量，建立断面平均含沙量关系，以推求逐日输沙量。

三、资料整编

水文资料整编项目有水位、流量、悬移质泥沙、降水量、蒸发量、水质及水温辅助项目。从 1987 年起逐步采用（南方片 2.0）“水、流、沙”整编程序，在计算机上运算，数据由人工输入，整编、打印工作由计算机完成。水质资料由浙江省水资源监测中心单独整编，水位、降水、流量等资料每年由金华市水文站整编。

第三节 水情预报

一、水文情报

水文报汛时间为每年 4 月 15 日至 10 月 15 日，担负报汛任务的有兰溪、洋港、金华、武义、永康、佛堂 6 个水文（水位）报汛站和前仓、岩下、杨卜山、安文、东阳、国湖、义乌、柳城 8 个雨量报汛站以及 29 个大中型水库报汛站，共 43 处市级报汛单位。

自 2001 年开始，报汛单位由原来的电话报汛方式改为经电信公网人工报汛系统传送 5 位码水情信息，2012 年开始逐步实现 8 位码水情信息人工报汛系统，加快了水情信息的传递速度。

2013 年新增和升级金华市本级、婺城区、兰溪市、义乌市、永康市、浦江县、磐安县等地水雨情遥测站点，进一步提高了全市水情遥测站点的密度和信息的准确性。截至 2014 年年底，全市站点总计 514 个（包括备用站点），雨量站 203 个，河道站 77 个，水库站 234 个。

江河站一览表

表 2-14

（市、区）	站名	5 位码站号	8 位码站号
兰溪	洋港	71004	70100700
	兰溪	71005	70100900
金华	金华	71345	70108400
金东	杨卜山	71324	70130700
义乌	佛堂	71323	70108200
	苏溪	71911	70153400
	义乌	71389	70108150
东阳	东阳	71312	70108050
	岩下	71322	70109800
	三单	72014	70226200
永康	永康	71336	70109950
	前仓	71334	70131140
武义	武义	71337	70110050
	柳城	72683	70533600
浦江	礼张	71941	70152440
	下宅溪	71901	70152100
	黄宅	71904	70117100
磐安	安文	71314	70129820

水库站一览表

表 2–15

县（市、区）	站名	5 位站号	8 位站号
金华	安地	71344	70110440
	金兰	71352	70110700
	沙畈	71360	70110480
	九峰	71272	70107720
婺城	莘畈	71261	70107640
兰溪	高潮	71215	70110720
	金山头	71213	70107740
	火炉山	71214	70107760
	城头	71216	70110738
	芝堰	71217	70110726
义乌	枫坑	71371	70109810
	岩口	71327	70109840
	巧溪	71353	70118820
	柏峰	71358	70109830
	长堰	71374	70109844
	八都	71383	70118828
东阳	横锦	71309	70107900
	南江	71355	70109700
	东方红	71359	70109150
永康	太平	71335	70110180
	三渡溪	71357	70110320
	杨溪	71361	70110168
武义	源口	71356	70110420
	清溪口	71351	70110410
	内庵	72695	70505825
浦江	通济桥	71903	70116800
	金坑岭	71900	70118150
磐安	五丈岩	72002	70200100

二、水文预报

金华、兰溪、武义在洪水期间要开展洪水预报，并将预报数据报省、市、县防汛部门和各有关单位。金华站警戒水位 34.67 米，保证水位 36.67 米，兰溪站警戒水位 27.64 米，保证水位 29.14 米。

超警戒洪水一览表

表 2-16

序号	发生日期	洪峰水位（米）
1	2007年10月9日	35.34
2	2010年6月25日	34.86
3	2011年6月20日	35.91
4	2012年3月5日	34.73
5	2014年6月23日	36.53
6	2014年8月20日	36.49

2014年总降水量较常年同期偏多，发生了“6·23”和“8·20”两场较大的洪水过程，与省水情预报处会商后及时发布了8期正式的水文预报，并通过市防汛网向社会公布。

“6·23”洪水期间，金华市水文站自6月22日9时起对金华站做了6期滚动预报，23日11时发布第6期预报成果，预测金华站洪峰水位36.60米，峰现时间23日19—20时。金华站实测洪峰水位36.53米，相应流量4250 立方米/秒。本次洪水预报预见期较长（达8小时），洪峰水位误差为0.07米，预报精度优。

“8·20”洪水期间，金华市水文站做了2期滚动预报，于8月20日11时做了2014年第8期洪水预报，并将预报结果及时通报省水文局、市防办，预报金华站洪峰水位36.50米，峰现时间20日19时—22时。金华站实测洪峰水位36.49米，相应流量4180立方米/秒。本次洪水预报洪峰水位误差为0.01米，预报精度优。

第三篇　灌溉供水

为改善全市人民生活生产用水产件，2004—2014年，全市新建、扩建了一批水源工程，全面开展灌区配套改造，加快病险水库除险加固和城乡供水工程建设。2005—2014年，全市新建小（二）型以上水库30座，其中中型水库2座、小（一）型水库6座、小（二）型水库22座；扩建4座，其中中型水库1座、小（一）型水库3座，增加蓄水量2亿立方米。截至2014年年底，全市累计建成小（二）型以上水库821座，其中大型水库2座、中型水库27座、小（一）型水库148座、小（二）型水库644座，蓄水总库容19.6亿立方米，有效灌溉面积达172.60万亩，占耕地总面积的88.9%，其中旱涝保收面积172.6万亩，占耕地总面积的69.7%。蓄水1万～10万立方米的山塘5124座，1万立方米以下的塘坝18342座。全市农村饮用自来水覆盖率达到99%，已基本解决全市农村饮水不安全人口。

第一章　蓄水工程

金华市水库山塘工程统计表

（2014年年底数）

表3-1　　　　单位：万立方米

县(市、区)	水库		1万～10万立方米山塘	
	座数	总库容	座数	总库容
合计	821	194623	5124	13903
婺城区	67	7806	240	790
金东区	68	6353	491	1275
兰溪市	134	16394	1240	3390

续表

义乌市	105	23112	580	1660
东阳市	92	48404	544	1587
永康市	102	18761	898	2160
武义县	118	16162	616	1720
浦江县	64	15029	376	959
磐安县	55	7014	139	362
市直属	16	35588	0	0

第一节　大中型水库

2005—2014年间，全市新建九峰水库、仙华水库2座中型水库，扩建义乌枫坑水库。

【九峰水库】

（一）基本情况。九峰水库位于钱塘江上游衢江的支流厚大溪上，地属金华市婺城区汤溪镇境内。工程任务以防洪、灌溉为主，结合供水、发电。为浙江省重点水利建设项目。坝址位于厚大村上游约2千米处，距金华城区35千米，距汤溪镇8千米，坝址以上集雨面积119.5平方千米，多年平均来水量1.398亿立方米，总库容9805万立方米，电站厂址位于坝址下游约500米，装机2×3200+1×400千瓦。该项目在1958年曾动工兴建，限于财力于1959年2月停建，省人民政府在1998年批准的《钱塘江流域综合规划》中将九峰水库工程列入首期开发建设项目，并列入省“十五”百亿重点建设项目和省水利厅“十五”十大新建项目。2003年7月，浙江省发展计划委员会（浙计农经〔2003〕512号文）批复同意兴建九峰水库。工程于2004年12月28日开工，2010年9月28日通过蓄水验收，下闸蓄水，2014年7月30日通过竣工验收，总投资82982.81万元。工程建成后，主要保护厚大溪两岸金华市范围的3个乡镇的地势地洼地区，保护区人口5.7万人、灌溉农田12.4万亩。

（二）大坝枢纽工程。大坝为混凝土面板堆石坝，坝顶长382米，宽6.0米，坝顶高程148.5米，防浪墙顶高程149.6米，趾板底高程82.0米，相应最大坝高66.5米。坝体结构自上游往下游依次为：C25钢筋砼面板、垫层、过渡层、主堆石区、次堆石区及块石护坡，大坝上、下游坝坡均为1:1.3，大坝下游坝坡在高程128米、108米处分别设马道，宽2米。下游坝脚布置渗漏量观测设施。

（三）建设征地及移民安置情况。库区淹没土地征用4620亩，其中水田（水塘）1745亩，旱地（耕园）562亩，建设用地（机耕路）508亩，林地1427亩，园地378亩；移民安置用地征用 1269 亩；坝区建设用地征用 463.61 亩。工程共涉及移民安置 2265 户，5792 人。

【仙华水库】

（一）基本情况。仙华水库坝址位于浙江省浦江县境内金坑岭水库上游约 2 千米处，距浦江县城约 6.5 千米。是一座以供水、灌溉为主，结合发电的中型水库。本工程主要枢纽建筑物由拦河坝、泄洪发电引水建筑物、跨流域引水建筑物、发电厂及升压站等组成。水库正常蓄水位 238.0 米，水库总库容 1158 万立方米，水库设计年供水量 1168 万立方米，设计灌溉水量 222 万立方米，电站装机容量 2×500 千瓦，多年平均发电量 197 万千瓦时。

2001 年 10 月，浙江省水利水电勘测设计院编制完成《浦江仙华水库工程项目建议书》，2002 年 5 月，浙江省水利水电勘测设计院完成《浙江省浦江县仙华水库工程可行性研究报告》编制， 2003 年 4 月，浙江省水利水电勘测设计院完成《浙江省浦江县仙华水库工程初步设计报告》编制，同年 6 月，浙江省发展计划委员会与省水利厅对初设报告进行了审查，同年 12 月，浙江省水利厅以浙水政〔2003〕92 号文下发了《浙江省水利厅关于浦江县仙华水库工程初步设计审查意见的函》，并上报浙江省发展计划委员会，同年 12 月，浙江省发展计划委员会以浙计设计〔2003〕326 号文对初设报告审查意见进行了批复，基本同意审查意见。工程于 2003 年 12 月 26 日开工，2006 年 12 月完工，2009 年 2 月 17 日通过竣工验收。

（二）大坝枢纽工程。大坝为混凝土面板堆石坝，坝顶高程 240.0 米，趾板建基面最低高程 166 米，最大坝高 74.0 米，坝顶宽 6 米，坝顶长 190 米。上、下游坝坡均为 1:1.3。上游面在高程 238.5 米以上设直立墙，墙高 2.7 米。坝体自上游至下游依次分为四个主要填筑区，另在面板周边缝附近设置特殊填筑区，下游干砌石护坡，厚 40 厘米。坝体上游为大坝防渗体系，主要由混凝土防浪墙、钢筋混凝土防渗面板、趾板、帷幕灌浆组成。面板厚度 40 厘米，趾板宽 4.0～7.0 厘米，厚 50 厘米，均采用 C25 钢筋混凝土。趾板下设帷幕灌浆和固结灌浆。

【枫坑水库】

（一）基本情况。枫坑水库位于东阳江水系——吴溪（大田溪）上游的支流枫坑溪上，地属义乌市赤岸镇，于 1958 年动工兴建， 1970 年 4 月大坝工程基本完成，1981 年完工，是一座以灌溉为主，结合防洪、发电等综合利用的小（一）型水库。

2005 年 5 月，义乌市水务局组织对枫坑水库大坝进行安全鉴定，认定为 “三类坝”。枫坑水库坝址控制集雨面积 17 平方千米，年均来水量约 1383 万立方米，原库容仅为 229 万立方米，调蓄能力不足，水资源没有得到合理利用。2007 年 12 月，枫坑水库除险加固工程开工建设，在原有大坝基础上进行加固加高，建设后坝高为 68.3 米，水库正常库容为 1501 万立方米，2014 年 10 月完工，总投资 16300 万元。工程实施后，水库功能调整为以供水、灌溉为主，结合防洪等综合利用。

（二）建设征地及移民安置情况。

枫坑水库除险加固工程土地征用涉及赤岸镇和佛堂镇所辖的17个行政村，共征用土地806亩，其中农用地778.49亩（耕地113.42亩，林地616.5亩，园地13亩，其他农用地35.39亩），工矿用地19.68亩，未利用地7.83亩。拆迁房屋总建筑面积153平方米，无移民。

全市新（扩）建大中型水库统计

（2005—2014年）

表3-2

库名	库址	库型	性质	集雨面积(平方千米)	坝高	新建正常库容	扩建库容（万立方米）		灌溉面积（万亩）		开工年月	竣工年月
							原有库容	扩后库容	原有	现有		
合计												
九峰	婺城区汤溪镇	中型	新建	119.5	66.5	7062					2004.12	2014.7
仙华	浦江县	中型	新建	5.03	74	1132					2003.12	2009.2
枫坑	义乌市赤岸镇	中型	扩建	17	68.3		229	1501		0.45	2007.12	

第二节　小（一）型水库

2005—2014年，全市新建小（一）型水库6座，扩建2座。

【石硖水库】武义县石硖水库位于钱塘江水系金华江主要支流武义江上游熟溪流域，坝址位于桃溪镇双溪村白果树脚自然村上游约500米的熟溪干流麻阳港上，距武义县城30千米。是一座以防洪、供水、灌溉为主，结合发电等综合利用的小（一）型水库。防洪直接保护人口8.2万人，直接保护农田4.8万亩，供水受益人口12.8万人，灌溉面积为12.6万亩，电站装机3200千瓦。水库坝址以上集雨面积39.6平方千米，正常蓄水位362.00米，相应库容844万立方米，校核洪水位364.96米，水库总库容983万立方米，防洪库容145万立方米，死水位335.00米。石硖水库拦河坝为钢筋混凝土面板堆石坝，坝顶高程365.50米，防浪墙顶高程366.60米，最大坝高61.50米，坝顶长度145.00米，坝顶宽度6.00米，上下游坝坡均为1:1.3。下游坝坡分别在高程346.00米和326.00米处设置马道，马道宽2.00米。坝体堆石分区填筑、分层碾压。下游坝脚采用开挖料回填至310.00米高程。面板采用C25W8F100钢筋混凝土结构，厚度为 40 厘米；趾板采用 C25W8F100 钢筋混凝土结构，其宽度为 5.00 米 ~ 4.00 米，厚度 0.50 米，坝体接缝处均设置止水系统。趾板基础以及两岸坝头均进行固结和帷幕灌浆处理。2010 年 3 月，浙江省发改委以浙发改农经〔2010〕247 号文批复同意兴建石硖水库，批复工程总投资 18280 万元。2011 年 7 月开工建设，截至 2014 年年底，主体工程完成形象进度 91%。

【鱼井下电站水库】鱼井下电站水库位于磐安县胡宅乡西村下游 1.0 千米处的鱼井下，所在河流属钱塘江流域曹娥江水系澄潭江支流夹溪上游的玉溪。水库坝址以上集水面积 30.25 平方千米，正常蓄水位 376.5 米，相应库容 204 万立方米，设计洪水位（30 年一遇）378.87 米，校核洪水位（200 年一遇）379.48 米，总库容 258.8 万立方米。是一座以发电为主，结合防洪、灌溉等综合利用的小（一）型水库。工程于 2005 年 11 月 12 日开工，2007 年 7 月 15 日完工，2014 年 5 月 29 日通过蓄水阶段验收。

【游鱼水库】游鱼水库位于东阳市佐村镇游鱼村附近的梓溪上，坝址距东阳市 28 千米。水库设计洪水位 251.07 米，相应下泄流量为 527 立方米/秒；校核洪水位 252.10 米，相应下泄流量 809 立方米/秒；正常蓄水位 248 米；死水位 225 米。水库总库容 982 万立方米，正常库容 758 万立方米，死库容 89 万立方米。是一座以供水为主，结合发电、灌溉、防洪等综合利用的小（一）型水库。工程主要由拦河坝、溢洪道、发电输水隧洞、电站等建筑物组成，最大坝高 51.03 米，坝顶宽 5.00 米，坝长 153.00 米，坝顶高程 252.93 米，防浪墙顶高程 254.13 米。上下游坝坡均为 1:1.3，C25 钢筋混凝土防渗面板厚度为 30 厘米，面板底部与趾板分缝连接。面板每 12 米设一条垂直缝，全坝面板共分 13 块。坝轴线以上为主堆石区，其下为下游堆石区，下游坝坡块石理砌整平，并在高程 232.93 米处设一级马道，宽 2 米。背水侧设一道混凝土踏步，宽 2 米。工程于 2003 年 3 月 1 日开工，2005 年 5 月完工。

【甘溪坑水库】甘溪坑水库位于东阳市南马镇镇区以南约 2 千米处，距离东阳市区约 19 千米。水库所在处为钱塘江流域金华江水系的上游南江，为南江的一条支流。坝址以上集雨面积 3.68 平方千米,主流长 4 千米。大坝为浆砌石重力坝，坝顶高程 142.85 米，最大坝高 32.20 米，坝长 123.50 米,坝顶宽 6.50 米，正常蓄水位 140.45 米，设计洪水位 141.53 米，校核洪水位 141.79 米，正常库容 142.40 万立方米，总库容 159.35 万立方米。是一座以供水为主的小（一）型水库，主要向东阳市南马镇约 3 万人供水。2004 年委托东阳市水利水电勘测设计所进行初步设计，2006 年完成了施工图设计，2012 年 9 月通过竣工验收。

【里傅水库】里傅水库位于浦江县白马镇里傅村北约 0.6 千米的浦阳江支流下柳溪的分支里傅溪上，距浦江县城约 18 千米。水库集雨面积 4.4 平方千米，主流长 4.2 千米，正常蓄水位 124.5 米，正常库容 131 万立方米，供水死水位 103 米，供水死库容 9.3 万立方米，校核洪水位 126.8 米，总库容 155.82 万立方米。是一座以供水为主结合防洪、灌溉等综合利用的小（一）型水库。供水人口约 2 万人，灌溉农田 368 亩。工程于 2007 年 6 月 16 日开工建设，

2012年12月12日通过竣工验收，总投资3030万元。

【钱塘垅水库】钱塘垅水库位于兰溪市马涧镇溪源村上游，属梅溪流域，集水面积3.81平方千米，里庄引水堰址集雨面积12.48平方千米、应村引水堰址集雨面积7.86平方千米，设计总库容866万立方米，正常库容819万立方米，正常蓄水位206.0米。工程设计供水规模为3.48万立方米/日，最大供水规模5.7万立方米/日，设计多年平均供水量1215万立方米。2010年4月16日，钱塘垅水库工程由省发改委浙发改设计〔2010〕41号文批复建设，概算投资2.72亿元。2011年1月开工，2013年8月30日通过蓄水阶段验收。工程建成后与现有芝堰水库引水工程联合调度供水，日供水能力将达到10万立方米，为城区应急供水提供安全保障，同时可解决沿途柏社、马涧、云山、香溪等地11.7万农民饮用水安全。

【长山垅水库】长山垅水库位于金东区芗溪上游的曹宅镇郭门村以北500米处，距曹宅镇2千米。2005年8月，长山垅水库扩建工程开工建设。水库拦河主坝为碾压式黏土心墙坝，坝顶高程140.0米，坝顶宽5米，最大坝高29米。上游边坡140～130米高程段1:2.0，130米高程设1.5米宽的马道，130米高程以下段边坡1:2.5，上游117～139米高程段用C20预制砼六角块护坡。下游140～127米高程段边坡1:2，127米高程处设2米宽马道，127米高程以下段边坡1:2.25，115.1米高程以下设排水棱体，坡面种植草皮。灌溉涵管布置在长山垅与放生塘水库之间的山凹内，轴线桩号0+274米，进口设5T螺杆式启闭机。溢洪道布置在副坝Ⅱ内，堰顶高程137.7米，堰宽20米，为开敞式正槽溢洪道，堰后接陡坡泄槽，长64米，底流设消力池。左岸靠山体边岩石内埋设ф400引水钢管，进口设1A=10螺杆式启闭机。上游面布置两道踏步台阶，下游面布置一道踏步台阶。扩建后，库容由原来的25万立方米增加到199万立方米，大坝高由原来的13米增加到29米，坝顶宽5米，底宽160米，主坝长329米。2014年4月4日，工程通过蓄水阶段验收，总投资1680万元，淹没及占用荒山、洼地222亩。

【花溪水库】花溪水库位于磐安县安文镇双坑村上游，距县城9千米。大坝为混凝土双曲拱坝，坝址以上集水面积为21.67平方千米，水库大坝设计坝高62.5米，正常库容408.5万立方米，总库容490.6万立方米，是一座以城镇供水为主，结合灌溉、防洪等功能的小（一）型水库，年可供水量约910万立方米，日最大供水能力4万吨。工程于2012年6月开工建设，建设内容包括水库大坝、二道坝、引水系统、配套供水电站及管理房等，项目总投资约1.5亿元。花溪水库的建成，可有效解决县城及云山旅游度假区约5万余人的饮水困难，提高下游综合防洪能力，为社会经济长远、可持续发展提供支撑。

全市新（扩）建小（一）型水库统计表

（2005—2014 年）

表 3-3

库名	库址	性质	集雨面积（平方千米）	坝高	新建正常库容	扩建库容（万立方米）		灌溉面积（万亩）		开工日期	竣工日期
						原有库容	扩后库容	原有	现有		
石硖	武义	新建	39.6	61.50	844					2011.07	未竣工验收
鱼井下	磐安	新建	30.25	37.8	204					2005.11	未竣工验收
游鱼	东阳	新建		51.03	758					2003.03	未竣工验收
甘溪坑	东阳	新建	3.68	32.2	142.4					2005.10	2012.09
里傅	浦江	新建	4.4	38	131				0.0368	2007.06	2012.12
钱塘垅	兰溪	新建	3.81+引水（7.86+12.84）	12.99	819					2011.01	未竣工验收
长山垅	金东	扩建	0.82	29		25	199			2005.08	未竣工
花溪	磐安	扩建	21.67	29.4		75.5	408.5			2012.06	未竣工验收

第三节　小（二）型水库

2005—2014年间全市新建小（二）型水库22座，列表如下：

金华市新建小（二）型水库统计表

（2005—2014年）

表3-4

库名	所在地址		集雨面积（平方千米）	坝高（米）	正常库容（万立方米）	灌溉面积（万亩）
	县（市、区）	乡镇				
张新坑	婺城区	安地镇	6	9	12	0.055
里斗垅	婺城区	竹马乡	0.46	27.3	19.9	0.08
洞坑	义乌市	城西街道	0.54	11.3	19	0.035
大源	东阳市	南马镇	25.2	27.7	60.1	
龙头坑	东阳市	巍山镇	2.5	13	30.5	
阿溪	东阳市	鹿虎镇	5.55	30.2	32	
天秀	东阳市	东阳江镇	12.4	26.3	51.5	
五指岩	永康	唐先镇	0.68	18.1	9.08	0.05
群英	永康	前仓镇	0.91	14.96	11.76	0.01
深清源	浦江	虞宅乡	1.75	31.5	57.8	0.026
梅石	浦江	仙华街道	1.22	11.5	31.96	
岩泉	武义	大田乡	2.93	24.63	42.3	0.11
直源	武义	桃溪镇	10.21	35.1	29.6	
平潭	武义	柳城畲族镇	2.2	26.7	7.3	
柳江	武义	柳城畲族镇	10.5	20.1	8.2	
上田	武义	西联乡	24.2	42.2	44.5	
水下坑	磐安	胡宅乡	5.78	24.98	26.07	
小坑	磐安	方前镇	2.5	31	26.2	0.02
金鸡岩	磐安	双溪乡	58.26	17.5	32.61	0.15
小北坑	磐安	冷水镇	2.03	28.9	26.1	0.04
奇龙坑	磐安	窈川乡	6.4	28.2	21	0.14
西华坑	磐安	深泽乡	3.55	35.4	0.3	

第三节　山 塘

金华市山塘数量多、分布广，为促进全市农业增产、粮食丰收发挥了极其重要的作用。根据地域分布，山塘较为集中的为盆地区、丘陵区；根据山塘的类型，绝大多数为土坝、土石坝；根据山塘的功能，20 世纪 80 年代以前绝大多数均为灌溉所用，近年来，随着社会经济的发展，供农村饮用水的功能有所增强，数量逐渐加大。

据 2013 年浙江省山塘标绘系统统计数据，全市共有 1 万–10 万立方米山塘数量为 5124 座，其中屋顶山塘及重要山塘 2043 座（屋顶山塘是指位于人口居住地上游、如失事将直接造成下游人员伤亡和房屋倒塌的山塘，重要山塘是指饮用水水源山塘）。2011—2014 年，经过中央财政小型农田水利重点县建设和面上农田水利建设项目的实施，全市整治山塘 838 座。

第二章　灌区建设

第一节　“千万亩十亿方节水”

2004 年 6 月 25 日，省水利厅在金华市召开“千万农民饮用水工程暨千万亩十亿方节水工程”工作会议，全省开始进行千万亩十亿方节水工程建设。2004—2010 年，全市 28 个灌区列入项目，投资 2.4272 亿元，其中省补助资金 0.9145 亿元，渠道衬砌改造 615.76 千米。

第二节　农田水利标准化建设

2011 年浙江省出台《浙江省人民政府办公厅关于开展农田水利标准化建设的意见》（浙政办发〔2011〕84 号），开始实施农田水利标准化建设。2012 年，《金华市人民政府办公室关于开展农田水利标准化建设的意见》（金政办发〔2012〕1 号），对全市农田水利标准化建设工作作出了部署。2011—2014 年，全市投入资金 32 亿元，完成山塘整治 838 座，发展固定式喷微灌 6.25 万亩，渠道衬砌改造 2450 千米，新增旱涝保收面积 23.08 万亩，扩大灌溉面积 26.09 万亩。

第三节　灌区节水配套改造

【金兰水库灌区】金兰灌区位于金华市区西部，灌区总面积 308 平方千米，灌区覆盖婺城区、兰溪市共 7 个乡镇，261 个行政村及省金华监狱、婺城区长山良种场。设计灌溉面积

27 万亩，有效灌溉面积 21 万亩。1980 年和 2004 年分别调整给莘畈水库、乌引工程管理处 5595 亩和 16333 亩。

2005 年—2010 年灌区实施了二期、三期浙江省“十万亩十亿方”节水改造工程，完成渠道衬砌 40.26 千米，配套渠系建筑物 81 处，投资 2907 万元。2009 年灌区列为农业综合开发中型灌区节水配套改造项目，完成渠道衬砌 35.2 千米，渠系建筑物 13 处及量水设施 11 处，概算投资 2863 万元。经过对灌区的渠系防渗节水配套工程的改造，改善灌溉面积 13.85 万亩，恢复灌溉面积 2 万亩，年增节水能力 4324 万立方米，灌区的灌溉保证率从原来的 75%提高 85%，渠系水利用系数从原来的 0.45 提高到 0.63，使水利骨干工程与农业综合开发相适应。

【杨卜山灌区】杨卜山灌区位于浙江省金华市金东区东部，杨卜山灌区涉及金东区孝顺镇、傅村镇、塘雅镇、曹宅镇、澧浦镇等 5 个镇 113 个行政村，设计灌溉面积 7.5 万亩，有效灌溉面积 6.8 万亩。由于金义都市新区建设，现设计灌溉面积调整为 5.5 万亩。

2010 年列为国家农业综合开发的杨卜山中型灌区节水配套改造项目，建设内容为：渠道衬砌 37.2 千米，开挖排洪渠道 4.4 千米，输水管道 1.2 千米，渠系建筑物 63 处，概算投资 2800 万元。

【横锦水库灌区】横锦水库灌区位于东阳市中部，灌区覆盖东阳江镇、歌山镇、巍山镇、虎鹿镇 4 个镇及南市、六石、江北、城东、吴宁、白云 6 个镇，人口 43.09 万人。灌区设计灌溉面积 15.93 万亩，实际灌溉面积 12.2 万亩。2013 年 3 月东阳市对北干渠 11+021 至 17+721，全长 6.7 千米进行砼三面光衬砌改造，2014 年 6 月底完成竣工验收。

2013 年 11 月向省水利厅、省农业综合开发办公室申请 2014 年农业综合开发东阳市横锦水库中型灌区节水配套改造（二期）项目立项。2014 年 12 月，水利部、国家农业综合开发办公室下发项目实施计划批复。

【南江水库灌区】南江水库灌区位于浙江省东阳市，灌区覆盖南市、城东两个街道办事处，湖溪、横店、南马、画水、东阳江、千祥 6 个镇，农业人口 36.85 万人。灌区设计灌溉面积 15 万亩，实际灌溉面积 10.1 万亩。

南江水库中型灌区节水配套改造一期项目于 2005 年经国家农发办、水利部批准立项建设，项目建设工期为 2 年，工程总投资 2413.36 万元，项目主要建设内容为：防渗衬砌干渠、分干渠 10 条 53.86 千米,疏浚渠道 10 条 208.07 千米,改造渠系建筑物 47 处。项目于 2005 年 11 月开工建设，2008 年 4 月顺利竣工。灌区节水配套改造二期项目工程于 2013 年经国家农发办、水利部批准立项，2014 年 9 月项目正式开工建设，项目建设工期为 20 个月，工程概算总投资为 2698.5 万元。项目主要建设内容为：改造骨干渠道 18.076 千米，改造、修建灌区骨干渠系建筑物 23 处，建设管理房 600 平方米。

【东芝灌区】芝堰、东风为长藤结瓜式灌区，为争取国家农业综合开发中型灌区节水配套改造项目，兰溪市 2008 年将两个灌区予以合并组成东芝灌区，原有管理体制不变。灌区设计面积 11.2 万亩，有效灌溉面积 8.26 万亩。2008 年 12 月金山头水库除险加固折除封堵了原灌溉涵洞和原发电引水涵管，新建灌溉输水隧洞及连接灌溉隧洞来水与下游原有渠道的渡槽，总干渠长度为 4.043 千米。干渠 2 条长 24.4 千米，支渠 7 条长 40.7 千米，为兰溪市最长。

2009 年 8 月浙江省水利厅和浙江省农业综合开发办公室下发了浙水农〔2009〕30 号文，批复同意兰溪市东芝灌区节水配套改造工程项目实施。工程主要建设内容为：渠道防渗衬砌改造长 32.048 千米（其中：芝堰北干渠 8.538 千米、芝堰南干渠 10.577 千米、东风总干渠 4.043 千米、东风东干渠 4.19 千米、东风西干渠 4.7 千米）；渠系建筑物配套改造工程 83 处；建造工程管护设施 756 平方米；安装量水设施 13 处，核定总投资 2220.92 万元。工程于 2013 年 6 月 3 日开工，2013 年 8 月 20 日完工，2014 年 4 月 25 日，项目通过了通水阶段验收,合同投资 1117284 元。

【杨溪水库灌区】杨溪水库灌区位于浙江省永康市中部，灌区涉及芝英、东城，西城街道及石柱镇、花街镇，经济开发区共计 191 个行政村，设计有效灌溉面积 7.2 万亩。杨溪水库灌区渠道骨干工程于 1978 年 12 月开工建设，1996 年 6 月竣工，并投入运行。灌区骨干工程由总干渠及南北干渠组成，干渠总长度 31.72 千米。渠道骨干设施包括渡槽 10 座、隧洞 3 处、倒虹吸 3 处、堰坝 2 处，水闸 26 座及桥梁，涵洞等。灌区管理单位为永康市杨溪水库灌溉工程管理局，下设渠道管理所，负责渠道全面巡查及日常管理。同时制订年度维修养护计划，根据计划，结合实际，进行渠道清淤及配套设施维修，确保渠道及渠系建筑物的正常运行。2007—2009 年，针对杨溪灌区渠道骨干设施衬砌率低，渠系建筑物老化，管理设施落后的现状，投资 2431.6 万元实施了国家农业综合开发杨溪水库中型灌区节水配套改造项目。对渠道设施进行系统改造，并增加了计量设施及视频监控装置。通过改造，有效提高了水有效利用系数，达到节水效果。

【太平水库灌区】太平水库灌区位于永康市东北部，建于 20 世纪 60 年代，现有东、西干渠和引水渠 3 条干渠，21 条支渠，涉及西溪、龙山、古山、象珠和芝英 5 个镇，灌溉面积 4 万亩。2005—2007 年太平水库管理处实施浙江省“千万亩十亿方”太平水库灌区项目，对东、西干渠、引水渠 3 条干渠及 8 条支渠共计 29 千米用砼防渗衬砌，对渠上放水涵洞、渡槽、闸门、倒虹吸、农桥等若干建筑进行加固改造维修，总投资为 1236 万元，分别为 2005 年度实施项目 250 万元、2006 年度实施项目 500 万元、2007 年度实施项目 486 万元。项目于 2009 年 12 月通过竣工验收。

【三渡溪水库灌区】三渡溪水库灌区位于永康市北部，灌溉面积 1.25 万亩，灌溉 40 个行政村，涉及象珠镇、唐先镇，共有东、西干渠和引水渠三条干渠，总长度 28.2 千米，10 条支渠、4 个倒虹吸、2 个渡槽、4 个隧洞。管理处每年制订维修养护计划，对需要修缮部位及时予以维修。2013 年 11 月实施了三渡溪水库灌区农田灌溉水有效利用系数测算项目。

【通济桥水库灌区】浦江县通济桥水库灌区位于浦江县浦阳江两岸，灌区覆盖浦阳、浦南、仙华3个街道及岩头、郑宅、黄宅3个镇，人口25.35万人，是浦江县重要产粮区和国家农业综合开发项目区。灌区工程始建于1960年，1964年建成通水并发挥效益；1970年在南干渠增开了80线，形成了5条干渠（总干渠、北干渠、中干渠、南干渠72线、南干渠80线）的灌溉网络，总长84.06千米；设计灌溉面积10.71万亩。

2005年11月通济桥水库灌区实施了浙江省"千万亩十亿方"节水工程建设，完成渠道衬砌25.46 千米，配套渠系建筑物59处，投资1401万元。2008年4月组织实施国家农业综合开发通济桥水库灌区节水配套改造项目（第一期），主要建设内容为：对灌区骨干渠系进行防渗衬砌改造，并配套改造相应的渠系建筑物；实施信息化系统建设，增设管护设施和量水设备等。 2010年7月完成了主体工程建设，2011年5月通过了省级验收小组整体工程验收，完成投资2454.59万元。项目实施后，灌区扩大灌溉面积2.01万亩，改善灌溉面积8.70万亩；灌区渠系水利用系数从现状的0.50提高到0.66。

通济桥水库灌区第一期项目实施后，灌区群众要求继续二期项目改造的呼声很高，愿望十分迫切。2013年9月编制完成了二期项目申报书。2014年12月，水利部、国家农业综合开发办公室下发项目实施计划批复。

【源口水库灌区】位于浙江省武义县中西部，范围武义县白姆、王宅、俞源、大田、履坦5个乡镇，壶山、熟溪、白洋3个街道，灌溉土地面积39.42万亩，设计灌溉面积12.6万亩。属中型灌区。灌区人口17.72万人，其中农业人口11.12万人，灌区主要种植作物有双季水稻、大小麦、油菜、茭白等经济作物，是武义县经济较为发达之一。

源口灌区渠道从1975年开始设计并动工兴建，1979年12月建成竣工。灌区渠首引水枢纽位于源口水库一级站尾水。干渠总长106.48千米，分总渠、北干渠、中干渠、南干渠四条干渠，干渠上各类渠系建筑物共有330座，主要建筑物有隧洞31处，渡槽8处，倒洪吸13处，涵洞21处，桥14座，水闸83座。

2005—2008年，灌区实施了农业综合开发源口水库灌区节水配套工程和源口水库灌区"千万亩十亿方"节水配套工程。2005年8月，灌区节水配套改造工程经国家水利部农发办立项，2006年2月开工。2008年2月完工，项目总投资2550万元，主要建设为干渠防渗衬砌、配套建设物改造及灌区信息化建设。

【清溪口水库灌区】清溪口水库灌区位于浙江省武义县境内，是武义县的主要产粮区，是国家农业综合开发项目区。目前农业综合开发中低产田改造已基本结束，现代化的农业生产基础设施已形成。

清溪口水库灌区的水源工程主要为清溪口水库，总土地面积20.78万亩，规划设计灌溉面积3万亩，现有效灌溉面积2.7万亩。涉及桐琴镇、泉溪镇2个乡镇73个行政村。2004年灌区人口 4 万人，其中农业人口 3.2 万人。

清溪口水库灌区设计东、西干渠各 1 条，支渠 12 条，干支渠总长 74.39 千米，其中干渠长 23.96 千米。西干渠接主输水洞出口，至泉溪镇湖沿村，全长 10.12 千米，需改造 7.095 千米，设计流量 1.8～0.4 立方米/秒，东干渠接副输水洞出口，至桐琴镇梅坞塘村，全长 13.839 千米，设计流量 1.8～0.4 立方米/秒。整个灌区在水库下游，武义江南岸，土地连片集中，东、西两条干渠将灌区合围其间。12 条支渠基本上垂直于干渠，向北延伸，其中西干渠上 5 条，东干渠上 7 条。

清溪口水库灌区东、西干渠分别于 2005 年和 2008 年列入中低产田改造控制性工程项目进行申报改造，由省农业综合开发办、县财政分别投资东干渠 1105.9 万元、西干渠 515.8 万元，于 2007 年和 2009 年完成改造。

第三章　引水工程

第一节　乌引工程续

浙江省乌溪江引水工程灌区（金华片）2012 年度续建配套与节水改造工程，建设地在金华市婺城区汤溪镇、罗埠镇、白龙桥镇及长山乡、蒋堂镇。工程建设标准：灌溉设计保证率 85%。确定工程等级为 III 级，寺平支渠、洪塘渎干渠、郭力垅中干渠和乌引主干渠及配套建筑物级别为 4 级，华山堰干渠及配套建筑物为 5 级。项目在干渠及其渠系建筑物防洪标准为 10 年一遇，桐溪、横路溪及其建筑物的防洪标准为 20 年一遇。工程主要建设内容有寺平支渠等 5 条渠道防渗衬砌 6.714 千米，桐溪及横路溪护岸整治灌排两用沟溪 2.7 千米，续建配套渠系建筑物 23 处（其中水闸 9 处、渡槽 2 处、机耕桥 12 处），新建监控水雨情信息采集点 4 处。主要工程量：土方开挖 5.83 万立方米、土方回填 3.03 万立方米、砌石 3.4 万立方米、砼 0.55 万立方米。工程概算投资 2630 万元，其中中央预算内资金 810 万元，省预算内资金 648 万元，婺城区地方财政 1172 万元。工程批复建设期为 1 年。工程于 2012 年 11 月 18 日开工，2015 年 3 月 29 日完成。项目实施后，新增灌溉面积 0.2 万亩，改善灌溉面积 2.61 万亩，项目灌溉水利用系数提高到 0.48，年节水 455 万立方米，新增粮食生产 120.6 万公斤，新增经济作物 208 万公斤。

第二节　浦江工程

【浦江县城乡一体化供水安全保障一期工程】

浦江县城乡一体化供水安全保障一期工程位于杭坪镇杭坪村南1千米的壶源江上游至仙华水库处，集雨面积66.3平方千米，设计引水流量30立方米/秒，多年平均引水总量4229万立方米。工程供水范围涉及全县7个乡镇（街道）139个行政村，能满足32.28万人口的安全用水及7.09万亩田地灌溉的需求。

工程前身为杭坪引水工程，始建于20世纪7年代末。近年来，随着杭坪垃圾填埋场超负荷运行、农村生活工业污水乱排放、20省道危化物品运输等问题日益突显，给浦江县供水安全带来隐患。2013年1月，浦江县第十三届人民政府第14次县长办公会议纪要〔2013〕1号文提出加快浦江县城乡一体化供水安全保障一期工程项目推进；3月19日，县发改局下发《浦江县城乡一体化供水安全保障一期工程初步设计的批复》（浦发改〔2013〕25号）；5月16日，县委办、县府办确定工程建设领导小组和工程建设指挥部及相关组成人员。

浦江县城乡一体化供水安全保障一期工程建设内容主要包括治理上下游河道738米，拆除重建拦河闸坝和取水闸、堰各1座，引水渠由明渠改暗渠共1024米，新建沉沙池90米，压力前池20米，扩建金坑岭水库引水隧洞240米，新建仙华水库引水隧洞1573米。工程概算总投资1.39亿元，工期为390日历天。工程于2013年8月被列入水资源保障百亿工程项目，补助资金2204万元。

工程自2013年8月10日开工建设，4月22日试通水成功,2014年11月完工，实际投资约7800万元。

【浦阳江生态补水——仙华水库至水厂输水工程】

该工程主要是将仙华水库水电站设计流量2.32立方米/秒的水量通过与金坑岭水库并联的输水系统输送到金坑岭下游的水厂或河道中，保证金坑岭水库水体不受仙华水库水体污染影响；通过水厂“双源互补”，从而提高供水安全度和保证率，并为浦阳江补水创造条件。

主要建设内容有压输水隧洞2553米（衬砌后直径2米）、输水压力钢管818米（直径1米）、锥形阀3座（直径1米）、3×2米节制阀2座和跨库箱涵1座等工程。该工程等别为III等，主要建筑物压力隧洞、压力钢管等为3级，围堰等临时建筑物为5级。压力隧洞、压力钢管防洪标准为50年一遇，小仙华水库水位175.5米。

浦阳江生态补水——仙华水库至水厂输水工程于2014年10月10日正式动工建设，计划于2015年年底前完成，历时工期450天，项目概算总投资为4737万元。

第三节　永康工程

【永康市北部水库联网工程】

永康市北部水库联网工程被列为省重点建设和扩大投资“411”重大项目。北部水库联网工程由新建棠溪山塘（总容积 9.99 万立方米）、续建四大坑水库（总库容 99.77 万立方米）、扩建黄坟水库（总库容 979 万立方米）、棠溪山塘至四大坑隧洞、四大坑至洪塘坑隧洞、太平和洪塘坑水库至南山水厂联网主管道等项目组成，把永康市北部现有的太平、三渡溪、黄坟、洪塘坑、四大坑等五座水库进行联网，作为城区供水第二水源，解决永康市城区单水源供水，水量不足、保证率低的问题。该工程总投资 8.2 亿元，工程建成后在满足原供水任务后，可向城区供水 3000 万立方米。该工程建设单位为永康市自来水公司，于 2012 年 12 月正式开工建设。

【浙江省好溪水利枢纽永康市虬里水库引水工程】

虬里水库坝址在磐安县冷水镇虬里村上游 500 米处，坝址集水面积 36.7 平方千米，正常库容 2038 万立方米，95%保证率年供水量 2200 万立方米，水库水质及水量满足近年永康境外引水要求。永康市虬里水库引水工程起点取水选在虬里水库右岸、大坝上游 100 米处，设分层取水口，终点为永康市西溪镇洪塘坑水库附近。工程年引水量 2000 万立方米，最大日引水量 7.12 万立方米/日，引水工程输水线路全长 16.18 千米，其中隧洞长 14.62 千米，管道长 1.56 千米，输水线路总投资 2.89 亿元。虬里水库建设合作方案经永康市与磐安县多次洽谈，2013 年 3 月 7 日和 2014 年 4 月 11 日，在金华市水利局牵头下，形成了二次《好溪引水虬里水库建设合作方案协调会纪要》。至 2014 年底，就取水口、耕地占补平衡指标费用、资源补偿扶持费用等方面，双方还在协商中。

第四章　水库除险加固工程

第一节　病险水库概况

按照《大坝安全鉴定办法》规定，大坝实行定期安全鉴定制度，首次安全鉴定应在竣工验收后 5 年内进行，以后应每隔 6～10 年进行一次。全市共有水库 821 座，其中 2009 年后新建 21 座、正在扩建 1 座（磐安花溪）。2003—2014 年累计完成加固病险水库 505 座，正在续建 13 座，2015 年计划除险加固 26 座。

鉴定情况。至 2014 年年底，全市还有 277 座水库尚未实施除险加固，其中已完成或正在安全鉴定 59 座、未鉴定 218 座（35 座为个私或股份制民营水库）。

金华市水库鉴定情况一览表

表 3-5

县（市、区）	已完成或正在鉴定	未完成鉴定	合计
金华市本级		九峰、张新坑	2
婺城区		章坑、野鸭塘、长岭、跃进、双龙、接力塘、湖海塘、里斗垅	8
金东区	马泉垅、塔石塘	七里塘、羊垅、东藕塘、横塘垅、郡塘、山盘塘	8
兰溪市	荷花塘、西塘源、樟清塘、澡塘、前垅、蓑衣塘	清水塘、工农、小西湖、上畈、洪垅、大庆、上湖、阴坑垅、东湖、大厦口、上旺、杨村垅、里枝坞、黄源、马骨塘、西湖塘、大罗畈、祥坞、方塘、莲塘、联益、后丈、跃进、幸福、上金、拱坝、蜈蚣山、腰身坞、杨保塘、金竹垅、长坞垅、潘家垅、三角石宕、文丰寺、方溪、杜塘、双溪拱坝	43
东阳市	潘姆塘、八达、洪塘、夏城、游鱼	甘溪坑、夏塘、工农、四坑岩、悬岩坑、丹坞、绕川塘、洋塘、宅里塘、安米塘、隔山、岭下施、大源、龙头坑、阿溪、天秀	21
义乌市	中心塘、八都、光明、麒麟塘、上岩寺、新起、干村坑、上岭脚、湖西塘、里坞塘、石坞里、王思坑、南山、薛塘、流坞塘	仇宅、蜀墅塘、红专、龙门脚、南山坑、卫星、反修、唇塘、里山丫塘、倍磊塘、深塘、盘塘、翻身、后山坞、安后、羊马岭、上游、乔亭、红旗、楼赐、新作塘、门里塘、里东岩、大庆、石角夹、窄塘、山塘、洞坑、上畈	44
永康市	绍芦塘、郎村坑、石峡、乌皮坑、柘后湾、八口塘	方丘、红峰、虎皮塘、塘里、里洋、胜利、狭石口、石门卡、四大坑、下里塘、西栈里、龙里、八坑里、九龙塘、赤岩塘、湖湾、上产、观音坑、显马殿、泽塘、陆佰里、新塘、作溪坑、鸦塘、外杓塘、斗天、石仓、大坑、水坑口、丁坑、柳塘坑、西塘、秋塘、石井坑、大塘里、五指岩、群英	44
浦江县	金山、石姆岭、丽水源、老鼠洞口	仙华、里傅、深清源、梅石、外胡、塘下畈、青草坞、官垅、里存、深街坞、深山、曲折源、朝阳、石洋塘、凤坞里、派顶、郭村源、陈竹坞、金鸡、跃进	24
武义县	三港、青岭、廿四步、后塘畈、大湾、定坑、雪里、高垅、珠珑、万石院、石井岗、白蛇坑、水垅、长塘	石峡、泉岩、直源、建坑、后周垅、万垅、下王垅、大坟坑、上四堡、方坑、南塘、林大塘、后陈垅、大泥塘、周塘、白丈泄、龙潭、上新塘、东湖、松溪、郭清塘、白衣山垅、寺后垅、三百塘、杨垅、高坞、翻身塘、抱弄坑、茶塘、三角坑、坞阴坑、南源、磨下坑、杉坑桥、金山岭、叶家田、上青塘、平潭、柳江、上田	54
磐安县	雷滚口、东坑、山山坞、溪源坑、金鸡岩、小北坑	鱼井下、双溪、湖田滩、三曲里、三跳、高石溪、横路、梅岗、泊公坑、东坑、台口、深溪、流岸、潘田、银坑、九溪、东吴、龙潭溪、黄公潭、水下坑、小坑、奇龙坑、西华坑	29
合计	59	218	277

第二节 大中型水库除险加固

2005—2014 年间，全市完成横锦、南江等两座大型水库及沙畈、金兰、安地等 22 座中型水库的除险加固。

【横锦水库除险加固工程】2003 年 9 月，浙江省水利厅组织对横锦水库大坝进行安全鉴定。2003 年 12 月，水利部大坝安全管理中心以“坝函〔2003〕2342 号”同意 “三类坝”鉴定结论意见。2004 年 6 月 24 日，浙江省水利厅以浙水建〔2004〕65 号《关于东阳市横锦水库除险加固工程初步设计的批复》批准本工程初步设计。2005 年 3 月 25 日，东阳市人民政府办公室以抄告单〔2005〕27 号文建立东阳市横锦水库除险加固工程指挥部，负责水库除险加固工程。除险加固主要内容包括：老坝体上部挖除、坝体防渗墙、坝基防渗处理、坝体填筑、坝面护坡、坝顶工程和观测设备及自动化系统；溢洪道进水口段、溢洪道泄洪闸、溢洪道泄槽、溢洪道消力池、泄洪渠、砼交通桥、放空洞改造、输水洞改造和金属结构及启闭机制安。2005 年 10 月 16 日，横锦水库除险加固工程开工，2008 年 3 月大坝施工基本结束，2008 年 5 月通过蓄水阶段验收，2009 年 4 月 28 日主体工程完工，2013 年 12 月 19 日，浙江省水利厅组织横锦水库除险加固工程竣工技术预验收，2014 年 10 月 10 日，工程通过竣工验收。

工程实施后，更好地完善水库设计功能，消除工程隐患，确保工程安全正常运行，充分利用水资源，更好地承担起灌溉、防洪、供水、发电等重任，并能避免沿江两岸重大生命财产损失，促进东阳市、义乌市社会经济的持续稳定发展。

【南江水库除险加固改造工程】南江水库始建于 1969 年 12 月，1971 年完工，1990 年开始加固改造扩建，1995 年 10 月完工，96 年 6 月竣工验收，是一座以防洪、供水、灌溉为主结合发电、养殖等综合利用的大（二）型水库。水库枢纽由拦河大坝、坝顶泄洪闸、发电输水隧洞、坝后式电站等组成。

2005 年 12 月，省水利厅组织南江水库大坝安全鉴定，评定为 “二类坝”。2008 年 9 月 25 日，浙江省水利厅以浙水许〔2010〕122 号下发了《关于东阳市南东水库加固改造工程初步设计的批复》，工程项目主要包括：拦河坝加固改造、金属结构更换、坝体防渗处理、新建启闭机房、观测室、水位台、防汛桥及泄洪渠加固、防汛公路建设、管理用房、水文遥测站及大坝自动化监测和安全监控等。

南江水库加固改造工程属省重点工程，由省重点办负责招标，于 2009 年 11 月 26 日完成招标，分别由浙江正邦水电建设有限公司（土建）、浙江江能建设有限公司中标（金属结构），工程于 2010 年 1 月 4 日正式开工建设，主体工程在 2010 年年底完成，2011 年 1 月 25 日通过蓄水验收。工程总投资 3266 万元，其中省财政 817 万元，东阳市财政配套 2449 万元。

【沙畈水库除险加固工程】沙畈水库位于钱塘江水系金华江支流白沙溪上，坝址位于沙畈村下游河谷处，距离沙畈乡乡政府4.5千米，金华城区约50千米。水库坝址以上流域面积131平方千米，主河道长23.9千米，是一座以灌溉、供水为主，结合发电、防洪等综合利用的中型水利工程。

2012年3月，金华市水利局组织沙畈水库大坝首次安全鉴定，评定为“二类坝”。2012年6月，委托金华市水利水电勘测设计院有限公司编制《金华市沙畈水库除险加固工程初步设计》，2013年2月6，日省水利厅以浙水管〔2013〕10号文《关于金华市沙畈水库除险加固工程初步设计的复核意见》，2013年3月8日，由金华市水利渔业局以金市水管〔2013〕7号文《关于金华市沙畈水库除险加固初步设计的批复》，同意并核定沙畈水库除险加固工程概算总投资2026万元。

2013年8月13日，沙畈水库除险加固工程（水工）开工建设。加固改造主要项目有：大坝加固工程、泄洪闸闸墩及弧形支座处理、输水隧洞进水口改造、大坝安全监测设施改造、防汛及自动化监测综合大楼、交通工程、左坝肩山体支护等，总工期17个月，2014年4月16日通过蓄水验收，同年12月28日工程完工，总投资1831.5万元。

【金兰水库除险加固工程】金兰水库位于钱塘江流域金华江支流白沙溪上，地属婺城区琅琊镇境内。集雨面积274平方千米，坝址以上干流全长46千米，多年平均年径流量为2.82亿立方米，是一座以灌溉为主，结合发电、防洪、养鱼等综合利用的重要中型水利工程。

2003年7月，金华市水利局组织金兰水库大坝安全鉴定，评定为“三类坝”，同年12月，经省水利厅及水利部大坝安全管理中心核查同意金兰水库大坝为“三类坝”鉴定结论。2004年9月，浙江省水利批（浙水建〔2004〕89号文）批复同意金兰水库除险加固工程初步设计。

2006年11月，金兰水库除险加固工程正式开工建设，2009年7月完工。加固改造主要项目有：主、副坝防渗加固处理，泄洪系统除险加固，输水遂洞加固，工程安全监测设施更新改造，管理房工程及金属结构与电气改造等。完成主要工程量：土石方开挖10.29万立方米、土石方填筑4.54万立方米、混凝土防渗墙2.43万立方米、黏土套井1.25万立方米、混凝土2.75 万立方米、 固结帷幕灌浆0.75万立方米、钢筋制安452吨。2010年9月，通过浙江省水利厅组织的竣工验收，总投资7627.47万元。除险加固后，坝顶高程128.80米(吴淞高程，下同)，正常蓄水位122.00米，相应库容6800万立方米,设计洪水位（P=1%）125.10米，相应库容8130万立方米, 校核洪水位（P=0.02%）127.18米，总库容9124万立方米。

【安地水库除险加固工程】金华市安地水库位于婺城区安地镇安地村上游约2千米的回坑村附近，地属钱塘江流域，武义江云游梅溪上游，距金华市区14千米。安地水库坝址以上集雨面积162平方千米，多年平均径流量1.57亿立方米，是一座以防洪、灌溉为主，结合发电、供水等综合利用的重要中型水库，也是金华市第二水厂水源地和下游金华市经济技术开发区湖海塘水库的重要水源。工程于1959年10月动工兴建，1965年12月建成。1998年9月至2002年3月，水库按100年一遇、2000年一遇校核进行应急除险加固。

2014年7月，安地水库除险加固工程开工建设，加固改造主要项目有：大坝加固改造、溢洪道加固改造、原灌溉发电洞改造成灌溉放空洞、新建灌溉发电洞、新建供水隧洞、凤凰山加固处理和自动化综合管理系统建设等。工程概算总投资6920万元，总工期20个月。完成主要工程量：土石方开挖9862立方米，洞挖石方1948 立方米，土石方回填1362 立方米，碎石垫层4726 立方米，砼8682 立方米，灌浆1023米，干砌条石1300 立方米，钢筋制安425吨。加固后，大坝坝顶高程130.94米，最大坝高48.5米，顶宽6米，长235米，设计正常蓄水位126.44米，相应库容6250万立方米，校核洪水位128.86米，相应库容7097万立方米。

【莘畈水库除险加固工程】莘畈水库位于婺城区莘畈乡大立元村，钱塘江流域衢江支流莘畈溪上，距金华市区54千米。

2005年7月，金华市水利局组织莘畈水库大坝安全鉴定，评定为 “二类坝”，2005年12月，金华市水利局批复初步设计（金市水建〔2005〕17号）。

2006年9月，莘畈水库除险加固工程开工建设，主要建设内容为：大坝加固、溢洪道加固、输水建筑物改造、大坝安全监测设施改造新增、新建管理房等。2008年6月27日，工程通过蓄水阶段验收，总投资2975万元。

【金山头水库除险加固工程】2005年12月,金华市水利局组织金山头水库大坝安全鉴定，评定为 “三类坝”。2007年1月22日，水利部大坝安全管理中心下达坝函〔2007〕158号关于金山头水库“三类坝”安全鉴定成果的核查意见。

2008年12月，金山头水库除险加固工程开工建设，主要建设内容为：主副坝防渗加固、溢洪道加固、发电引水钢筋砼管挖除、原灌溉涵洞封堵、新建灌溉引水隧洞，新建灌溉渡槽，电站报废重建、新建上坝公路及隧洞进出口道路、增设大坝安全监测设施等。

2009年12月29日,通过省水利厅组织的蓄水阶段验收,2011年9月3日合同工程完工，9月27日通过合同工程完工验收，总投资3734.96万元，

【火炉山水库除险加固】2007年6月，金华市水利局组织火炉山水库大坝安全鉴定，评定为“三类坝”。

2009年6月，火炉山水库除险加固工程开工建设，主要建设内容为：大坝防渗加固、溢洪道加固改造、封堵原灌溉发电涵洞；新建灌溉发电隧洞、改建上坝道路和枢纽区连接道路、改造和增设工程的观测项目和观测设施，优化大坝典型断面的测压管布置、拆除已废弃的原电站厂房，更换低压配电屏及电缆等设施等。2010年7月15日，通过省水利厅组织的蓄水阶段验收，2011年9月5日合同工程完工， 9月27日通过合同工程完工验收，工程总投资2689.75万元。

【城头水库除险加固】2007 年 4 月，浙江省水利水电勘测设计院对城头水库大坝进行安全鉴定， 12 月，水利部大坝中心专家对水库大坝安全鉴定进行了复核，确认水库大坝为 “三类坝”。

2009 年 6 月，城头水库除险加固工程开工建设，主要建设内容为：拦河坝除险加固、溢洪道改建、输水隧洞改建、新建放水支洞、新建改建上坝公路、完善工程监测和自动化控制设施、更新电工及金属结构设备、管理处管理房改建及环境美化等，2011 年 12 月 8 日完工。2010 年 7 月 14 日，通过蓄水阶段验收，2013 年 9 月 24 日，浙江省水利厅组织并通过城头水库除险加固工程竣工验收，总投资 3270.49 万元。除险加固后，水库不仅恢复了原有的设计功能，并且在灌溉效益、防洪效益、供水与发电效益上都得到了充分发挥。

【高潮水库除险加固】2004 年 12 月，金华市水利局组织高潮水库大坝安全鉴定，评定为 “三类坝”。

2008 年 10 月，高潮水库除险加固工程开工建设，加固工程主要为拦河坝、溢洪道、主坝发电引水管和副坝放水管，以及新增库岸提防，电站保持原状不变。工程开挖土石方 4.54 万立方米，填筑土石方 5.05 万立方米，混凝土防渗墙 1.49 万平方米，混凝土 1.49 万立方米，钢筋制安 108 吨，2009 年 12 月 28 日通过蓄水阶段验收，总投资 3283.41 万元。

【巧溪水库除险加固工程】巧溪水库位于义乌市境内浦阳江支流大陈江上游，坝址位于苏溪镇上游 6 千米处，距义乌市区约 20 千米。

2004 年 3 月，浙江省水利厅组织巧溪水库大坝安全鉴定，评定为“三类坝”。2004 年 7 月，水利部大坝安全管理中心同意“三类坝”鉴定结论意见。

2005 年 1 月，巧溪水库除险扩容工程开工建设，在原水库大坝上加高 21.10 米，加高后坝顶高程 187.10 米（原水库大坝实测坝顶高程 166.00 米），水库总库容为 3285 万立方米，是一座以防洪、灌概、供水为主，结合发电的综合利用水利工程。2013 年 11 月，工程通过竣工验收，总投资 16560 万元。工程的兴建对充分利用水资源，缓解义乌缺水状况，促进义乌市经济发展具有较大作用。

【柏峰水库除险加固工程】柏峰水库位于东阳江支流吴溪（大田溪）上游，坝址位于赤岸镇柏峰村，距义乌市区约 20 千米 。

2004 年，金华市水利局组织柏峰水库大坝安全签定，评定为 “三类坝”。

2008 年 12 月，柏峰水库除险加固工程开工建设。主要建设内容为：主坝除险加固、副坝除险加固、溢洪道加固、主坝左岸输水隧洞改造、主坝右岸输水隧洞改造、管理用房建筑等。2010 年 9 月，工程通过蓄水验收，总投资 3724 万元。除险加固后，水库工程任务调整为：以供水、灌溉为主，结合防洪等综合利用。水库正常蓄水位提高至 122.5 米，水库正常库容相应增加至 2010 万立方米,校核洪水位（P=0.05%）为 125.12 米，水库总库容 2317 万立方米。

【岩口水库除险加固工程】岩口水库位于义乌市上溪镇岩口村，钱塘江流域东阳江支流航慈溪上游。

2005 年 1 月金华市水利局组织岩口水库大坝安全鉴定，评定为 “二类坝”。

2008 年 1 月，岩口水库除险加固工程开工建设。主要建设内容为：主坝、陈泥塘副坝、余车副坝防渗加固，溢洪道加固，坝下涵洞处理，发电厂房及尾水渠加固，金属结构及电气改造等，2014 年 9 月，工程通过竣工验收，总投资 3837 万元。除险加固后，水库正常蓄水位提高至 108.50 米，水库正常库容相应增加至 3140 万立方米；水库总库容 3590 万立方米。水库设计洪水标准仍为 100 年一遇，相应设计洪水位 109.21 米，校核洪水标准调整为 5000 年一遇，相应校核洪水位 109.94 米。

【长堰水库除险加固工程】长堰水库兴建于 1957 年，坝址位于东阳江支流梅溪上游，据义乌市区约 20 千米。

2004 年义乌市水务局委托浙江省水利水电勘测设计院对长堰水库进行安全鉴定，评定为 “二类坝”。

2009 年 12 月，长堰水库除险加固工程开工建设。主要建设内容为：东副坝及西一、二、三副坝防渗加固，溢洪道改建，安全监测设施增设等。2011 年 12 月完工，总投资 1473 万元。除险加固后，水库工程任务调整为以灌溉为主，结合防洪、发电、供水等综合利用。

【东方红水库除险加固工程】东方红水库位于金华江支流东阳江的支流白溪上游河段，坝址座落在东阳市虎鹿镇溪口村附近。

2007 年 3 月，金华市水利局组织东方红水库大坝安全鉴定，评定为 “三类坝”，同年 10 月，经水利部大坝安全管理中心核查，同意“三类坝”的鉴定结论。

2008 年 10 月，东方红水库除险加固工程开工建设，主要建设内容为：大坝加固、溢洪道加固、发电输水隧洞加固、左右岸山体处理、原型观测等。除险加固后，水库工程任务仍以灌溉、防洪、供水为主，结合发电等综合利用，水库正常蓄水位提高到 196.27 米，正常库容 1020 万立方米。2010 年 2 月，工程通过省水利厅蓄水阶段验收，2011 年 9 月，通过合同工程完工验收，总投资 5025 万元。

【杨溪水库除险加固工程】杨溪水库位于永康江主流南溪的支流李溪上，属钱塘江流域金华江水系，坝址座落在永康市石柱镇，距市区约 15 千米。

2008 年 4 月，水利部大坝安全管理中心核定为“三类坝”。9 月 28 日，浙江省发展与改革委员会批复杨溪水库除险加固工程初步设计（浙发改设计〔2008〕132 号），核定工程概算总投资 4433 万元。

2008 年 12 月 8 日，杨溪水库除险加固工程开工建设，主要建设内容为：主坝防渗加固、副坝防渗加固、输水隧洞改造、消力池右岸挡墙拆除重建、观测设施改造等。2010 年 4 月 27 日，工程通过蓄水验收，2011 年 10 月工程完工，总投资 4433 万元。

【太平水库除险加固工程】太平水库位于永康市东北部的龙山镇永康江支流华溪上，坝址座落在永康市龙山镇，距永康市区 21 千米。

2009 年 8 月，金华市水利局组织太平水库大坝安全鉴定，评定为“二类坝”。

2012 年 2 月，太平水库开始实施除险加固工程开工建设，主要建设内容为:主坝、副坝、溢洪道、发电输水隧洞、放空排水渠道等的加固改造。除险加固后，水库正常蓄水位 145.75 米，相应库容 3226 万立方米，2000 年一遇校核洪水位 148.08 米，相应库容 4173 万立方米。

2013 年 4 月，工程通过蓄水阶段验收，总投资 1700 万元。

【三渡溪水库除险加固工程】三渡溪水库位于钱塘江流域永康江支流酥溪上游，坝址座落在永康市北部的象珠镇，距永康市区 20 千米。

2007 年 10 月，金华市水利局组织三渡溪水库大坝安全鉴定，评定为“三类坝”，2009 年 9 月浙江省发展与改革委员会以浙发改计〔2009〕107 号文对三渡溪水库除险加固工程初步设计予以批复。

2009 年 12 月，三渡溪水库除险加固工程开工建设，主要建设内容为：大坝加固、溢洪道加固、上坝道路加固、增设工程监测设施工程、机电设备，金属结构设备及安装工程等。2012 年 4 月，工程通过省水利蓄水阶段验收，总投资 1719 万元。

【通济桥水库除险加固工程】通济桥水库位于钱塘江支流浦阳江上游，坝址座落在浦江县前吴乡，距浦江县城约 4 千米。

2005 年 12 月 2 日，通济桥水库除险加固工程开工建设。主要建设内容为：大坝实施低弹模砼防渗墙加固、内外坡整修、输水隧洞改造、金属结构更换、观测设备更新完善、溢洪道改建、管理房及仓库工程建设及泄洪渠整治工程等。2010 年 9 月 2 日，工程通过浙江省水利厅组织的竣工验收，总投资 6601.96 万元。

【金坑岭水库除险加固工程】金坑岭水库位于浦江县城北、钱塘江支流浦阳江一级支流金坑溪中上游，坝址位于浦江县仙华街道境内，距浦江县城中心 4 千米。

2007 年 11 月，金华市水利局组织金坑岭水库大坝安全鉴定，评定为“三类坝”，2008 年 12 月，浙江省发展和改革委员会批复除险加固初步设计（浙发改设计〔2008〕187 号），批复工程概算总投资 3711 万元。

2009 年 8 月，金坑岭水库除险加固工程开工建设，主要建设内容为：主坝加固、副坝坝加固及副坝体加高、溢洪道加固、输水隧洞进口闸门及启闭设备制作安装、大坝安全监测、新建水情测报系统和视频监控系统、改造及新建管理房等。2013 年 7 月 25 日，工程通过竣工验收，总投资 3940.65 万元。

【内庵水库除险加固工程】2008 年 12 月，武义县水务局组织内庵水库大坝安全鉴定，金华市水利局审定为“二类坝”。2011 年 4 月 21 日，金华市水利局下文《金华市水利局关于武义县内庵水库除险加固初步设计的批复》（金市水管〔2011〕25号）通过了内庵水库除险加固工程初步设计方案的审查，核定工程初步设计概算总投资2585万元。

2011年9月，内庵水库除险加固工程开工建设，主要建设内容为：大坝除险加固、发电引水系统改造、连通洞进出口改造、管理房改建、大坝观测系统改造及上坝公路改造等。除险加固后，水库总库容为2950万立方米，其中正常库容为2499万立方米，正常蓄水位316.0米，50年一遇设计洪水位319.2米，500年一遇校核洪水位320.28米。2013年4月8日，工程通过蓄水阶段验收，2013年11月20日，通过单位（合同）工程完工验收。

【源口水库除险加固工程】源口水库位于钱塘江流域武义江支流熟溪上游，坝址座落在武义县白姆乡，距武义县城20千米。

2003年5月，浙江省水利厅组织源口水库大坝安全鉴定，评定为"三类坝"，2004年4月，浙江省水利厅以浙水建〔2004〕35号文批复源口水库除险加固工程初步设计。

2005年10月，源口水库除险加固工程开工建设，主要建设内容为：大坝除险加固、溢洪道改造、输水隧洞进水口及启闭机室改建、金属结构、机电设备与供配电系统更新重建、原型观测建设、管理设施改造等。除险加固后，水库设计正常水位208.20米,相应库容2220万立米，死水位177.0米,死库容70万立米，100年一遇设计洪水位212.12米， 5000年一遇校核洪水位212.50米，总库容2827万立方米。2012年3月，工程通过竣工验收，总投资6577.67万元。

【清溪口水库除险加固工程】清溪口水库位于永康江支流清溪的中游，坝址座落在武义县泉溪镇仓部堰村附近，距县城约15千米。

2008年3月，金华市水利局组织清溪口水库大坝安全鉴定，评定为"三类坝"。2008年11月，浙江省发展和改革委员会批复初步设计（浙发改设计〔2008〕173号），核定工程概算投资3850元。

2008年12月，清溪口水库除险加固工程开工建设，主要建设项目为：主坝加固、副坝加固、溢洪道加固、输水隧洞加固、安全监测设施建设等，2010年6月18日通过工程蓄水阶段验收。

【五丈岩水库除险加固工程】五丈岩水库位于曹娥江干流澄潭江上游夹溪上，大坝座落在磐安县尖山镇西南约2千米处。

2007年6月，金华市水利局组织五丈岩水库大坝安全鉴定，评定为"三类坝"。2007年10月19日，水利部大坝安全管理中心核查同意五丈岩水库"三类坝"的鉴定结论意见（坝函〔2007〕2487号）。2007年12月10日，浙江省发展和改革委员会批复初步设计（浙发改设计〔2007〕192号），批复工程概算投资3326万元。

2008年10月28日，五丈岩水库除险加固工程开工建设，主要建设内容为：大坝加固、主溢洪道（泄洪闸）加固、副溢洪道（侧堰）加固、发电输水隧洞进水口加固、滑坡体治理、大坝安全监测、管理用房等。2012 年 9 月 12 日，工程通过浙江省水利厅组织的竣工验收，总投资 2020 万元。

中型水库除险加固工程统计表

表 3-6

库名	地点	加固内容	工程量（万立方米）		开工日期	竣工日期	投资（万元）	
			土方	石方			国家	自筹
沙畈	婺城区沙畈乡	大坝加固、泄洪闸闸墩及弧形支座处理、输水隧洞进水口改造、大坝安全监测设施改造、防汛及自动化监测综合大楼、交通工程、左坝肩山体支护等	1.4		2013.08	未竣工验收	1831.5	
金兰	婺城区琅琊镇	主、副坝防渗加固处理、泄洪系统除险加固、输水遂洞加固、工程安全监测设施更新改造、管理房工程及金属结构与电气改造等	14.74		2006.11	2010.09	7627.47	
安地	婺城区安地镇	大坝加固改造、溢洪道加固改造、原灌溉发电洞改造成灌溉放空洞、新建灌溉发电洞、新建供水隧洞、凤凰山加固处理和自动化综合管理系统建设等			2014.07	未竣工验收		
莘畈水库	莘畈乡	大坝防渗加固、泄洪建筑物加固、修建一条抢险通道	4.2	6.8	2006.09	未竣工验收	2975	
巧溪	义乌市苏溪镇	大坝、溢洪道、引水建筑物、发电厂、升压站及观测设施埋设等	38.5	89.1	2005.01	2013.11	16560	

续表

岩　口	义乌市 上溪镇	主坝、副坝、溢洪道、输水发电隧洞、水电站等	1.5	5.51	2008.01	2014.09	2197	岩　口
柏　峰	义乌市 赤岸镇	主坝、副坝、溢洪道、主副坝输水隧洞、管理用房等	1.5	4.3	2008.12	未竣工 验收	3724	
长　堰	义乌市 城西街道	4个副坝及溢洪道加固、安全监测设施等	6.98	6.98	2009.12	未竣工 验收	1473	
东方红 水库	东阳市 虎鹿镇	大坝、溢洪道、发电输水隧洞、左右岸山体、原型观测等	40010.4	13159.8	2008.10	未竣工 验收	5025	
杨　溪	永康市 石柱镇	主坝防渗加固、副坝防渗加固、输水隧洞改造、消力池右岸挡墙拆除重建、观测设施改造	2.23	2.03	2008.12	未竣工 验收	4433	
太　平	永康市 龙山镇	主副坝加固、溢洪道改造、发电隧洞改造、管理设施改造、新建管理房	1.1952	1.1031	2012.02	未竣工 验收	1700	
三渡溪	永康市 象珠镇	大坝除险加固、溢洪道除险加固、发电输水隧洞进水口除险加固、下游泄洪渠整治工程、上坝公路加固、管理房及仓库工程	0.1517	4.1571	2009.12	未竣工 验收	2155	
金山头	兰溪市 永昌街道	主副坝防渗加固、溢洪道加固、发电引水钢筋砼管挖除、原灌溉涵洞封堵、新建灌溉引水隧洞，新建灌溉渡槽，电站报废重建、新建上坝公路及隧洞进出口道路、增设大坝安全监测设施	18.29	1.64	2008.12	未竣工 验收	3734.96	

续表

火炉山	兰溪市永昌街道	主坝加固、溢洪道加固、拆除电站厂房及放水管永久封堵、新建发电输水隧洞、电站报废重建、新建上坝公路及隧道进出口道路、金属结构及启闭系统制作及安装调试、大坝自动化监测设施、管理房等附属工程	4.16	3.21	2009.06	未竣工验收	2689.75	
城 头	兰溪市梅江镇	大坝加固、溢洪道加固、输水隧洞改造、拆除重建一级电站厂房、新建放水钢管、上坝公路、金属结构及启闭系统制作安装调试、大坝原型及自动化监测、管理房等附属工程	3.92	1.59	2009.06	2013.09	3270.49	
高 潮	兰溪市上华街道	拦河坝、溢洪道、主坝发电引水管和副坝放水管，以及新增库岸提防			2008.10	未竣工验收	3283.4	
通济桥	浦江县前吴乡	大坝除险加固、溢洪道及泄洪渠改造、输水隧洞闸门改建等	3.11	4.35	2005.12	2010.09	6601.96	
金坑岭	浦江县仙华街道	主副坝、溢洪道、泄洪渠、灌溉输水隧洞进口、防汛抢险道路	3.26	1.93	2009.08	2013.07	3940.65	
内 庵	武义县西联乡	大坝除险加固、发电引水系统改造、连通洞进出口改造、管理房改建、大坝观测系统改造及上坝公路路面硬化等	4680	12684	2011.09	未竣工验收	2243.71	

续表

源　口	武义县白姆乡	大坝除险加固、溢洪道改造、输水隧洞进水口及启闭机室改建、金属结构、机电设备与供配电系统更新重建、原型观测建设、管理设施改造	11.01	20.19	2005.10	2012.03	6577.67	
清溪口	武义县泉溪镇	主坝采用混凝土防渗墙、副坝套井回填黏土、溢洪道改造、输水洞修复、部分钢衬加固	2.66	1.38	2008.12	未竣工验收	4700	
五丈岩	磐安县尖山镇	大坝加固工程、主溢洪道(泄洪闸)加固工程、副溢洪道（侧堰）加固工程、发电输水隧洞进水口加固工程、滑坡体治理工程、大坝安全监测、管理用房等	土石方2.6		2008.10	2012.09	2020	160

第三节　小型水库除险加固

一、小（一）型水库

全市有小（一）型水库 148 座，2005—2014 年间完成除险加固 80 座。

【寺垅水库除险加固工程】寺垅水库位于钱塘江流域武义江支流梅溪，坝址位于金华市石门农垦场内，距市中心 11 千米。2005 年 12 月 8 日，寺垅水库经安全技术认定为“二类坝”。2006 年 10 月 17 日，寺垅水库除险加固工程开工建设，主要建设内容为：大坝套井黏土回填防渗处理、坝基帷幕灌浆、上下游坝坡护坡，溢洪道溢流堰修整、两侧挡墙及底板护砌，封堵原坝内放水涵管并新建灌溉输水隧洞，增设观测设施等，完成投资 521.3 万元。2009 年 11 月 3 日，工程通过完工检查，2012 年 8 月 24 日，工程通过竣工验收。

【双牌水库除险加固工程】双牌水库位于诸葛镇双牌村，属游埠溪流域。2013 年 4 月，双牌水库除险加固工程开工建设，主要建设内容为：主坝防渗加固、副坝防渗加固、溢洪道加固改造、重建输水隧洞对主坝、增设大坝安全监测设施及改造完善水雨情自动测报系统等。2014 年 10 月，工程通过蓄水阶段验收。

【包坞水库除险加固工程】包坞水库位于水亭乡松树下行政村乐塘自然村，属游埠溪流域。2005年11月，包坞水库除险加固工程开工建设，主要建设内容为：全坝段基础进行帷幕灌浆，迎水坡砼衬砌，坝顶硬化及绿化，防浪墙拆除，背水坡整坡及草皮美化，坝脚增设排水设施；主坝右岸原条石方涵放水涵洞拆除，在左岸新建城门洞型放水洞，副坝原素砼放水涵洞更新为自应力钢丝网水泥压力管，同时更新改造主副坝的启闭设备，修建启闭机房；修复衬砌溢洪道溢流堰及其导墙，开凿溢洪渠，新建配套消能设施；配套观测设施和水位遥测系统；新建水库管理用房。

【鲤鱼山水库除险加固工程】鲤鱼山水库位于水亭乡松树下自然村西北面，属游埠溪流域。2009年12月，鲤鱼山水库除险加固工程开工建设，主要建设内容为：大坝拓宽、整坡和护砌，改建防浪墙，并配套完善反滤、排水设施；对全坝段基础进行帷幕灌浆，坝体采用黄土套井回填防渗加固措施，并进行白蚁防治；按要求将原放水洞封堵，位于大坝右侧山体设置放水隧洞，并进行全断面衬砌，同时更新启闭设备，采用斜拉式铸铁插板门，新建启闭机房、改造部门出水渠；调整溢洪道纵、横剖面尺寸，对溢洪道溢流堰、护底及两侧岸墙采取防冲护砌加固，并按标准配套效能设施和泄洪渠，对基底采取帷幕灌浆处理；配套主坝观测设施和水库抢险通道，新建管理用房。

【金印水库除险加固工程】金印水库位于水亭乡盖竹里村，属游埠溪流域。2009年12月，金印水库除险加固工程开工建设，主要建设内容为：大坝拓宽、整坡和护砌，并配套完善反滤、排水设施；对全坝段基础进行帷幕灌浆，坝体采用黄土套井回填防渗加固措施，并进行白蚁防治；在溢洪道右侧附近开挖放水隧洞，并进行全断面衬砌，同时更新启闭设备，新建启闭机房；对溢洪道溢流堰、护底及两侧岸墙采取防冲护砌加固，并按标准配套消能设施；对基底渗漏采取帷幕灌浆处理；配套主坝观测设施和水库抢险通道，新建管理用房。

【野猫垅水库除险加固工程】野猫垅水库位于灵洞乡龚塘村，与八石溪村之间的大水岗西面，从金华山支脉小山溪引水，属金华江流域。2014年1月，野猫垅水库除险加固工程开工建设，主要建设内容为：大坝坝体、坝基防渗处理、坝坡整治、坝顶铺设C25砼预制块路面，大坝坝体埋设观测设施；溢洪道进行加固改造；封堵原放水涵洞并新建一处灌溉兼放空涵；新建启闭机房和管理用房；引水系统改造；防汛抢险道路改造。

【缪源水库除险加固工程】缪源水库位于香溪镇缪源村，属兰江流域。2009年10，缪源水库除险加固工程开工建设，主要建设内容为：大坝、副坝坝体坝基防渗处理；副坝加高加固；坝内二道放水涵洞封堵，新建放水隧洞，配套进口放水启闭设备；大坝、副坝整坡和护砌；新建西干渠渠首倒虹吸；新建防汛抢险道路，改建库区道路；配套管理用房。

【鲁源垅水库除险加固工程】鲁源垅水库位于香溪镇官塘择树坛行政村，梅溪支流上。2007年8月，鲁源垅水库除险加固工程开工建设，主要建设内容为：大坝拓宽、整坡和护砌，并配套完善反滤、排水设施；调整溢洪道纵、横剖面尺寸，配套消能防冲设施，完善泄洪渠道；结合白蚁防治，采取黄土套井回填和帷幕灌浆处理坝体、坝基结合处以及坝基的渗漏；翻挖防水涵洞，更新启闭设备，修复启闭机，重建启闭机房、改造部分出水渠；配套水库观测设施和抢险通道，新建管理用房。

【金星水库除险加固工程】金星水库位于水亭乡上周村，衢江支流上。2007年11月，金星水库除险加固工程开工建设，主要建设内容为：主坝坝体、坝基防渗处理；主、副坝坝体加高拓宽，迎、背水坡坝面整坡护砌；主、副坝防水涵洞和启闭设备更新改造；溢洪道加固改造同时配套水库观测设施和管理用房。

【七里垅水库除险加固工程】七里垅水库位于游埠镇七里坪农场的范院坞和倪家村，衢江支流游埠溪流域。2008年11月，七里垅水库除险加固工程开工建设，主要建设内容为：大坝扩宽、整坡和护砌，调整溢洪道纵、横剖面尺寸，整理底坡并作防冲护砌加固，采取套井回填和帷幕灌浆处理坝体、坝基的漏水问题，更新启闭设备，新建管理用房。

【陈大门水库除险加固工程】陈大门水库位于梅江镇白沙工作片王沙溪村梅溪支流上。2009年10月，陈大门水库除险加固工程开工建设，主要建设内容为：坝体和坝基的防渗处理，增设背水坡坝脚堆石排水设备，对大坝进行整治和护砌加，设置坝顶防浪墙，新建灌溉放水隧洞和渠首倒虹吸，结合防水涵洞改建，更换闸门、启闭设备，配套启闭机房，加固溢洪道，配套大坝观测设施，新建上坝防汛道路，重建管理房。

【沈岭坑水库除险加固工程】沈岭坑水库位于钱塘江流域南江支流柽溪江上游，坝址距东阳市区43千米。2013年7月，沈岭坑水库除险加固工程开工建设，主要建设内容有大坝加固工程、发电灌溉输水系统改造、引水系统改造、泄洪渠改造加固、大坝安全监测改造、水库管理房及水库交通工程等，2014年12月23日通过完工检查验收。工程概算总投资2265.23万元，预计2015年7月底全面完工。

【小溪口水库除险加固工程】小溪口水库，位于东阳市画水镇山南村，距东阳市区25千米，属钱塘江水系，南江支流。2005年4月，小溪口水库经安全技术认定为“三类坝”。2006年9月，小溪口水库除险加固工程开工建设，主要建设内容有大坝防渗处理、上下游面护坡，溢洪道加固，更新启闭闸门，增设大坝观测设施，改造放水涵管等，2010年12月通过完工检查和蓄水验收，共计投资400多万元。

【东塘水库除险加固工程】东塘水库位于义乌市北部大陈镇东塘片，浦阳江支流大陈江上游。2012年东塘水库除险加固工程开工建设，主要建设内容为：大坝迎水面增设砼防渗面板，背水坡采用砼护坡，锚筋加固，新建输水隧洞，改造溢洪道等。2014年完工，工程总投资2800万元。

【姑塘水库除险加固工程】姑塘水库位于钱塘江流域东阳江支流梅溪中游，坝址位于义乌市义亭镇王山顶村，距市区7千米。2004年11月，姑塘水库经安全技术认定为“三类坝”，

2006 年 11 月，除险加固工程开工建设，主要建设内容为：主坝加固、西一副坝加固、西二副坝加固、溢洪道改造加固、放水涵管加固、水情测报系统恢复及新建大坝安全监测等。2008 年 7 月完工，工资总投资 2658.79 万元。

【深塘水库除险加固工程】深塘水库位于义乌市义亭镇后张村，距义乌市区约 14 千米 2008 年 2 月，深塘水库除险加固工程开工建设，主要建设内容为：大坝套井回填、坝基帷幕灌浆防渗处理，涵洞加固，溢洪道加固、背水坡护坡、坝顶防浪墙及路面硬化等。2009 年 5 月完工，工程总投资 692 万元。

【王大坑水库除险加固工程】王大坑水库位于义乌市廿三里街道王三口自然村，距义乌市区 17 千米。2009 年 11 月，王大坑水库除险加固工程开工建设，主要建设内容为：大坝加固、溢洪道改建、发电输水隧洞加固、新建防汛抢险道路、电站厂房和新建管理房等。2011 年 8 月完工，工程总投资 2380 万元。

【古寺水库除险加固工程】古寺水库位于义乌市赤岸镇古寺村。2008 年 1 月，古寺水库除险加固工程开工建设，主要建设内容为：大坝黏土套井防渗、坝基帷幕灌浆处理、坝面块石护坡护砌；溢洪道泄洪渠防护处理；放水隧洞进口处理、洞身固结灌浆；上坝道路改建；新建大坝安全监测设施等。2009 年 8 月完工，工程总投资 637.04 万元。

【红渠水库除险加固工程】红渠水库位于义乌市稠城街道堂阁村。2009 年 11 月，红渠水库除险加固工程开工建设，主要建设内容为：大坝套井回填防渗处理，新建放水涵管，加固溢洪道等。2011 年 11 月完工，工程总投资 579.88 万元。

【利民水库除险加固工程】利民水库位于义乌市江东街道徐江片马村。2009 年 5 月，利民水库除险加固工程开工建设，主要建设内容有主、副坝套井回填防渗处理，新建输水隧洞，溢洪道改造等，2010 年 7 月完工，工程总投资 1267.38 万元。

【幸福水库除险加固一期工程】幸福水库位于义乌市后宅街道洪华村东，距义乌市中心约 5 千米，水库处在义乌江支流洪溪上游。2004 年 10 月，幸福水库经安全技术认定为“二类坝”，2005 年 11 月，除险加固一期工程工开建设，主要建设内容有主坝、副坝套井回填防渗处理，新建泄洪管工程等。2006 年 10 月完工，工程总投资 1250.35 万元。

【白云水库除险加固工程】白云水库位于永康市江南街道办事处山后芦村。2009 年 5 月，白云水库安全技术认定为 “三类坝” 。2010 年 7 月 16 日，除险加固工程开工建设，主要建设内容有坝体采用低弹模砼防渗墙、坝基防渗加固处理，对大坝上、下游坝坡进行整坡和护坡，大坝外坝脚排水棱体上的渠道拆除，清除棱体上的表层土及腐朽植物，对破损地段进行修复，封堵老放水涵洞，开挖放水隧洞并重新安装进口闸门及启闭设备改造更新，重建启闭机房，重新安装遥测设施；溢流堰基础帷幕灌浆；新建防汛抢险上坝道路；对库区内的白蚁进行防治处理；埋设和建设大坝坝体观测设施。2011 年 7 月 15 日完工，总投资 997 万元。

【大坑水库除险加固工程】大坑水库位于前仓镇大坑村，距永康市中心约16千米，属永康江水系南溪支流。2008年3月，大坑水库经安全技术认定为“三类坝”。2010年7月21日，除险加固工程开工建设，主要建设内容有隧洞开挖以及衬砌，隧洞金属结构安装，溢洪道加固，大坝套井回填、坝面护坡、大坝白蚁防治，增设大坝渗流和变形等观测设施等。2014年12月11日通过竣工验收，工程总投资620万元。

【大桥水库除险加固工程】大桥水库位于唐先镇岩前村，属永康江水系酥溪。2013年3月27日，大桥水库除险加固工程开工建设，主要建设内容有大坝坝体采用低弹模砼防渗垟防渗加固，大坝迎水坡、背水坡修整改造，拆除侧堰堰体并重新修建，侧槽、泄槽底板及边墙局部混凝土衬砌，增设下游出口消力池，封堵原灌溉涵管，新建倒虹吸管，大坝增设安全监测设施及水雨情自动测报系统，新建管理房，改造电站厂房等。2014年3月27日工程完工，总投资1429万元。

【黄坑口水库除险加固工程】黄坑口水库位于永康市方岩镇独松村，距离永康市22千米。2008年3月，黄坑口水库经安全技术认定为 “三类坝”，2010年7月16日，除险加固工程开工建设，主要建设内容有主坝坝体防渗工程、上下游坝面护坡工程、溢洪道工程、输水涵洞工程、大坝观测及副坝防渗处理等其他工程。主体工程于 2010年12月8日完工，核定概算总投资1064万元。

【龙潭里水库除险加固工程】龙潭里水库位于永康市花街镇赤川村，属武义江水系八字墙溪支流。2012年12月25日，龙潭水库除险加固工程开工建设，主要建设内容有大坝坝体采用低弹模砼防渗垟及坝基接触带进行防渗加固，大坝迎水坡、背水坡修整后进行护坡处理，修整坝脚排水棱体表面干砌块石护坡；溢洪道靠坝体处侧墙、导墙改造，溢流堰堰体及右侧基础防渗加固处理，陡槽段F1断层发育处防渗加固处理，溢洪道上新建交通桥；封堵原灌溉发电输水涵管，拆除灌溉涵管进口闸门及启闭设备，新建灌溉发电输水隧洞；大坝增设安全监测设施及水雨情自动测报系统；新建管理房，改造电站厂房。2014年1月15日工程完工，总投资1204万元。

【三联水库除险加固工程】三联水库位于永康市前仓镇塘头村，距永康市区15千米，属永康江南溪的一条支流。2008年3月，三联水库经安全技术认定为“三类坝”，2010年7月21日，除险加固工程开工建设，主要建设内容有坝体套井回填防渗、上、下游坝坡护坡，增设下游排水棱体及反滤层，大坝局部坝基进行防渗帷幕处理，对上涵和底涵进行封堵处理，溢洪道增设进水渠段护底与护岸，增设大坝渗流、变形等观测设施等。2014年12月11日通过竣工验收，总投资551万元。

【王坑水库除险加固工程】王坑水库位于永康市舟山镇。2008年3月，王坑水库经安全技术认定为“三类坝”，2010年7月16日，除险加险加固工程开工建设，主要建设内容有大坝基础防渗帷幕处理，对老涵洞进行改造，大坝里外防渗工程，溢洪道改造等，2014 年 7 月 16 日通过竣工验收，总投资 417 万元。

【源口水库除险加固工程】源口水库位于永康市舟山镇源口村，所在河流属钱塘江流域金华江水系永康江支流南溪分支舟山溪。2011 年 12 月 28 日，源口水库除险加固工程开工建设，主要建设内容有挖除原大坝,新建混凝土重力坝。2013 年 5 月 3 日完工，总投资 2847 万元。

【泽塘里水库除险加固工程】泽塘里水库位于永康市唐先镇前新屋村，距永康市 25 千米。2008 年 3 月，泽塘里水库经安全技术认定为“三类坝”，2010 年 7 月 5 日，除险加固工程开工建设，主要建设内容有主、乙、丙坝上、下游面护坡，乙坝放水隧洞开挖以及衬砌工程、乙坝坝体采用单排套井黏土回填加固处理，溢洪道加固等。2014 年 12 月 11 日通过竣工验收，总投资 592 万元。

【珠坑水库除险加固工程】珠坑水库位于南溪支流珠坑溪上，水库大坝位于永康市前仓镇大陈村。2008 年 3 月，珠坑水库经安全技术认定为“三类坝”，2010 年 7 月 21 日，除险加固工程开工建设，主要建设内容有水库大坝坝体采用低弹模砼防渗墙加固处理、两坝肩采用帷幕灌浆防渗处理，并对大坝上、下游坝坡进行平整护坡，溢洪道溢流堰基础采用帷幕灌浆处理、破损底板进行衬砌、高边坡进行喷锚加固，新建供水虹吸管，隧洞进水口加固，增设大坝渗流、变形等观测设施等，2010 年 12 月 12 日主体工程完工，概算总投资 1343 万元。

【溪里水库除险加固工程】溪里水库位于武义县熟溪街道溪里村，熟溪支流双坑溪上，距武义县城 10 千米。2006 年 10 月，溪里水库除险加固工程开工建设，主要建设内容有土坝心墙套井处理及铺盖的加长、加厚；内外坝坡整修；溢洪道加固；进水明渠衬砌和进水口改建；以及大坝设立观测设施等。2007 年 4 月工程竣工，总投资 385 万元。

【双源口水库除险加固工程】双源口水库位于武义县俞源乡梵岭脚村。2010 年 1 月，双源口水库除险加固工程开工建设，主要建设内容有坝体面板防渗、外坝坡护砌、改造输水隧洞启闭设备、溢流堰加固、溢洪道及大坝两岸坝肩帷幕灌浆、重建大坝防浪墙、增设上坝台阶及防洪抢险道路等。2012 年 12 月工程竣工，总投资 435 万元。

【要巨水库除险加固工程】要巨水库位于武义县王宅镇要巨村白鹭溪支流，水库坝址距王宅镇 7 千米。2010 年 3 月，要巨水库除险加固工程开工建设，主要建设内容为：主坝和副坝除险加固工程，溢洪道改造、更换主、融坝灌溉发电输水涵洞进出口闸、启闭设施、栏污栅、主坝脚临时管理房拆除，主、副坝增高防汛抢险及上坝施工道路，完善安全监测设施，提高变形观测精度等。2012 年 12 月工程竣工，总投资 480 万元。

【东垄水库除险加固工程】东垄水库位于武义县桃溪东垄村，为宣平溪支流东溪源流。2007 年 9 月，东垄水库除险加固工程开工建设，主要建设内容为：坝体加高，坝体迎水面进行喷射钢纤维混凝土防渗处理，两岸坝肩灌浆处理，二道坝维修加固，设置观测设施等。2008

年3月工程竣工，总投资277万元。

【大院后水库除险加固工程】大院后水库位于武义县柳城畲族镇，属宣平溪流域。2014年3月，大院后水库除险加固工程开工建设，主要建设内容为：坝体和坝基防渗处理，坝坡采取预制块护坡；溢洪道堰体防渗处理；原输水涵管进行封堵，在发电钢管末端接入直径300的钢管作灌溉输水管道；溢洪道下游增设水库上坝道路；水库清淤等。2015年11月竣工验收，工程总投资1499.31万元。

【周西坞水库除险加固工程】周西坞水库位于浦江县浦阳街道前王宅村附近山谷处，距石马村1千米左右。2009年8月，周西坞水库大坝经鉴定为“三类坝”，2010年5月，除险加固工程开工建设，主要建设内容为:大坝防渗、内外坝加固平整护坡、溢洪道整治、启闭设施更换等。2010年12月完工，工程总投资807万元。除险加固后，总库容为109万立方米，相应水位154.05米，正常蓄水位为153.24米，相应库容为102.3万立方米，水库保护人口2000人，灌溉面积为3100亩。

全市小（一）型水库除险加固统计表

表3-7

库名	地点	加固内容	工程量（万立方米）		开工日期	竣工日期	投资（万元）	
			土方	石方			国家	自筹
		黏土						
寺　垅	金华市石门农垦场内	大坝套井黏土回填防渗处理、坝基帷幕灌浆、上下游坝坡护坡、溢洪道溢流堰修整、两侧挡墙及底板护砌、封堵原坝内放水涵并新建灌溉输水隧洞、增设观测设施	2.8	0.7	2005.12	2012.08	521	
山下吴	婺城区新狮街道	坝体防渗处理、上下游护坡、溢洪道及涵管改造等	3.2	2.2	2010.08		767	153
上陈垅	婺城区竹马乡	坝体防渗处理、上下游护坡、溢洪道及涵管改造等	3.4	1.6	2007.11	2008.10	360	90
青　塘	婺城区白龙桥镇	坝体防渗处理、上下游护坡、溢洪道及涵管改造等	3.8	2.4	2009.11		1877	469
郭力垅	婺城区白龙桥镇	坝体防渗处理、上下游护坡、溢洪道及涵管改造等	3.5	2.0	2008.03	2011.05	1763	440

续表

麻吉垅	婺城区白龙桥镇	坝体防渗处理、上下游护坡、溢洪道及涵管改造等	2.8	1.7	2010.03	2012.03	632	158
鹿　田	婺城区北山	坝体防渗处理、大坝接触带防渗、坝坡整治、坝体测压管	2.1	0.25	2006.12	2008.06	803	907
上荷塘	金东区傅村镇	大坝防渗处理、坝坡护砌、溢洪道加固、涵管改造新建输水隧洞、增设观测管理设施等	38	1.2	2006.02	2010.12	694	2613
洞　源	金东区鞋塘镇	大坝防渗处理、坝坡护砌、溢洪道加固、涵管改造、增设观测管理设施等	2.2	0.2	2011.11	2013.06		902
王里源	金东区鞋塘镇	大坝防渗处理、坝坡护砌、溢洪道加固、涵管改造新建输水隧洞、增设观测管理设施等	4.8	0.5	2006.02	2010.12	176	664
满　塘	金东区孝顺镇	大坝防渗处理、坝坡护砌、溢洪道加固、涵管改造、增设观测管理设施等	3.6	0.3	2011.10	2012.09		1120
白　溪	金东区孝顺镇	大坝防渗处理、坝坡护砌、溢洪道加固、涵管改造新建输水隧洞、增设观测管理设施等	7.2	0.6	2007.10	2010.12	190	717
东　溪	金东区澧浦镇	大坝防渗处理、坝坡护砌、溢洪道加固、涵管改造新建输水隧洞、增设观测管理设施等	3.1	0.3	2011.10	2012.11		1210
寺口垅	金东区澧浦镇	大坝防渗处理、坝坡护砌、溢洪道加固、涵管改造新建输水隧洞、增设观测管理设施等	5.8	0.4	2010.03	2011.05	214	804
三汶塘	金东区岭下镇	大坝防渗处理、坝坡护砌、溢洪道加固、涵管改造、增设观测管理设施等	8.9	0.7	2007.10	2010.12	233	878
黄坞口	金东区岭下镇	重建砼面板堆石坝、溢洪道加固、涵管改造新建输水隧洞、增设观测管理设施等	11	1.1	2010.08	2011.04	407	1530
小溪垅	金东区曹宅镇	大坝防渗处理、坝坡护砌、溢洪道加固、涵管改造新建输水隧洞、增设观测管理设施等	5.9	0.4	2010.03	2011.05	175	653

续表

麻　堰	金东区曹宅镇	大坝防渗处理、坝坡护砌、溢洪道加固、涵管改造、增设观测管理设施等	2.3	0.5	2011.10	2012.11	540	1050
红　旗	金东区曹宅镇	大坝防渗处理、坝坡护砌、溢洪道加固、涵管改造、增设观测管理设施等	10.8	0.8	2005.09	2007.10		1095
东　垅	金东区曹宅镇	大坝防渗处理、坝坡护砌、溢洪道加固、涵管改造、增设观测管理设施等	11.7	0.6	2005.08	2007.04		450
上横畈	金东区塘雅镇	大坝防渗处理、坝坡护砌、溢洪道加固、涵管改造、增设观测管理设施等	12.1	0.5	2005.02	2006.07		816
羊尖山	金东区塘雅镇	大坝防渗处理、坝坡护砌、溢洪道加固、涵管改造、增设观测管理设施等	12.7	1.1	2014.03		600	1861
和力垅	金东区赤松镇	大坝防渗处理、坝坡护砌、溢洪道加固、涵管改造、增设观测管理设施等	18	0.4	2010.08	2011.12	267	1004
山横桥	金东区赤松镇	大坝防渗处理、坝坡护砌、溢洪道加固、涵管改造新建输水隧洞、增设观测管理设施等	3.7	0.7	2010.08	2011.05	318	1197
山口冯	金东区赤松镇	大坝防渗处理、坝坡护砌、溢洪道加固、涵管改造新建输水隧洞、增设观测管理设施等	4.7	0.8	2010.08	2011.08	561	2110
双　牌	兰溪市诸葛镇	主、副坝坝体及坝基，溢洪道，主坝涵管等	39913	6725	2013.4	2014		
包　坞	兰溪市水亭畲族乡	坝体及坝基，放水涵洞，溢洪道，启闭设施，观测设施，管理用房等			2005.11	2006.08		
鲤鱼山	兰溪市水亭畲族乡	坝体及坝基，溢洪道，放水涵洞，管理房等	27589	16193	2009.12	2011.09	512	
金　印	兰溪市水亭畲族乡	大坝拓宽，坝体及坝基，放水涵洞，溢洪道，观测设施，防汛道路及管理用房等			2009.12	20110.05		
缪　源	兰溪市香溪镇	主、副坝体及坝基，坝放水涵管，管理房	35161	12196	2009.10	2012.03		

续表

陈大门	兰溪市梅江镇	主、副坝体及坝基，坝放水涵管，管理房	26545	16409	2009.10		384	
鲁源垅	兰溪市香溪镇	坝体及坝基，溢洪道，放水涵洞，管理房	14164	2505	2007.08	2008.04		
金　星	兰溪市水亭畲族乡	坝体及坝基，溢洪道，主、副坝放水涵管	30379	490	2007.11	2008.05		
七里垅	兰溪市游埠镇	大坝扩宽、坝体及坝基漏水处理，溢洪道，更新启闭设备，新建管理用房			2008.11	2009.08	476	
野猫垅	兰溪市灵洞乡	坝体及坝基，溢洪道，放水涵管，防汛道路	18730	5115	2014.1			
沈岭坑	东阳市千祥镇	大坝除险加固，大坝观测系统、发电输水系统、引水系统、泄洪渠和交通桥、渠首渡槽改造	0.3900	0.3541	2013.07.10		2500	
东　风	东阳市巍山镇	大坝上下游面护坡，套井及帷幕灌浆防渗处理，新建溢洪道，输水建筑物改造	0.7077	0.7723	2012.03.10		350	
桐　坑	东阳市佐村镇	大坝上下游面护坡，套井及帷幕灌浆防渗处理，新建溢洪道，输水建筑物改造	0.4988	0.4640	2010.4.15		260	
景　山	东阳市画水镇	大坝上下游面护坡，套井及帷幕灌浆防渗处理，新建溢洪道，输水建筑物改造	0.9861	0.5636	2006.11		220	
小溪口	东阳市画水镇	大坝上下游面护坡，坝体防渗处理，新建溢洪道，输水建筑物改造	0.6638	0.4363	2006.09.01		180	
浪坑口	东阳市江北街道	大坝上下游面护坡，坝体防渗处理，改造溢洪道，输水建筑物改造	0.8670	0.6351	2006.07		460	
东　塘	义乌市大陈镇	大坝、溢洪道、引水隧洞、输水隧洞等	0.19	0.64	2012	2014	2800	
姑　塘	义乌市义亭镇	主坝套井回填加固，主、副坝护坡加固，溢洪道及输水涵洞等	27.18	0.72	2006	2011	2658.79	
深　塘	义乌市义亭镇	大坝套井回填加固，溢洪道加固，输水涵洞改造及观测设备等	0.76	0.5	2007	2012	692	

续表

王大坑	义乌市廿三里街道	大坝砼防渗墙加固，溢洪道改造，输水隧洞加固及观测设备等	2.02	1.0	2009	2012	2380	
古　寺	义乌市赤岸镇	大坝套井回填，溢洪道加回，输水隧洞改造及观测设备等	0.8	1.18	2009	2012	637.04	
红　渠	义乌市福田街道	大坝加固，新放水涵管，溢洪道改造等	2.36	1.36	2009	2014	579.88	
建　设	义乌市福田街道	大坝、溢洪道、放水涵管、排水渠等	2.53	0.37	2010		299.4	
利　民	义乌市江东街道	主、副坝防渗加固，放水设施改造，溢洪道加固及观测设备等	2.13	0.56	2009	2012	1267.38	
幸　福	义乌市后宅街道	主、副坝加固，设置放空涵管及观测设备等	11.591	0.58	2006	2008	1250.35	
泮　塘	义乌市稠城街道	大坝、溢洪道、放水设施及观测设备等	3.6	0.42	2011		578.1	
白　云	市康市江南街道	加固大坝、溢洪道，老涵洞改造	1.46	0.75	2010.10.11	2011.07.15	997	
大　坑	永康市前仓镇	加固大坝、溢洪道，内、外坝护坡，老涵管改造	2.65	2.53	2010.07.21	2014.12.11	620	
大　桥	永康市唐先镇	加固大坝、溢洪道，内、外坝护坡，老涵管改造	1.7	0.67	2013.03.23	2014.03.27	1429	
大溪塘	永康市江南街道	大坝加高，内、外坝护坡，溢洪道加固	1.7	0.53	2008.03.10	2012.10.16	284	
黄坑口	永康市方岩镇	加固主、副坝、溢洪道，老涵洞改造	2.52	0.77	2010.07.16		1064	
龙潭里	永康市花街镇	加固大坝、溢洪道，内、外坝护坡，老涵管改造	2.93	0.72	2012.12.25	2014.01.15	1204	
三　联	永康市前仓镇	加固大坝、溢洪道，内、外坝护坡，老涵管改造	1.5	1.49	2010.07.21	2014.12.11	551	
王　坑	永康市舟山镇	加高大坝，对坝坡护坡，对主坝坝基防渗处理			2010.07.16	2014.07.16	417	
源　口	永康市舟山镇	挖除原大坝，新建混凝土重力坝	4.36	4.49	2011.12.28		2847	
泽塘里	永康市唐先镇	加固主、乙、丙坝、溢洪道，老涵洞改造	2.38	0.52	2010.07.05	2014.12.11	592	

续表

珠　坑	永康市 前仓镇	加固大坝、溢洪道，内、外坝护坡，老涵洞改造	1.9	0.65	2010.07.08		1343	
周西坞	浦江县 浦阳街道	大坝防渗、内外坝加固平整护坡、溢洪道整治、启闭设施更换等	3.496	0.83	2010.05	2010.12	807	
茶壶里	浦江县 杭坪镇	大坝防渗、内外坝加固平整护坡、溢洪道整治、启闭设施更换等	1.1	0.6	2006.12		319	
金狮岭	浦江县 浦阳街道	大坝防渗、内外坝加固平整护坡、溢洪道整治、启闭设施更换等	0.93	0.51	2005.01	2006.08	445	
和　平	浦江县 黄宅镇	大坝防渗、内外坝加固平整护坡、溢洪道整治、启闭设施更换等	1.32	0.56	2007.11	2010.11	429	
里　坞	浦江县 浦阳街道	大坝防渗、内外坝加固平整护坡、溢洪道整治、启闭设施更换等	2.51	0.65	2010.05	2010.12	573.17	
教隆寺	壶山街道 新村	主副坝坝体防渗处理，放水涵管封堵，溢洪道加固、输水隧洞进口启闭机改造、新建启闭机房、出口防渗加固，工程观测设施安装、取消大坝背水坡灌溉渠道，外坝脚新设预应力钤管替代原灌溉渠道，新建上坝道路	3.6861	0.3119	2008.02.19	2012.12.18	434	71.65
溪　里	度假区 溪里村	坝体套井防渗处理，内外坝坡护砌;放水涵管封堵隧洞改造进口启闭机改造、新建启闭机房;溢洪道加固处理;布设管观设施;新建上坝道路;等	1.2680	0.7520	2006.10.15	2007.04.25	180	205
双源口	俞源乡 凡岭脚村	坝体面板防渗、外坝坡护砌，改造输水隧洞启闭设施、溢洪堰加固及大坝两岸坝肩帷幕灌浆，重建大坝防浪墙增设上坝台阶及抢险道路等	0.6586	0.1615	2010.01.27	2012.12.18	299	136
要　巨 水　库	王宅镇 要巨村	主副坝套井回填防渗处理，坝基接触带回填灌浆主副坝上下游坝坡修整护坡，布设管观设施，溢洪道加固，放水设施更换改造，新建上坝公路等	2.9649	0.5889	2010.03.15	2012.12.18	306	174

续表

东　垄	桃溪镇东垅村	大坝内坝喷浆处理渗漏,改造输水隧洞启闭设施、溢洪堰加固及大坝两岸坝肩帷幕灌浆，重建大坝防浪墙增设上坝台阶等	0.0485	0.2786	2007.09.15	2008.03.28	125	152
大院后	柳城镇云溪村	坝体黏土套井处理，坝基帷幕灌浆，内外坝坡予制块护坡，封堵老涵管，涵管改为输水钢管，扩建溢洪道	18.8	0.2	2014.03.11	2015.11	1499.31	
马蹄坑	磐安县安文镇胡村	灌浆工程；重力墩加固；非溢流坝加高；喷淋设施及上坝道路等	0.350		2005.03.23	2005.10.25	254.52	
长北坑	磐安县尚湖镇尚湖村东南2千米处	大坝心墙黏土套井回填、基础帷幕灌浆、上下游护坡、排水棱体、溢洪道加固、输水隧洞开挖、增设大坝观测设施等	0.24	0.38	2007.09.20	2012.11.20	186.5	70.5
源　头	磐安县深泽乡源头村	大坝坝体低弹模砼防渗墙防渗处理、基础帷幕灌浆、上下游坝坡护坡、防浪墙、排水棱体、溢洪道加固、输水建筑物改造、增设大坝观测设施等	1.8	0.44	2010.08.28	2012.11.20	608	275.26
茶　潭	磐安县方前镇茶潭村西南1.5千米处	大坝坝体低弹模砼防渗墙防渗处理、大坝两坝肩帷幕灌浆、上下游护坡、排水棱体、溢洪道加固、坝顶路面结构、输水建筑物改造、增设大坝观测设施等	1.5	0.62	2010.03.21	2012.11.20	557.6	209.46
大　路	磐安县盘峰乡榉溪村上游1千米处	大坝坝体低弹模砼防渗墙防渗处理、基础帷幕灌浆、上下游护坡、排水棱体、溢洪道加固、输水建筑物改造、增设大坝观测设施等	0.93	0.67	2008.01.04	2012.12.14	358.9	90.86
下　畈	磐安县胡宅乡	坝体低弹模砼防渗墙防渗处理、坝基帷幕灌浆、上下游护坡、溢洪道加固、新建输水隧洞、增设大坝观测设施、上坝道路和工作桥等	0.53	0.22	2010.05.25	2012.11.20	378	230.64

二、小（二）型水库

全市有小（二）型水库 644 座，2005—2014 年间完成除险加固 342 座。

小（二）型水库除险加固统计表

表 3-8

库名	地点	加固内容	工程量（立方米）	
			土方	石方
栗　山	婺城区琅琊镇	大坝套井黏土回填防渗处理、上下游护坡、排水沟、进水渠口挡墙、公路边挡墙、泄洪闸、桥	36282	7401
五石垄	婺城区新狮街道	坝体防渗处理、上下游护坡、溢洪道及涵管改造等	27000	12000
西　垄	婺城区新狮街道	坝体防渗处理、上下游护坡、溢洪道及涵管改造等	2000	13000
万青塘	婺城区罗店镇	坝体防渗处理、上下游护坡、溢洪道及涵管改造等	23000	11000
龙回塘	婺城区罗店镇	坝体防渗处理、上下游护坡、溢洪道及涵管改造等	21000	12000
九　龙	婺城区罗店镇	坝体防渗处理、上下游护坡、溢洪道及涵管改造等	25000	24000
王包地	婺城区竹马乡	坝体防渗处理、上下游护坡、溢洪道及涵管改造等	14000	10000
横　垅	婺城区竹马乡	坝体防渗处理、上下游护坡、溢洪道及涵管改造等	22000	12000
水角垅	婺城区竹马乡	坝体防渗处理、上下游护坡、溢洪道及涵管改造等	21000	12000
成功塘	婺城区罗店镇	坝体防渗处理、上下游护坡、溢洪道及涵管改造等	20000	14000
大房垅	婺城区乾西乡	坝体防渗处理、上下游护坡、溢洪道及涵管改造等	24000	13000
龙　潭	婺城区雅畈镇	拆除老坝，新建 C15 砼灌砌石重力坝	21000	20000
车　坞	婺城区雅畈镇	坝体防渗处理、上下游护坡、溢洪道及涵管改造等	25000	13000
下山头	婺城区雅畈镇	坝体防渗处理、上下游护坡、溢洪道及涵管改造等	17000	14000
堪善塘	婺城区雅畈镇	坝体防渗处理、上下游护坡、溢洪道及涵管改造等	28000	15000
百合塘	婺城区雅畈镇	坝体防渗处理、上下游护坡、溢洪道及涵管改造等	23000	15000
横　塘	婺城区安地镇	坝体防渗处理、上下游护坡、溢洪道及涵管改造等	24000	13000
莲　塘	婺城区安地镇	坝体防渗处理、上下游护坡、溢洪道及涵管改造等	23000	15000
周思塘	婺城区长山乡	坝体防渗处理、上下游护坡、溢洪道及涵管改造等	24000	17000
古　塘	婺城区长山乡	坝体防渗处理、上下游护坡、溢洪道及涵管改造等	20000	18000
锦　元	婺城区长山乡	坝体防渗处理、上下游护坡、溢洪道及涵管改造等	25000	14000
朱　里	婺城区长山乡	坝体防渗处理、上下游护坡、溢洪道及涵管改造等	22000	15000
新　塘	婺城区长山乡	坝体防渗处理、上下游护坡、溢洪道及涵管改造等	27000	16000
万千塘	婺城区长山乡	坝体防渗处理、上下游护坡、溢洪道及涵管改造等	23000	18000
里边塘	婺城区长山乡	坝体防渗处理、上下游护坡、溢洪道及涵管改造等	23000	13000
油　塘	婺城区长山乡	坝体防渗处理、上下游护坡、溢洪道及涵管改造等	32000	16000

续表

荷花蕊	婺城区长山乡	坝体防渗处理、上下游护坡、溢洪道及涵管改造等	22000	11000
金大塘	婺城区长山乡	坝体防渗处理、上下游护坡、溢洪道及涵管改造等	28000	10000
莲　塘	婺城区白龙桥镇	坝体防渗处理、上下游护坡、溢洪道及涵管改造等	21000	9000
东山塘	婺城区白龙桥镇	坝体防渗处理、上下游护坡、溢洪道及涵管改造等	22000	14000
西叶坞	婺城区琅琊镇	坝体防渗处理、上下游护坡、溢洪道及涵管改造等	18000	12000
黄波兰	婺城区琅琊镇	拆除老坝，新建 C15 砼灌砌石重力坝	24000	23000
老虎头	婺城区琅琊镇	坝体防渗处理、上下游护坡、溢洪道及涵管改造等	29000	14000
三樟垅	婺城区蒋堂镇	坝体防渗处理、上下游护坡、溢洪道及涵管改造等	20000	11000
里坞垅	婺城区蒋堂镇	坝体防渗处理、上下游护坡、溢洪道及涵管改造等	25000	16000
五升殿垅	婺城区蒋堂镇	坝体防渗处理、上下游护坡、溢洪道及涵管改造等	24000	13000
施　塘	婺城区蒋堂镇	坝体防渗处理、上下游护坡、溢洪道及涵管改造等	20000	12000
湖草塘	婺城区蒋堂镇	坝体防渗处理、上下游护坡、溢洪道及涵管改造等	25000	13000
黄泥垅	婺城区蒋堂镇	坝体防渗处理、上下游护坡、溢洪道及涵管改造等	26000	12000
山　坊	婺城区汤溪镇	坝体防渗处理、上下游护坡、溢洪道及涵管改造等	22000	10000
10 号水库	金华监狱	坝体防渗处理、上下游护坡、溢洪道及涵管改造等	22000	10000
殿　山	金华监狱	坝体防渗处理、上下游护坡、溢洪道及涵管改造等	24000	11000
58 号	金华监狱	坝体防渗处理、上下游护坡、溢洪道及涵管改造等	28000	18000
东陈后垅	金东区曹宅镇	坝体防渗处理，坝坡护砌，溢洪道加固，涵管改造等	25000	2000
放生塘	金东区曹宅镇	坝体防渗处理，坝坡护砌，溢洪道加固，涵管改造等	12000	1000
里元塘	金东区曹宅镇	坝体防渗处理，坝坡护砌，溢洪道加固，涵管改造等	7000	1000
寺　垅	金东区曹宅镇	坝体防渗处理，坝坡护砌，溢洪道加固，涵管改造等	33000	5000
山坞垅	金东区曹宅镇	坝体防渗处理，坝坡护砌，溢洪道加固，涵管改造等	10000	1000
葛鱼塘	金东区曹宅镇	坝体防渗处理，坝坡护砌，溢洪道加固，涵管改造等	19000	1000
山王后垅	金东区曹宅镇	坝体防渗处理，坝坡护砌，溢洪道加固，涵管改造等	11000	2000
莲　塘	金东区塘雅镇	坝体防渗处理，坝坡护砌，溢洪道加固，涵管改造等	12000	3000
长畈垅	金东区塘雅镇	坝体防渗处理，坝坡护砌，溢洪道加固，涵管改造等	18000	2000
罗　塘	金东区东孝街道	坝体防渗处理，坝坡护砌，溢洪道加固，涵管改造等	13000	2000
松　塘	金东区鞋塘	坝体防渗处理，坝坡护砌，溢洪道加固，涵管改造等	17000	2000
尖大塘	金东区孝顺镇	坝体防渗处理，坝坡护砌，溢洪道加固，涵管改造等	12000	2000
后店垅	金东区孝顺镇	坝体防渗处理，坝坡护砌，溢洪道加固，涵管改造等	19000	1000
双溪口	金东区孝顺镇	拆除老坝体，新建灌砌石重力坝、溢洪道、灌溉涵管等	12000	16000
新作塘	金东区孝顺镇	坝体防渗处理，坝坡护砌，溢洪道加固，涵管封堵并新建隧洞等	13000	2000
马公塘	金东区孝顺镇	坝体防渗处理，坝坡护砌，溢洪道加固，涵管改造等	21000	7000
上桑园	金东区源东乡	坝体防渗处理，坝坡护砌，溢洪道加固，涵管改造等	18000	2000

续表

前　垅	金东区源东乡	坝体防渗处理，坝坡护砌，溢洪道加固，涵管改造等	11000	2000
东　垄	金东区源东乡	坝体防渗处理，坝坡护砌，溢洪道加固，涵管改造等	19000	3000
丁　村	金东区源东乡	坝体防渗处理，坝坡护砌，溢洪道加固，涵管改造等	35000	8000
祝　湖	金东区傅村镇	坝体防渗处理，坝坡护砌，溢洪道加固，涵管改造等	21000	3000
新　坞	金东区傅村镇	坝体防渗处理，坝坡护砌，溢洪道加固，涵管改造等	38000	2000
菱　塘	金东区多湖街道	坝体防渗处理，坝坡护砌，溢洪道加固，涵管改造等	32000	2000
巢　塘	金东区多湖街道	坝体防渗处理，坝坡护砌，溢洪道加固，涵管改造等	11000	2000
东湄塘	金东区多湖街道	坝体防渗处理，坝坡护砌，溢洪道加固，涵管改造等	27000	1000
南宅里	金东区澧浦镇	坝体防渗处理，坝坡护砌，溢洪道加固，涵管改造等	12000	2000
铁　堰	金东区澧浦镇	坝体防渗处理，坝坡护砌，溢洪道加固，涵管改造等	9000	1000
石垅塘	金东区赤松镇	坝体防渗处理，坝坡护砌，溢洪道加固，涵管改造等	11000	1000
西潘垅	金东区赤松镇	坝体防渗处理，坝坡护砌，溢洪道加固，涵管封堵并新建隧洞等	8000	1000
丰　收	兰溪市永昌街道	大坝坝体及坝基，放水涵洞，启闭机房，溢洪道，管理房	21875	342
秋公塘	兰溪市水亭畲族乡	大坝坝体及坝基，放水涵洞，启闭机房，溢洪道，管理房	10649	238
大泉塘	兰溪市水亭畲族乡	大坝坝体，放水涵管，溢洪道，启闭机房	12676	932
双峰岭	兰溪市横溪镇	大坝进行拓宽、整坡和护砌；溢洪道衬砌；坝体、坝基防渗；放水涵管改造；新建管理用房等		
小岭头	兰溪市横溪镇	大坝进行拓宽、整坡和护砌；溢洪道衬砌；坝体、坝基防渗；放水涵管改造；新建管理用房等	8115	6964
徐坞口	兰溪市梅江镇	大坝坝体及坝基，启闭机房，溢洪道，管理房路	12026	2613
桐　塘	兰溪市梅江镇	大坝坝体及坝基，放水涵洞，启闭机房，溢洪道，管理房，防汛道路	11312	1621
寺后垅	兰溪市梅江镇	大坝坝体及坝基，放水涵洞，启闭机房，溢洪道，管理房，防汛道路	14370	1224
菊花园	兰溪市梅江镇	大坝坝体及坝基，启闭机房，溢洪道，管理房，防汛道路	10430	2280
梓树塘	兰溪市梅江镇	大坝坝体及坝基，放水涵洞，启闭机房，溢洪道，管理房	13688	1380
鲍家塘	兰溪市梅江镇	大坝坝体及坝基，放水涵管，启闭机房，溢洪道，管理房	10458	1472
黄　源	兰溪市横溪镇	大坝坝体，溢洪道，防汛通道，管理房	7380	6520
西　潘	兰溪市梅江镇	大坝坝体，溢洪道，防汛通道，管理房	16452	4314
后　垅	兰溪市梅江镇	大坝坝体及坝基，放水涵洞，启闭机房，溢洪道，管理房路	11136	990

续表

太后垅	兰溪市梅江镇	大坝坝体及坝基，放水涵洞，启闭机房，溢洪道，管理房	16156	4325
大官塘	兰溪市梅江镇	主、副坝坝体及坝基，放水涵洞，启闭机房，溢洪道，管理房，防汛道路	8117	679
项坞垅	兰溪市柏社乡	大坝坝体及坝基，溢洪道	8202	799
北　湖	兰溪市柏社乡	大坝坝体及坝基，放水涵洞，启闭机房，溢洪道，管理房，防汛道路	10641	5786
湖坑垅	兰溪市柏社乡	大坝坝体及坝基，启闭机房，溢洪道，管理房，防汛道路	18095	580
凤凰山	兰溪市柏社乡	大坝进行拓宽、整坡和护砌；溢洪道衬砌；坝体、坝基防渗；放水涵管改造；新建管理用房等	4133	6939
山塘下	兰溪市柏社乡	大坝坝体及坝基，放水涵洞，启闭机房，溢洪道，管理房，防汛道路	19143	376
里外塘	兰溪市柏社乡	大坝坝体及坝基，放水隧洞，溢洪道	5007	3090
樟八坞	兰溪市柏社乡	大坝坝体及坝基，启闭机房，溢洪道，管理房，防汛道路	1984	1097
下塘垅	兰溪市柏社乡	大坝坝体及坝基，放水涵洞，启闭机房，溢洪道，管理房	16545	1526
钱塘垅	兰溪市马涧镇	大坝坝体及坝基，放水涵洞，启闭机房，溢洪道，管理房	11075	1321
大丘田	兰溪市马涧镇	大坝进行拓宽、整坡和护砌；溢洪道衬砌；坝体、坝基防渗；放水涵管改造；新建管理用房等		
源里垅	兰溪市马涧镇	大坝坝体及坝基，启闭机房，溢洪道，管理房，防汛道路	7433	5349
大坞塘	兰溪市马涧镇	大坝坝体及坝基，放水涵洞，启闭机房，溢洪道，管理房	9173	655
大板桥	兰溪市马涧镇	大坝坝体及坝基，放水涵洞，启闭机房，溢洪道，管理房，防汛道路	12046	717
山后垅	兰溪市香溪镇	大坝坝体及坝基，放水涵洞，启闭机房，溢洪道，管理房，防汛道路	19100	4908
独　朱	兰溪市香溪镇	大坝进行拓宽、整坡和护砌；溢洪道衬砌；坝体、坝基防渗；放水涵管改造；新建管理用房等		
解　塘	兰溪市香溪镇	主、副坝坝体及坝基，放水涵洞，溢洪道，管理房	5395	11589
钢　粮	兰溪市香溪镇	大坝坝体及坝基，放水涵管，启闭机房，溢洪道	18667	280
灯棚垅	兰溪市云山街道	大坝进行拓宽、整坡和护砌；溢洪道衬砌；坝体、坝基防渗；放水涵管改造；新建管理用房等	9083	6018
海　螺	兰溪市女埠街道	大坝坝体及坝基，放水涵管，启闭机房，溢洪道	19701	296
木鱼山	兰溪市女埠街道	主、副坝坝体及坝基，放水涵洞，启闭机房，溢洪道，管理房，防汛道路	18528	132

续表

林公坞	兰溪市女埠街道	大坝坝体及坝基，放水涵洞，启闭机房，溢洪道，管理房，防汛道路	6402	6554
秋坞垅	兰溪市女埠街道	大坝进行拓宽、整坡和护砌；溢洪道衬砌；坝体、坝基防渗；放水涵管改造；新建管理用房等	6268	2330
一笑亭	兰溪市女埠街道	大坝坝体及坝基，放水涵洞，启闭机房，溢洪道，管理房，防汛道路	10434	1828
大塘里	兰溪市女埠街道	大坝进行拓宽、整坡和护砌；溢洪道衬砌；坝体、坝基防渗；放水涵管改造；新建管理用房等		
源坝塘	兰溪市黄店镇	主、副坝坝体及坝基，放水涵洞，启闭机房，溢洪道，管理房，防汛道路	18617	1358
紫垅坞	兰溪市黄店镇	大坝坝体及坝基，启闭机房，溢洪道，管理房	8394	2070
里良坞	兰溪市黄店镇	大坝坝体及坝基，放水涵管，启闭机房，溢洪道，管理房	10186	1042
盆　塘	兰溪市黄店镇	大坝坝体及坝基，放水涵管，启闭机房，溢洪道，管理房	28501	386
上　路	兰溪市黄店镇	大坝坝体及坝基，放水涵管，启闭机房，溢洪道，管理房		
大新塘	兰溪市兰江街道	大坝坝体及坝基，放水涵管，启闭机房，溢洪道，管理房	4644	1244
西　山	兰溪市诸葛镇	大坝坝体及坝基，放水涵管，启闭机房，溢洪道，管理房	13205	2047
陈林坞	兰溪市诸葛镇	大坝坝体及坝基，放水涵管，启闭机房，溢洪道，管理房	9750	11122
马塘垅	兰溪市诸葛镇	大坝坝体及坝基，放水涵管，启闭机房，溢洪道，管理房	18349	3029
石亩畈	兰溪市诸葛镇	大坝进行拓宽、整坡和护砌；溢洪道衬砌；坝体、坝基防渗；放水涵管改造；新建管理用房等		
山门寺	兰溪市诸葛镇	大坝坝体及坝基，放水涵洞，启闭机房，溢洪道，管理房，防汛道路	6588	598
社　塘	兰溪市永昌街道	大坝坝体及坝基，放水涵洞，启闭机房，溢洪道，管理房，防汛道路	11033	2224
宝　塔	兰溪市永昌街道	大坝坝体及坝基，放水涵管，启闭机房，溢洪道，管理房	29041	5488
伊　塘	兰溪市永昌街道	大坝坝体及坝基，放水涵管，启闭机房，溢洪道，管理房	15622	660
楚　塘	兰溪市水亭畲族乡	大坝进行拓宽、整坡和护砌；溢洪道衬砌；坝体、坝基防渗；放水涵管改造；新建管理用房等	10899	
九　垅	兰溪市游埠镇	大坝坝体及坝基，放水涵管，启闭机房，溢洪道，管理房	23774	5254

续表

双　塘	兰溪市游埠镇	大坝坝体及坝基，启闭机房，溢洪道，管理房	14215	35
上　塘	兰溪市游埠镇	大坝坝体及坝基，放水涵管，启闭机房，溢洪道，管理房	13020	1376
大青塘	兰溪市游埠镇	大坝坝体及坝基，放水涵管，启闭机房，溢洪道，管理房	7395	1407
前山足	兰溪市灵洞乡	大坝坝体及坝基，放水涵管，启闭机房，溢洪道，管理房，防汛道路	15609	486
茶　山	兰溪市灵洞乡	大坝进行拓宽、整坡和护砌；溢洪道衬砌；坝体、坝基防渗；放水涵管改造；新建管理用房等		
昭化寺	兰溪市灵洞乡	大坝坝体及坝基，放水涵管，启闭机房，溢洪道，管理房，防汛道路	5661	3586
九宅垅	兰溪市灵洞乡	大坝坝体及坝基，放水涵管，启闭机房，溢洪道，管理房	11518	1942
大　垅	兰溪市灵洞乡	大坝坝体及坝基，放水涵管，启闭机房，溢洪道，管理房	16116	1489
甘露源	兰溪市灵洞乡	大坝坝体及坝基，放水涵管，启闭机房，溢洪道，管理房	14143	10240
大坞垅	兰溪市灵洞乡	大坝坝体及坝基，放水涵管，启闭机房，溢洪道，管理房，防汛道路	14197	3036
国　庆	兰溪市灵洞乡	大坝进行拓宽、整坡和护砌；溢洪道衬砌；坝体、坝基防渗；放水涵管改造；新建管理用房等	6658	
东白山	东阳市虎鹿镇	大坝上下游面护坡，套井及帷幕灌浆防渗处理，新建溢洪道，输水建筑物改造	14994	2490
龙　回	东阳市南市街道	大坝上下游面护坡，套井及帷幕灌浆防渗处理，新建溢洪道，输水建筑物改造	20300	3800
山坞口	东阳市横店镇	大坝上下游坝面护坡，套井及帷幕灌浆防渗处理，新建溢洪道，新建输水隧洞等	25430	6230
苦子塘	东阳市巍山镇	上下游坝面护坡、坝体防渗、输水建筑物改造、溢洪道改造	6451	1424
下　塘	东阳市虎鹿镇	大坝上下游面护坡，坝体加高及防渗处理，溢洪道改造，新建输水建筑物	42356	980
水珠塘	东阳市南马镇	大坝上下游面护坡，防渗处理，溢洪道改造，新建输水建筑物	1515	211
黄坞塘	东阳市南市街道	大坝上下游面护坡，防渗处理，溢洪道改造，输水建筑物改造	4836	440
洪门前	东阳市南市街道	大坝上下游面护坡，防渗处理，溢洪道改造，输水建筑物改造	9733	863

续表

水珠坑	东阳市画水镇	大坝上下游面护坡，套井及帷幕灌浆防渗处理，新建溢洪道，输水建筑物改造	15107	1130
花水塘	东阳市画水镇	主副坝上下游坝面护坡、黏土心墙套井回填、坝肩帷幕灌浆、老涵管开挖、新建放水涵管和启闭机房、溢洪道加固	28568	4594
大坞塘	东阳市画水镇	大坝上下游面护坡，套井及帷幕灌浆防渗处理，溢洪道，输水建筑物改造	3700	3500
黄都塘	东阳市城东街道	大坝上下游面护坡，部分坝体套井回填，溢洪道，输水建筑物改造	7097	1048
金　猫	东阳市巍山镇	大坝上下游面护坡，防渗处理，溢洪道改造，输水建筑物改造	6977	1882
平　湖	东阳市佐村镇	大坝上下游面护坡，防渗处理，溢洪道改造，输水建筑物改造	18348	1355
长坑城	东阳市湖溪镇	大坝上下游面护坡，黏土心墙套井回填，新建溢洪道，输水建筑物改造	20914	1539
古　塘	东阳市南马镇	大坝上下游面护坡，套井及帷幕灌浆防渗处理，溢洪道，输水建筑物改造	7406	2416
遥　坑	东阳市南市街道	大坝上下游面护坡，套井及帷幕灌浆防渗处理，溢洪道，输水建筑物改造	7597	2092
上深塘	东阳市横店镇	主副坝上下游坝面护坡、副坝套井回填、新建放水涵管和启闭机房、溢洪道加固	7757	2389
里坞塘坑	东阳市画水镇	大坝上下游面护坡，套井及帷幕灌浆防渗处理，溢洪道，输水建筑物改造	11088	1395
石塘坑	东阳市画水镇	大坝上下游面护坡，帷幕灌浆防渗处理，溢洪道，输水建筑物改造	12576	12358
紫　微	东阳市画水镇	上下游坝面护坡、坝体防渗、输水建筑物改造、溢洪道改造	3597	750
大山口	东阳市吴宁街道	大坝上下游坝面护坡、黏土斜墙、新建放水涵管和启闭机房、溢洪道加固	12612	376
黄连塘	东阳市城东街道	大坝上下游面护坡，黏土心墙套井回填，溢洪道，输水建筑物改造	5656	393
杨律塘	东阳市巍山镇	大坝上下游面护坡，黏土心墙套井回填，溢洪道，输水建筑物改造	4211	671
东坑口	东阳市巍山镇	大坝上下游面护坡，黏土心墙套井回填，溢洪道，输水建筑物改造	9876	3491
水下坑	东阳市湖溪镇	大坝上下游面护坡，帷幕灌浆防渗处理，溢洪道、输水建筑物改造	10592	1127
照　坞	东阳市湖溪镇	大坝上下游面护坡，黏土心墙套井回填，溢洪道，输水建筑物改造	3825	1578

续表

清水塘	东阳市千祥镇	大坝上下游面护坡，帷幕灌浆防渗处理，溢洪道、输水建筑物改造	3402	1772
紫溪坑	东阳市南市街道	大坝上下游面护坡，套井及帷幕灌浆防渗处理，溢洪道，输水建筑物改造、水渠改造	24802	6015
高　塘	东阳市横店镇	上下游坝面护坡、坝体防渗、新建放水涵管和启闭机房、溢洪道加固	4059	598
后塘坞	东阳市湖溪镇	大坝上下游坝面护坡、套井回填帷幕灌浆、新建放水涵管和启闭机房、溢洪道加固	6258	3369
溪坑坞	东阳市画水镇	上下游坝面护坡、坝体防渗、输水建筑物改造、溢洪道改造	50125	3641
祇林寺	东阳市画水镇	上下游坝面护坡、坝体防渗、输水建筑物改造、溢洪道改造	13157	1933
东溪滩	东阳市画水镇	大坝上下游坝面护坡、黏土心墙套井回填、新建放水涵管和启闭机房、溢洪道加固	18625	1202
前山坞	东阳市吴宁街道	大坝上下游坝面护坡、黏土心墙套井回填、新建放水涵管和启闭机房、溢洪道加固	6382	818
麻车坞	东阳市城东街道	上下游坝面护坡、坝体防渗、输水建筑物改造、溢洪道改造	5589	580
红　旗	东阳市巍山镇	上下游坝面护坡、坝体防渗、新建放水涵管和启闭机房、溢洪道加固	38191	2035
掌　棋	东阳市巍山镇	主副坝上下游坝面护坡、主坝套井回填、新建放水涵管和启闭机房、溢洪道加固	10925	2751
灯　坞	东阳市湖溪镇	大坝上下游坝面护坡、坝体防渗、新建放水涵管和启闭机房、溢洪道加固	6049	979
金竹坑	东阳市马宅镇	上下游坝面护坡、坝体防渗、新建放水涵管和启闭机房、溢洪道加固	6838	5627
端　头	东阳市马宅镇	上下游坝面护坡、黏土心墙套井回填、新建放水涵管和启闭机房、溢洪道加固	3443	927
上　朱	东阳市南市街道	大坝上下游坝面护坡、黏土心墙套井回填、新建放水涵管和启闭机房、溢洪道加固	2395	4575
黄　湖	东阳市城东街道	大坝上下游坝面护坡、黏土心墙套井回填、新建放水涵管和启闭机房、溢洪道加固	8628	
新坑塘	东阳市虎鹿镇	大坝上下游坝面护坡、坝体防渗、新建放水涵管和启闭机房、溢洪道加固	7388	859
龙潭背	东阳市三单乡	大坝上下游坝面护坡、黏土斜墙、新建放水涵管和启闭机房、溢洪道加固	10297	7791
龙　坞	东阳市千祥镇	大坝上下游坝面护坡、坝体防渗、新建放水涵管和启闭机房、溢洪道加固	3774	1189

续表

帕　坑	东阳市千祥镇	大坝上下游坝面护坡、坝体防渗、新建放水涵管和启闭机房、溢洪道加固	3374	1683
象　鼻	东阳市横店镇	上下游坝面护坡、坝体防渗、新建放水涵管和启闭机房、溢洪道加固	17565	3560
思陂塘	东阳市歌山镇	主副坝上下游坝面护坡、黏土心墙套井回填、新建放水涵管和启闭机房、溢洪道加固	8199	1263
凤　凰	义乌市北苑街道	大坝砼防渗墙加固，溢洪道改造，新建虹吸管及观测设备等		
菱角塘	义乌市北苑街道	大坝套井回填防渗加固，溢洪道改造，新建虹吸管及观测设备等		
马库坞	义乌市北苑街道	大坝套井回填防渗加固，溢洪道改造，新建输水隧洞等		
山东青	义乌市北苑街道	大坝套井回填防渗加固，溢洪道改造，新建虹吸管等		
莲　塘	义乌市北苑街道	大坝套井回填防渗加固，溢洪道改造等	12100	2800
泮山塘	义乌市城西街道	大坝加固，溢洪道改造，新建放水设施及上坝道路等		
清　塘	义乌市城西街道	大坝加固，溢洪道及放水设施等		
朝　阳	义乌市赤岸镇	大坝套井回填加固，新设虹吸管、溢洪道改造及新建防汛上坝道路		
谷　坑	义乌市赤岸镇	大坝加固，溢洪道改造，新建虹吸管，新建上坝道路		
荷门口	义乌市赤岸镇	主、副坝套井回填加固，溢洪道改建，新建虹吸管，新建上坝道路等		
甘山坞	义乌市大陈镇	大坝套井回填加防渗斜墙加固，溢洪道加固改造，新建放水涵管，上坝道路改建及观测设备等		
红　峰	义乌市大陈镇	大坝套井回填加固，溢洪道新建，放水设施改造等		
湖里塘	义乌市大陈镇	大坝套井回填防渗加固，溢洪道加固，放水设施改造，上坝道路改建及观测设备等		
善　坑	义乌市大陈镇	大坝套井回填防渗加固，溢洪道改造，新建虹吸管及观测设备等		
池　塘	义乌市佛堂镇	大坝加固，溢洪道及虹吸管等		
谷背塘	义乌市佛堂镇	主坝斜墙防渗加固，副坝护坡加固，溢洪道改造，放水设施等。		
流坞塘	义乌市佛堂镇	大坝套井回填加固，溢洪道及放水设施等		
群　力	义乌市佛堂镇	大坝黏土斜墙加固，溢洪道改造，新建输水隧洞，新建上坝道路，增设观测设备等		
双　林	义乌市佛堂镇	大坝套井回填加固，溢洪道及虹吸管等		
乌皮塘	义乌市佛堂镇	大坝加固，溢洪道改造，放水设施等		
里　山	义乌市后宅街道	新建黏土斜墙大坝，溢洪道改建，新建放水涵管		
岭　脚	义乌市后宅街道	主、副坝套井回填，新建虹吸管，溢洪道改建等。		

续表

麻车里	义乌市后宅街道	大坝套井回填，溢洪道改造，新建虹吸管等		
皮刀丘	义乌市后宅街道	主、副坝护坡加固，溢洪道加固，新建虹吸管等		
青　山	义乌市后宅街道	大坝加固，溢洪道改造，新建虹吸管，增设观测设备		
中水塘	义乌市后宅街道	主、副坝套井回填加固，溢洪道加固，放水设施改造及观测设备等		
里坞塘	义乌市江东街道	大坝低弹模砼防渗墙防渗加固，溢洪道加因，新虹吸管及观测设备等		
万工塘	义乌市江东街道	大坝黏土斜墙防渗加固，溢洪道加固，新建虹吸管等		
乌岩塘	义乌市廿三里街道	大坝加固，溢洪道、放水涵管等		
长　富	义乌市上溪镇	大坝防渗加固，溢洪道改建，虹吸管等		
大深塘	义乌市上溪镇	大坝黏土套井回填，溢洪道改建，新建虹吸管及观测设备		
山　后	义乌市上溪镇	大坝套井回填，泄洪洞加固，输水设备改造及观测设备等		
社　建	义乌市上溪镇	大坝套井回填加固，溢洪道改造，新建输水隧洞等		
伏　虎	义乌市苏溪镇	主、副坝增设防渗斜墙加固，新建输水隧洞，溢洪道加固，新建上坝道路及引水渠等		
龙　旗	义乌市苏溪镇	大坝套井回填加固，溢洪道改造，新建输水隧洞等		
清塘湾	永康市江南街道	大坝加宽,护坡,老涵洞改造,修复溢洪道	15000	3800
下梅垄	永康市城西新区	大坝加固,护坡,老涵洞改造,溢洪道整治	28400	4900
上梅垄	永康市城西新区	大坝加高,护坡,老涵洞改造,溢洪道整改	21000	3200
后　垄	永康市城西新区	大坝加高加宽,护坡，老涵洞改造	23900	3100
桐　塘	永康市城西新区	大坝加高加宽,护坡，老涵洞改造,溢洪道加固	12000	4100
高　坑	永康市城西新区	大坝加宽,护坡，老涵洞改造，溢洪道整治	61500	3800
朱山塘	永康市城西新区	大坝加高加宽,护坡，老涵洞改造，溢洪道加固	23200	3300
宏　伟	永康市城西新区	大坝加高加宽,护坡，老涵洞改造，溢洪道加固	28000	2800
舟木塘	永康市城西新区	加固大坝、溢洪道，护坡，老涵洞改造	6800	4700
解　放	永康市东城街道	大坝加宽,护坡，老涵洞改造，溢洪道加固	38900	6600
林江塘	永康市东城街道	大坝加高加宽,护坡，老涵洞改造，溢洪道整治	11200	6000
马舟坑	永康市芝英街道	大坝加宽,护坡，老涵洞改造，溢洪道整治	18300	2700
荷塘坑	永康市西溪镇	大坝加高加宽,护坡，老涵洞改造，溢洪道加固	14000	1100
杜　坑	永康市西溪镇	加固大坝、溢洪道，护坡，老涵洞改造,	26400	4600
黄岩坑	永康市龙山镇	大坝加固,护坡,老涵洞改造,溢洪道整治	16000	300
后湖坑	永康市龙山镇	大坝加高,护坡,老涵洞改造，溢洪道加固	15600	800
黄岩坑	永康市龙山镇	大坝加宽,护坡,老涵洞改造，溢洪道加固	6300	600
大后寺坑	永康市唐先镇	加高、加宽主、副坝，护坡，老涵洞改造，新建溢道	77300	7100
和　平	永康市唐先镇	大坝加高加宽，增副坝二条，护坡，老涵管改造	49100	1600
隐清塘	永康市舟山镇	老坝拆除，新建混凝土坝	29400	6300

续表

指北塘	永康市舟山镇	大坝加固，护坡，老涵洞改造	63500	2700
骑马塘	永康市舟山镇	大坝加高加宽,护坡，老涵洞改造	27000	700
长　塘	永康市舟山镇	大坝加高加宽,护坡，老涵洞改造，溢洪道加固	11200	1500
山龙坑	永康市舟山镇	大坝加宽,护坡，老涵洞改造，溢洪道加固	24000	2500
东　坑	永康市古山镇	加固大坝、溢洪道，护坡，老涵洞改造,	5300	1300
大岩垅	永康市古山镇	加固大坝，护坡，老涵洞改造,修建进库道路	17300	900
华　釜	永康市古山镇	大坝加宽,护坡,老涵洞改造，溢洪道加固	14000	500
高空塘	永康市花街镇	大坝加高加宽,护坡，老涵洞改造，溢洪道加固	10000	1500
下路坑	永康市花街镇	大坝加宽,护坡，老涵洞改造，溢洪道加固	22000	900
水仙洞	永康市花街镇	大坝加固,护坡，老涵洞改造，溢洪道加固	10600	600
丁　塘	永康市花街镇	大坝加宽,内、外坝护坡,老涵洞改造,	5600	1500
上京岭	永康市花街镇	大坝加固,护坡，老涵洞改造，溢洪道加固	14800	2000
云　星	永康市石柱镇	大坝加宽,护坡,老涵洞改造，溢洪道加固	32500	2200
樟片坞	浦江县郑家坞镇	大坝防渗、内外坝加固平整护坡、溢洪道整治、启闭设施更换等	24300	1800
车　坞	浦江县郑家坞镇	大坝防渗、内外坝加固平整护坡、溢洪道整治、启闭设施更换等	11400	2100
青　山	浦江县郑家坞镇	大坝防渗、内外坝加固平整护坡、溢洪道整治、启闭设施更换等	29900	2800
后虎塘	浦江县郑宅镇	大坝防渗、内外坝加固平整护坡、溢洪道整治、启闭设施更换等	12500	1500
七树岭	浦江县郑宅镇	大坝防渗、内外坝加固平整护坡、溢洪道整治、启闭设施更换等	19000	2300
寺后塘	浦江县浦南街道	大坝防渗、内外坝加固平整护坡、溢洪道整治、启闭设施更换等	14600	3400
大坞里	浦江县浦南街道	大坝防渗、内外坝加固平整护坡、溢洪道整治、启闭设施更换等	9500	1900
横　山	浦江县浦南街道	大坝防渗、内外坝加固平整护坡、溢洪道整治、启闭设施更换等	9300	2900
笠帽塘	浦江县仙华街道	大坝防渗、内外坝加固平整护坡、溢洪道整治、启闭设施更换等	9830	2200
梅　坞	浦江县仙华街道	大坝防渗、内外坝加固平整护坡、溢洪道整治、启闭设施更换等	8300	1100
蒲池塘	浦江县浦阳街道	大坝防渗、内外坝加固平整护坡、溢洪道整治、启闭设施更换等	13740	2300
金竹坑	浦江县浦阳街道	大坝防渗、内外坝加固平整护坡、溢洪道整治、启闭设施更换等	16050	2310

续表

大箬溪	浦江县前吴乡	大坝防渗、内外坝加固平整护坡、溢洪道整治、启闭设施更换等	38000	1500
小箬溪	浦江县前吴乡	大坝防渗、内外坝加固平整护坡、溢洪道整治、启闭设施更换等	44300	2340
地宅弄	浦江县前吴乡	大坝防渗、内外坝加固平整护坡、溢洪道整治、启闭设施更换等	36800	3500
塘坞坑	浦江县前吴乡	大坝防渗、内外坝加固平整护坡、溢洪道整治、启闭设施更换等	23000	2000
东岭脚	浦江县前吴乡	大坝防渗、内外坝加固平整护坡、溢洪道整治、启闭设施更换等	14500	2500
陈宅凹	浦江县花桥乡	大坝防渗、内外坝加固平整护坡、溢洪道整治、启闭设施更换等	17580	2200
长　凹	浦江县花桥乡	大坝防渗、内外坝加固平整护坡、溢洪道整治、启闭设施更换等	12400	2200
山　椏	浦江县杭坪镇	大坝防渗、内外坝加固平整护坡、溢洪道整治、启闭设施更换等	24000	3600
丰　收	浦江县杭坪镇	大坝防渗、内外坝加固平整护坡、溢洪道整治、启闭设施更换等	6100	1500
湖　塔	浦江县杭坪镇	大坝防渗、内外坝加固平整护坡、溢洪道整治、启闭设施更换等	9100	4100
黄　岭	浦江县虞宅乡	大坝防渗、内外坝加固平整护坡、溢洪道整治、启闭设施更换等	6100	1500
东　风	浦江县虞宅乡	大坝防渗、内外坝加固平整护坡、溢洪道整治、启闭设施更换等	13000	1900
老　坞	浦江县檀溪镇	大坝防渗、内外坝加固平整护坡、溢洪道整治、启闭设施更换等	7100	2100
三　亩	浦江县中余乡	大坝防渗、内外坝加固平整护坡、溢洪道整治、启闭设施更换等	14000	3240
静　塘	武义县白洋街道	坝体黏土套井处理，坝基帷幕灌浆，内外坝坡予制块护坡，封堵老涵管，涵管改为输水隧洞，扩建溢洪道	6200	1200
李丝塘	武义县白洋街道	坝体黏土套井处理，坝基帷幕灌浆，内外坝坡予制块护坡，封堵老涵管，涵管改为输水隧洞，扩建溢洪道	4860	540
宽口垅	武义县白洋街道	坝体黏土套井处理，坝基帷幕灌浆，内外坝坡予制块护坡，封堵老涵管，涵管改为顶管，扩建溢洪道	12500	2300
大歪塘	武义县白洋街道	坝体黏土套井处理，坝基帷幕灌浆，内外坝坡予制块护坡，封堵老涵管，涵管改为输水隧洞，扩建溢洪道	2100	650
老虎口	武义县壶山街道	坝体黏土套井处理，外坝坡予制块护坡，封堵老涵管，涵管改为输水钢管，扩建溢洪道	5200	2200

续表

群　山	武义县壶山街道	大坝进行防渗处理，外坝修筑棱柱体排水设施，内外坝采用预制 C_{20} 六棱体护坡，改造放水设施，修筑溢洪道和泄洪渠等	6530	620
黄　垅	武义县壶山街道	大坝进行套井回填处理漏水；按规范要求修筑溢洪道；内外坝进行护砌；左岸开挖放水隧洞，封堵原涵管.	4550	280
岩　塘	武义县壶山街道	大坝进行套井回填处理漏水；按规范要求修筑溢洪道；放缓坝坡至 1：2.5，内外坝进行护砌；左岸开挖放水隧洞，封堵原涵管.	6600	1350
民　建	武义县熟溪街道	内外坝条石护坡，老涵管套 PE 管后灌浆扩建溢洪道	1500	550
竹塘垅	武义县履坦镇	开设标准溢洪道,对主、副坝进行套井回填处理坝基漏水问题,外坝脚设置棱柱体排水设施,平整坝坡，内坝坡块石护砌、外坝坡混泥土预制块护砌。对原涵管用混凝土堵塞，设置虹吸管放水	2890	220
杨林塘	武义县履坦镇	坝体黏土套井处理，坝基帷幕灌浆，内外坝坡予制块护坡，封堵老涵管，涵管改为顶管，扩建溢洪道	3200	750
下叶塘	武义县茭道镇	主、副坝加高加固及防渗处理，外坝修筑棱柱体排水设施，预制 C_{20} 六棱体护坡；虹吸管改造放水设施；修筑溢洪道和泄洪渠；以及引水渠等附属设施建设	4830	650
乌牛山	武义县桐琴镇	坝体黏土套井处理，坝基帷幕灌浆，内外坝坡予制块护坡，封堵老涵管，涵管改为输水隧洞，扩建溢洪道	3500	620
陈思湾	武义县桐琴镇	修建标准溢洪道；大坝进行套井回填处理渗漏；外坝脚设置棱柱体排水设施；放缓坝坡，内坝坡块石护砌，外坝坡混泥土预制块护砌；对原涵管用混凝土封堵，设置虹吸管放水；	7320	1730
下秧泉	武义县桐琴镇	主、副坝进行防渗处理，外坝修筑棱柱体排水设施，内外坝坡用预制 C_{20} 六棱体护坡，改造放水设施，修筑溢洪道和泄洪渠等	6870	1120
荒　塘	武义县桐琴镇	坝体黏土套井处理，坝基帷幕灌浆，内外坝坡予制块护坡，封堵老涵管，涵管改为输水钢管，扩建溢洪道	4100	820
黄心塘	武义县桐琴镇	坝体黏土套井处理，坝基帷幕灌浆，内外坝坡予制块护坡，封堵老涵管，涵管改为输水隧洞，扩建溢洪道	3200	850
桃　清	武义县桐琴镇	坝体黏土套井处理，坝基帷幕灌浆，内外坝坡予制块护坡，封堵老涵管，涵管改为输水隧洞，扩建溢洪道	13000	1800
陈潘塘	武义县泉溪镇	坝体黏土套井处理,坝基帷幕灌浆,内外坝坡块石护坡,老涵管封堵，涵管改为输水隧洞，改建溢洪道	4680	5210
七家塘	武义县泉溪镇	坝体黏土套井处理，坝基帷幕灌浆，内外坝坡予制块护坡，封堵老涵管，涵管改为输水隧洞，扩建溢洪道	2800	850
额头垅	武义县王宅镇	开设标准溢洪道,对大坝进行套井回填处理坝基漏水问题,外坝脚设置棱柱体排水设施,内坝坡块石护砌、外坝坡混泥土预制块护砌,重新设置放水涵管，对原斜拉式启闭机进行更换。	3680	460

续表

尾巴塘	武义县王宅镇	坝体黏土套井处理，坝基帷幕灌浆，内外坝坡予制块护坡，涵管改造，扩建溢洪道	1200	350
破塘垅	武义县王宅镇	主坝进行冲抓机套井黏土回填处理渗漏；外坝脚设置棱柱体排水设施；主副坝放缓坝坡，内、外坝采用混凝土预制块护砌；修建标准溢洪道；开挖涵管，用钢管外包钢筋混凝土重新修筑，并修筑启闭设施；	5760	470
莱坞垅	武义县王宅镇	坝体黏土套井处理，坝基帷幕灌浆，内外坝坡予制块护坡，封堵老涵管，涵管改为输水隧洞，扩建溢洪道	1450	450
树叶坑	武义县王宅镇	坝体黏土套井处理，坝基帷幕灌浆，内外坝坡予制块护坡，封堵老涵管，涵管改为顶管，扩建溢洪道	3500	700
大丘垅	武义县俞源乡	坝体黏土套井处理，坝基帷幕灌浆，内外坝坡予制块护坡，封堵老涵管，涵管改为输水隧洞，扩建溢洪道	3800	850
回　垅	武义县俞源乡	坝体黏土套井处理，坝基帷幕灌浆，内外坝坡予制块护坡，封堵老涵管，涵管改为输水隧洞，扩建溢洪道	5200	1050
黄家里	武义县俞源乡	坝体黏土套井处理，坝基帷幕灌浆，内外坝坡予制块护坡，封堵老涵管，涵管改为顶管，扩建溢洪道	3500	800
瓦窑头	武义县大田乡	坝体砼防渗心墙，坝基帷幕灌浆，内外坝坡予制块护坡，封堵老涵管，涵管改为输水隧洞，扩建溢洪道	3500	550
下坞坑	武义县大田乡	坝体黏土套井处理，坝基帷幕灌浆，内外坝坡予制块护坡，封堵老涵管，涵管改为输水隧洞，扩建溢洪道	1800	650
寺　垅	武义县大田乡	坝体黏土套井处理，坝基帷幕灌浆，内外坝坡块石护坡，涵管改造，改建溢洪道	3620	450
创　塘	武义县大田乡	坝体黏土套井处理，坝基帷幕灌浆，内外坝坡护坡，老涵管封堵，涵管改为输水隧洞，改建溢洪道	8720	780
湾　塘	武义县白姆乡	坝体黏土套井处理，坝基帷幕灌浆，内外坝坡块石护坡，老涵管封堵，涵管改为输水隧洞，改建溢洪道	5560	1200
里野源	武义县桃溪镇	坝体黏土套井处理，坝基帷幕灌浆，内外坝坡予制块护坡，封堵老涵管，涵管改为输水隧洞，扩建溢洪道	6580	1350
杨子里	武义县桃溪镇	大坝采用套井黏土回填防渗处理，外坝修筑棱柱体排水设施，内坝块石护坡，外坝用预制 C_{20} 六棱体护坡，隧洞改造放水设施，修筑溢洪道和泄洪渠，以及修筑交通桥等附属设施等	4860	1230
马岭脚	武义县桃溪镇	大坝采用套井黏土回填防渗处理，外坝修筑棱柱体排水设施，内坝块石护坡，外坝用预制 C_{20} 六棱体护坡，隧洞改造放水设施，修筑溢洪道和泄洪渠，以及修筑交通桥等附属设施等	7520	1360
里坞源	武义县桃溪镇	坝体黏土套井处理，坝基帷幕灌浆，内外坝坡予制块护坡，封堵老涵管，涵管改为顶管，扩建溢洪道	3500	850
章坑下	武义县坦洪乡	坝体黏土防渗斜墙处理，坝基帷幕灌浆，内坝坡予制块护坡，封堵老涵管，涵管改为输水隧洞，扩建溢洪道	28000	1700

续表

东坑岭头	武义县坦洪乡	坝体黏土套井处理，坝基帷幕灌浆，内外坝坡块石护坡，涵管改造，改建溢洪道	4990	760
静妙寺	武义县柳城镇	大坝进行灌浆处理漏水；修筑消能设施；改造放水洞及启闭设施；重新修筑上坝道路；设置水位、沉降、位移等安全观测设施。	2910	1460
三江望	武义县柳城镇	坝体黏土套井处理，坝基帷幕灌浆，内外坝坡予制块护坡，涵管改改造，扩建溢洪道	4670	1190
李　输	武义县柳城镇	坝体黏土套井处理，内坝坡予制块护坡，涵管改为虹吸管，扩建溢洪道	5500	640
乌溪源	武义县柳城镇	坝体黏土套井处理，坝基帷幕灌浆，内坝坡予制块护坡，封堵老涵管，涵管改为输水隧洞，扩建溢洪道	12000	1800
将城坑	武义县西联乡	坝体黏土套井处理，坝基帷幕灌浆，内外坝坡予制块护坡，封堵老涵管，涵管改为输水隧洞，扩建溢洪道	2600	1200
下种坑	武义县大溪口乡	大坝加高加固，左坝头防渗处理，内外坝采用块石护坡，改造放水设施，修筑溢洪道和泄洪渠及交通桥、引水渠等附属设施	2710	860
森　屋	磐安县深泽乡	黏土套井回填，内坝砼预制块护坡、外坝网格草皮护坡；溢洪道加固；报废老涵管新建虹吸管等	2537	858
日月潭	磐安县深泽乡	防渗面板浇筑；坝基灌浆等	238	185
上马坑	磐安县新渥镇	坝体黏土套井回填，迎水面砼预制块护坡，背水坡干砌块石护坡；涵管改造；溢洪道改造等	5746	1873
麻　园	磐安县玉山镇	坝体黏土套井回填防渗处理，帷幕灌浆，坝体充填灌浆；外坝草皮护坡，里坝干砌块石护坡；大坝加高 0.5 米；报废老涵管，安装倒虹吸管，设置水位尺等	6354	872
廿五盘	磐安县玉山镇	坝体心墙冲抓钻套井回填；外坝坡网格草皮护坡；溢洪道加固整修；设置照明设施	3178	335
龙潭背	磐安县玉山镇	内外坝坡块石护坡；封堵老涵管，新做倒虹吸管；外坝坡排水沟	3218	522
小　桥	磐安县尖山镇	上游面增设钢筋砼防渗面板，坝基、坝肩帷幕灌浆，右坝头设重力墩，非溢流段加高，坝顶溢流段改造，放水涵管改建	321	123
宝　塘	磐安县尖山镇	外坝坡条石网格草皮护坡；机房整修；溢洪道加固。	2620	365
里　坑	磐安县胡宅乡	内坝坡块石护坡，外坝坡网格草皮护坡；溢洪道加固整修；修建上坝道路	5361	913
水牛岭脚	磐安县胡宅乡	内坝坡块石护坡，外坝坡网格草皮护坡，重做排水棱体；溢洪道整修加固	627	4964
青塘坞	磐安县尚湖镇	坝顶加固，内坝块石护坡，外坝草皮护坡；溢洪道加固等	3596	1511

续表

王坞坑	磐安县尚湖镇	坝体黏土套井回填；外坝坡干砌块石护坡；溢洪道改造	8674	2352
海　螺	磐安县尚湖镇	外坝网格草皮护坡，内坝干砌块石护坡；溢洪道改造等	3247	702
桐　背	磐安县方前镇	内坝坡块石护坡,外坝坡网格草皮护坡,重做排水棱体；封堵老涵管，新建倒虹吸；溢洪道整修加固	2760	156
光明水库	磐安县尖山镇	内坝护坡、外坝条石网格草皮护坡；溢洪道加宽及衬砌；新建虹吸管及其他等	3223	2153

第五章　城乡供水

第一节　城市供水

一、金华市区。金华市城区（含婺城区、金东区城区及部分农村地区）供水水源地为沙畈水库和金兰水库，供水任务由金华市自来水公司金沙湾水厂承担。金沙湾水厂日供水能力30万立方米，有两条并列输水管道向城区供水。随着金华城市建设的快速发展以及城乡供水一体化建设， 自2012年开始，金华市区自来水日供水量呈快速增长，供需矛盾逐渐显现。为提高金华市区供水保障能力，有效应对突发事业等应急情况下的供水危机，金华市水利渔业局组织编制了《金华市区应急供水方案》并于当年提交市政府研究决策。2011年，金华市政府第14次常务会议决定：金华市区应急供水采取从苏孟电站蓄水池前取水方案，由市水利局负责组织实施。

2014年金华市政府决定先行建设安地水厂作为市区的第二水厂。

二、各县（市、区）城区

（一）兰溪市区供水。2007年7月，兰溪市自来水公司划归兰溪市水务局统一管理。2010年月1月，原兰溪市自来水公司、兰溪市污水处理有限责任公司、兰溪市山泉水资源开发有限公司、兰溪市管道安装有限公司四家单位组建成立兰溪市钱江水务有限公司，实现了引水、供水、污水处理等一体化管理。兰溪城区的饮用水源为芝堰水库，有东城、溪西、芝堰三座制水厂，日供水能力16万立方米。

（二）东阳市区供水。东阳市自来水厂1993年建成，日供水能力10万吨。2013年2月，东阳市第二自来水厂一期工程建成并投入运行。该水厂原水取自横锦水库，根据季节、水温、天气，分上、中、下三层，选取每个季节中最好的水层取水，采用常规加强的处理工艺和气水反冲滤池过滤，使出厂水的浊度保持在0.1NTU以内，达到浙江省现代化水厂的水质标准。水厂建成通水后，东阳市增加12.5万立方米/日的供水能力，新增供水可供40万人生活用，极大改善了夏季用水高峰期原水供应不足的问题。

（三）义乌市区供水。2008年，编制了《义乌市水资源综合规划》，按照统筹城乡发展的要求，全力推进城乡一体供水管网建设。先后投资5.8亿元，建成水厂8座，新增日供水能力38万立方米，建成联通各水厂之间的供水主管网。投资3.5亿元，完成城镇供水管网改造78千米，至2014年底，全市管网互通格局基本形成，水资源统一调度格局基本实现，管网漏损率明显降低，水资源利用率大幅提高。

（四）永康市区供水。永康市城乡供水按照城乡供水一体化规划，2005—2008年间建成城镇水厂6座，城乡自来水已实现基本全覆盖，供水网络由八座城镇规模水厂、九座联村供水工程以及237处单村供水设施组成。2005年7月，建成日供水设计总规模为20万立方米的南山水厂一期10万立方米/日工程，2010年9月，开工建设第二期工程，并于2011年10月建成投入试运行，永康市城区供水能力达到20万立方米/日的规模。为确保永康城市经济社会快速发展的用水需要和供水安全，2013年，委托浙江省城乡规划院编制完成《永康市中心城区给水专项规划》，开工建设北部水库联网及境外引水工程，为城区提供第二供水水源。

（五）武义县城供水。2005—2014年间，随着武义县“工业强县”发展战略的实施，社会经济呈现跨越发展，供水事业也迈上新台阶。2006年，武义县政府将县城市自来水有限公司划归到水务局；2007年，实施县城至清溪口水库的应急供水工程，同年清泉工程启动，筹建清溪水厂，使得供水能力进一步提升；2008年，收购王宅自来水公司，真正实现城市供水向城乡供水的职能转变，形成了城乡供水一体化的区域联合供水格局；2012年，城乡引供水工程启动，后被列入省重点项目和“五水共治”的省重点保供水项目，项目包括取水口工程、直径1.2米的引水管道20.6千米、壶山水厂扩建4.5万吨/日、一期工程技改和直径1.0米的出水输水管道2.0千米，完工后总供水规模将达到近15万立方米/日。

（六）浦江县城供水。21世纪初，浦江居民生活用水和经济发展需水量急剧增加，供用水矛盾十分突出。2004年年初，日供水量6万吨的仙华水厂工程启动建设，2005年建成投产。2008年年底，随着城乡供水一体化建设的不断深入，用水需求也持续增加，年最高日供水量已超过8万立方米，远远超出仙华水厂设计日供水6万立方米的能力。2009年4月，仙华水厂二期工程动工建设，同年12月年底通过主体验收，2010年7月9日，仙华水厂二期工程正式并网运行。2014年，为改变县内单一水源、单一水厂的供水问题，满足城市应急备用水源的需要，浦江县委、县府决定建设浦江县通济桥水厂，并把它列为2014年县十大民生工程之一。通济桥水厂工程于2014年7月1日动工建设，工程总投资34000万元，建设规模日供水量6万吨（远景日供水量18万吨），新增主输水管线51.04千米，供水范围将扩大到西部山区在内的9个乡镇街道。

2014年，城乡年供水量达3101万立方米，售水量2709万立方米，年产销差率从原来的32.5%下降到12.64%；城乡供水面积达132平方千米，城乡供水管道837千米，供水范围惠及七个乡镇、街道，受益常驻人口也由建厂时的1.5万人增加到33.8万人。

（七）磐安县城供水。磐安城区由磐安县自来水公司供水，有自来水厂三座，第一水厂位于新里路，建于1983年，水源为文溪中的溪水，供水规模1.5万立方米/日；第二水厂位于安文镇上章，建于1990年，设计规模1.5万立方米/日，水源为马蹄坑水库；云山水厂位于磐安县安文镇云山中田村北南山地段，建于2008年，设计供水规模为1.5万吨/日，水源为花溪水库。三个水厂供水区域约3平方千米，供水范围为磐安县城区8个居委会、台口、根溪、后坞、云山区块及周边村庄，供水人口约3万人。目前城区三座水厂，日供水总规模可达4.5万立方米/天，现实际供水任务都由第二水厂承担，因其水源为马蹄坑水库，水质较好。第一水厂为备用水厂，云山水厂因水源花溪水库尚未完工没有投入运行。

第二节　农民饮用水工程

2003年以来，浙江省先后启动千万农民饮用水工程（2003—2009年包括国债项目）和农村饮水安全工程（2010—2014年），金华市积极响应省委、省政府的号召，把农民饮用水工程作为改善民生、促进新农村建设、为民办实事工程的头等大事来抓，各地因地制宜采取了城市供水管网延伸工程、区域集中式饮水工程和单村饮用水工程三种模式推进农民饮用水工程建设，取得了显著的成效。截至2014年年底，累计完成投入24.8亿元，实施了209个面向农村的省级以上重点供水工程，共计受益行政村3802个，解决农村饮水不安全人口285万余人，新增农村供水规模45.17万吨/日，全市农村饮用自来水覆盖率达到99%，已基本解决全市农村饮水不安全人口。

2014年，浙江省启动了农村饮水安全提升工程，主要实施内容为城市供水管网延伸、联村并网工程、供水管网改造和小水厂制水工艺改造等。按照“巩固、提升、安全、长效”的总体思路，2014—2020年期间全市计划提升75万农村人口饮水条件。2014年全市共投入资金8386万元，完成提升256个村共18.56万人农村人口饮水条件。2015年全市计划提升8.55万人农村人口饮水条件，金华市本级计划提升1.8万人农村人口饮水条件，已被列入金华市2015年度十方面民生实事和市区十件民生实事。

第六章　节约用水

金华市虽地处我国南方丰水地区，但水资源问题同样存在，主要表现为水资源时空分布不均、水资源条件与人口经济布局不相匹配等。据统计：2014年，人均水资源量为1701立方米，市区人均水资源为1686立方米，低于全省平均水平的1760立方米和全国平均水平的2200立方米。世界上把人均拥有水资源量低于3000 立方米定为轻度缺水，低于2000立方米为中度缺水，低于1000立方米的为严重缺水，总体上属资源性缺水地区。从各行政区来看（见表一），除武义、磐安水量比较充沛外，其他地区都存在不同程度的缺水，义乌、永康、金东三个地方缺水尤其严重，义乌的人均水资源量约为全市平均水平的三分之一。

第一节　城市节水

2007年7月，金华市政府出台《关于建设节水型社会和创建节水型城市的实施意见》，提出力争在2009年前将金华建成全国节水型城市。禁止生产、销售、使用国家明令淘汰的高耗水工艺、设备、产品和器具；加大对管网改造的资金、人力投入，城市供水管网漏水率将控制在14%以内；完成"一户一表"改造；建立污水回用示范工程，试行分质供水，鼓励和引导工业、城市绿化、市政、基建施工、生态景观、洗车业使用江河水或回用水、再生水，鼓励城市大型公共建筑、厂区、新建住宅小区建设区域性中水回用系统；改造淘汰火力发电、纺织印染、石油化工、医药、造纸、冶金、食品加工等行业的高耗水工艺、设备和产品，使企业用水重复利用率达到国家标准。2014年3月，金华市政府首次提出创建节水型城市，同时出台《金华市区创建节水型城市实施方案》，提出建立健全城市节水长效管理制度，修编完善城市节水中长期规划，建立节水专项财政投入制度，创建一批节水型企业（单位）、居民小区等措施。

2013年，兰溪市出台《兰溪市政府关于推行用水总量控制定额管理累进加价收费制的意见》（兰政办发〔2013〕23号），对自备水取用水户的取用水行为做好在线监控管理工作，安装取水流量计和取水实时监控设备。截至2014年年底，兰溪市全市安装取水计量在线监控设施34套，在线覆盖率居金华地区首位。取消按包干模式征收水资源规费方式，实行按照实际取水量和征收标准征收水资源规费，水资源费征收额有了明显提高，同时倒逼取用水企业改进生产工艺和流程，鼓励使用循环水，达到了节约用水的效果。兰溪万元工业增加值用水量由2010年的106.81立方米/万元下降到2014年的58.21立方米/万元，降幅45.5%，万元GDP用水量由2010年的183.51立方米/万元下降到2014年的100.93立方米/万元,降幅45%。2014年 "五水共治"工作中创建节水型载体，委托省水利与河口研究院完成兰溪水资源利用、城乡供水、节水型社会建设等三大规划，为进一步完善水资源节约利用奠定良好的理论基础。

2006年，义乌市申报并成为全国节水型社会建设试点。全市坚持以水资源的可持续利用为出发点，以提高水的利用率为核心，以制度创新为突破口，以公众参与为基础，以工程、经济、行政、技术、宣传等措施为重点，开源、节流、治污并举，逐步探索和走出了一条具有义乌特色的节水之路。2012年5月底，义乌市通过了水利部和省级有关部门组织的联合验收，成为我省首个国家级节水型社会建设示范城市。与试点前的2005年相比，2011年，全市万元GDP

用水量由 99 立方米下降到 38.2 立方米；万元工业增加值取水量由 68 立方米下降到 40 立方米，工业用水重复利用率由 35%提高到 70%；管网漏失率由 18%下降到 10%。6 年来，义乌常住人口增加了 78 万，经济总量年均增长 15.87%，而用水总量却减少了 2000 万立方米。

2011 年，永康市节水中心成立，承担着全市 248 个村级供水工程水质检测和服务、以及节水新技术推广、行业用水定额监督等职责。2013 年，永康市开展节水型社会建设工作，出台《永康市取水许可总量控制管理办法》《永康市取水户计划用水管理办法》《永康市工业企业用水管理指导意见》《永康市超计划用水累进加价水费征收管理实施细则》等各项制度。2014 年永康市共创建节水型企业、节水型单位、节水型居民小区等节水单元载体 29 家，完成了第一批工业企业的水平衡测试工作。

第二节　农业节水

2009 年，财政部、水利部在全国范围内启动了小型农田水利重点县建设工作，分批分期开展重点县建设。2009—2014 年期间，金华市九个县（市、区）陆续被列入各批中央财政小型农田水利建设重点县，通过山塘整治、灌区节水改造、渠道改造、河道清淤等项目实施，基本形成较为完善的灌排工程体系，实现“旱能灌、涝能排”，农业生产条件明显改善、农业综合生产能力明显提高、抗御自然灾害能力明显增强。

婺城区　2010 年，婺城区被确定为第二批中央财政小型农田水利建设重点县，2010—2012 年建设内容为：整治山塘 90 座，灌区节水改造 25 处，高效节水工程 15 片，计划总投资 6897 万元。经过三年实施，实际完成整治山塘 90 座，灌区改造 25 处，高效节水工程 13 片（2012 年度 2 处高效节水取消项目已经浙水农〔2015〕1 号文批复），实际完成工程总投资初步估计为 7900 万元。2014 年，婺城区被确定为第六批中央财政小型农田水利重点县，2014—2016 年建设内容为：山塘整治 29 座，灌区节水改造 7 处、渠道改造 34.28 千米，农村河道清淤整治工程 3 处、河道整治长度 4.11 千米，计划总投资 7538 万元。

金东区　2009 年，金东区被确定为第一批中央财政小型农田水利重点县，工程建设期为 2009—2012 年，工程总投资 8906.6 万元，其中中央财政资金 2140 万元，省财政配套 3279 万元，区级及以下资金 3487.6 万元。项目主要建设内容为：山塘综合整治 116 座，建设高效节水灌溉工程 11542 亩，渠道建设 191.075 千米。项目于 2010 年 2 月开工建设，2012 年 10 月顺利竣工。项目于 2013 年 9 月通过省水利厅、财政厅总体验收。

兰溪市　2011 年 3 月，兰溪市被确定为第三批中央财政小型农田水利重点县，工程建设期限为 2011—2013 年，专项工程实施内容为：山塘整治 60 座；灌区改造 25 处，受益面积 3.05 万亩；新建高效节水 19 片，受益面积 0.55 万亩。2014 年 8 月，兰溪市被确定为第六批中央财政小型农田水利建设重点县，工程建设期限为 2014—2016 年，专项工程实施内容为：山塘整治 64 座；灌区改造渠道衬砌 21.48 千米，渠系建筑物配套改造 64 座，泵站改造 4 座，堰闸改造1座。

义乌市 2014年义乌市被确定为第六批中央财政小型农田水利重点县，2014年11月18日，省水利厅、省财政厅以浙水农〔2014〕47号文下达了义乌市小型农田水利重点县2014年度建设计划，项目总投资3340万元，主要建设内容为整治山塘2座，灌区改造3处，受益面积1.25万亩，改造渠道48.5千米，农村河道清淤整治5.3千米。

东阳市 2009年东阳市被列入全国首批中央财政小型农田水利重点县，项目计划总投资8667.51万元，其中中央财政2700万元，省级财政2219万元，县级以下财政2895.37万元，群众自筹853.14万元。主要建设内容为：灌区渠系配套改造166.65千米，山塘综合整治91座，新建喷微灌面积1.36万亩。2013年7月通过省水利厅、财政厅组织的省级验收，项目实际完成投资9030.91万元，完成渠系改造165.763千米，山塘综合整治91座，新建高效节水灌溉工程19个，共1.36万亩。

永康市 2010年永康市被列入全国首批中央财政小型农田水利重点县，项目计划总投资8779.73万元，其中中央财政2700万元，省级财政1364万元，县级以下财政资金及群众自筹4715.73万元。主要建设内容为：灌区渠系配套改造85.77千米，山塘综合整治114座，新建喷微灌面积0.3762万亩。2015年12月通过省水利厅、财政厅组织的省级验收，项目实际完成投资8041.05万元，完成渠系改造78.48千米，山塘综合整治114座，新建高效节水灌溉工程10个，共0.4085万亩。

浦江县 2013年浦江县被列为浙江省第五批中央财政小型农田水利重点县，2013—2015年计划总投资10098.7万元，重点县专项项目投资7034.7万元（其中专项工程中央补助2700万元、省级补助1728万元，县级财政配套2451.9万元，群众自筹154.8万元），主要建设内容包括39座山塘整治；灌区渠道改造长度175.98千米；高效节水灌溉0.89万亩。整合资金3064万元，其中农业综合开发办公室实施的小流域农业生态项目水利建设资金1756万元，国土局实施的土地整理项目水利建设资金900万元，水务局实施的小流域整治项目水利建设资金为408万元。

武义县 2012年，武义县被列为浙江省第四批中央财政小型农田水利重点县，2012—2014年计划总投资10380万元，重点县专项项目投资7080万元（其中中央财政补助2040万元，省级财政补助2940万元，县级地方财政补助1800万元，农民群众自筹300万元）；整合资金3300万元（其中农业综合开发中低产田改造工程资金2400万元；农业部门现代农业发展资金300万元，水利部门面上小农水资金600万元）。

磐安县 2012年，磐安县被确定为第四批中央财政小型农田水利重点县，项目三年总投资为1.005亿元，主要建设内容有山塘整治78座，灌溉渠道衬砌110.95千米，新建高效节水灌溉面积0.93万亩。其中水利专项工程总投资为6750万元，主要建设内容有整治山塘62座，灌溉渠道补砌61.95千米，新建高效节水灌溉面积0.6万亩。

第四篇　河道治理

受地形地貌的影响，境内河流源短流急，季节性强，河床比降大，水位涨落幅度大，易成洪涝。1911—1990年的80年间，金华江、衢江、兰江（简称“三江”）发生洪涝灾害有62年。长期以来，沿江两岸人民筑堤建坝，抗御洪水入侵。由于缺乏统一规划、统一治理，且防洪标准普遍偏低，一遇较大洪水，易漫顶溃决。20世纪80年代末90年代初，洪涝灾害频繁发生，加之富春江回水影响，“三江”两岸损失惨重，严重制约“三江”地区经济社会的发展。1993年4月，省委、省政府作出根治“三江”的重大决策，实施钱塘江中游标准堤建设工程。2000年，浙江省人民政府批准实施《钱塘江流域综合规划》，全面启动钱塘江干堤加固工程建设，计划加固干堤全长677.375千米，其中金华市境内233.736千米，占34.4%。

第一章　城市防洪

1994年10月，金华市区“三江口”城防一期工程开工。同年12月，浦江城防工程开工。1998年，兰溪市、义乌市、东阳市、永康市、武义县、磐安县城防工程相继开工。1999年，结合钱塘江三级干堤加固项目实施，各地城防工程建设全面铺开。截至2014年年底，金华市区和7个县（市、区）共建成城防149.22千米，其中50年一遇94.84千米、20年一遇54.38千米。

第一节　金华市区城防工程

依据1999年《金华市城市防洪规划报告》中的城防工程建设范围为：金华市区城防工作上自东阳江金温铁路大桥、武义江新330国道大桥，下至金华江铁路大桥延伸至白沙溪出口和婺城新区、五佰滩两岸堤防。总长度79.2千米，其中建城区26.7千米、金东新区13.6千米、婺城新区38.9千米。

一、金华市区

（一）规划范围。自东阳江东关桥、武义江洪坞桥，下至金华江铁路桥。规划防洪标准为50年一遇，建成防洪堤26.7千米，拓宽河道东阳江250米、武义江220米、金华江350

米，建成江北、江南、上浮桥3个闭合区。

1. 上浮桥闭合区。东关桥经上浮桥至洪坞桥，建成50年一遇的防洪堤7.2千米，与武义江防洪工程汇合，保护人口2万人。

2. 江南闭合区。洪坞桥经城南桥至铁路桥，建成50年一遇的防洪堤11.04千米，保护经济技术开发区等人口10万人。

3. 江北闭合区。东关桥经通济桥、河盘桥至铁路桥，建成50年一遇防洪堤8.7千米，保护老城区等人口15万人。

（二）工程建设。市区城防工程1994年开始实施，到2004年，共建成防洪堤31.647千米，其中 50年一遇21.751千米，20年一遇7.443千米，10年一遇2.453千米。2005—2014年，市区城防工程加固建设11.962千米。

1.江南城防工程：

武义江左岸豪乐大桥至梅溪出口段防洪堤加固工程：位于武义江左岸豪乐大桥至梅溪出口，新建堤防1575米，防洪标准为50年一遇。2007年1月开工，同年7月完工。完成投资370万元。完成主要工程量：土石方9.02万立方米，砌石7160立方米，砼1336立方米，草坪铺设13950平方米等。

钱塘江干堤金华市城南桥至河盘桥加固改造工程：位于金华江右岸，于2009年11月开工，2011年12月完工。全长1720米。根据《金华市水利局金华市规划局关于城南桥至河盘桥江堤加固及景观改造工程按50年一遇防洪高程分布到位的报告》（金市水政〔2009〕40号）本段防洪堤水工基础按50年一遇实施，0+400–1+600段（以河盘桥为0桩号）堤顶高程按20年一遇堤顶高程实施。堤顶宽4米，大方脚挖至基岩，混凝土浇筑，护坡工程中上部用园林式草坪绿化。本工程是金华市区第一次水利工程与景观工程相结合的城防项目。完成投资3275万元。完成主要工程量：土石方14.51万立方米，砌石896立方米，砼21081立方米，乔木种植2455株，灌木种植约21540平方米，草坪铺设约22582平方米，浮雕740平方米等。先后获得浙江省河道生态建设优秀示范工程、浙江省园林工程银奖、浙江省节能示范工程等荣誉。

钱塘江干堤金华市洪坞桥至丹溪路段加固改造工程：2011年11月开工，2013年1月完工，完成长度930米。工程位于金华市区武义江左岸洪坞桥至丹溪路段，东起洪坞桥，西至丹溪路，北至金华江滨水岸线，南至梅花公园边界，总用地面积约2.7万平方米。堤防按50年一遇标准设防。迎水面护坡削坡处理，满足安全边坡要求，沿江设一级马道，马道以下护坡采用干砌条石，马道以上采用草皮护坡（10年一遇以下高程（38.8米）设石笼护坡+30厚黄土+草皮）；另设若干景观节点。工程投资1983万元。完成主要工程量：土石方3.05万立方米，砌石780立方米，砼3850立方米，乔木约650株，灌木约9500 平方米、浮雕约100平方米、特色栏杆约410米及特色构筑物。

2.上浮桥城防工程：

金华市武义江右岸洪坞桥至多湖街道王宅村段防洪堤加固工程：工程于2005年9月开工建设，2006年8月完工，加固改造长度2660米堤防，设计防洪标准为50年一遇，工程投资423万元。完成主要工程量：土石方8.75万立方米，砌石1万立方，砼2067立方米，草皮10655平方米。

东阳江左岸东关大桥至电大桥段江堤加固改造工程：工程于2012年12月开工，2013年12月完工。加固改造金华市区东阳江左岸东关大桥至电大桥段总长817米堤防及沿岸园林景观，包含舞画广场、戏水湾、滨水活力广场3个特色节点。防洪标准为50年一遇。工程投资1642万元。完成主要工程量：土石方11.96万立方米，砌石659立方米，砼5800立方米，乔木约639株，灌木约5688 平方米、草皮约3594 平方米、特色栏杆约560米及特色构筑物。

燕尾洲公园防洪堤工程：工程结合燕尾洲公园新建工程，建设防洪堤工程。2012年8月开工建设，2014年6月完工。起始于东阳江宏济桥左岸下游470米处，向西南绕过燕尾洲，再沿武义江右岸上溯至金婺大桥结束，堤线总长1200米，设计防洪标准50年一遇。防洪堤结合景观建设，将原有的硬质驳岸改造成了具有不同安全级别的可淹没的防洪堤，改善了湿地生态系统的连续性。形式采用梯田式，并在台地上开辟农业种植引入先进的种植理念，使防洪堤在起防洪作用的同时还能将自然田园风光带入繁忙的城市景观。堤岸的设计结合滨水平台，使市民可以拥有不同的亲水体验，丰富了防洪堤的景观效果。

3.江北城防工程：2005—2014年无建设项目。

4.五百滩。五百滩公园防洪堤工程：工程于2011年9月开工，2012年11月完工。加固改造金华市区城南桥以下五百滩堤防，包括龙渎河右岸河段、金华江左岸河段，总长3060米堤防及沿岸园林景观。防洪标准为20年一遇。工程投资4883万元。完成主要工程量：土石方36.59万立方米，砌石2.81立方米，砼1.52万立方米。

二、金东区

（一）规划范围。金东区城市防洪堤自金温铁路大桥至东关大桥，规划长度13.6千米，其中左岸6.7千米、右岸6.9千米，主要保护东阳江南、北两岸的区块，规划设计立足高起点、高标准，力争使城防建成一个集防洪、休闲和景观于一体的工程。工程按20年一遇的防洪标准设计，控制堤距不少于250米，堤防背水坡建设80～100米宽的江滨绿化带。

（二）工程建设。金东区金华江治理工程（四标，东阳江左岸多湖街道项村段）：于2013年11月开工建设，2014年12月完工，加固改造堤防330米，设计防洪标准为20年一遇，工程投资350万元。截至2014年年底，金东区累计完成城防建设10.89千米，其中20年一遇6.225千米，10年一遇4.665千米。

三、婺城新区

（一）规划范围。婺城新区城市防洪工程规划2002年12月编制完成，2003年3月通过省市专家论证。规划范围为金华江以及白沙溪、桐溪和石门溪三条支流婺城区新区段，总长度38.9千米。金华江设计防洪标准为50年一遇，白沙溪、桐溪和石门溪支流设计防洪标准为20年一遇。新建1座金华江石柱头橡胶坝，形成水面面积4500亩、蓄水量400万立方米米的人工湖。

（二）工程建设。金华江石柱头橡胶坝位于婺城区白龙桥镇白沙溪与金华江交汇处石柱头村，正常水位与河盘桥梯级发电尾水位衔接，上接市区河盘桥电站，下邻兰溪市灵马枢纽。工程主要建筑物包括橡胶坝、发电厂房、升压站、泵房、预留船闸、升卧冲砂闸。工程于2007年12月开建，2009年6月完成橡胶坝建设，电站工程于2012年12月开建，2015年1月并网发电。截至2014年年底，婺城区累计完成城防建设10.781千米，其中20年一遇10.781千米。

第二节　县市城防建设

一、兰溪市

（一）规划设计及范围。2006年5月，兰溪市完成《浙江省兰溪市城市防洪规划修编》。规划期限近期2010年，远期2025年。浙能兰溪电厂为100年一遇防洪标准；现状建成区和规划建设用地范围近期（2010年）为20年一遇，远期（2025年）为50年一遇防洪标准；城市远景备用地块为20年一遇防洪标准；城市排涝标准为3年一遇，2小时雨量，2小时排出。衢江、金华江、兰江堤距按钱塘江流域综合规划和防洪规划的堤距控制。马达溪、赤山溪、浒溪三条支流的最小堤距分别为100米、 100米、60米。

（二）工程建设。

2005—2014年，完成城防建设6.05千米，其中50年一遇5.40千米，20年一遇0.65千米。分别为兰溪市富春江库区城北片黄湓大桥至郑家排涝站段50年一遇城防工程2.60千米、上华片横山大桥至横山村段50年一遇城防工程0.46千米、上华片南门大桥至石子排段50年一遇城防工程2.34千米、溪东片20年一遇城市防洪应急工程0.65千米。

截至2014年年底，累计完成城防50.12千米，其中100年一遇3.60千米，50年一遇15.28千米，20年一遇31.24千米。

（说明：已达100年一遇城防下梅片3.60千米；已达50年一遇城防分别为新周片3.59千米、上华片4.58千米、溪西片1.85千米、溪东片0.76千米、城北片2.27千米、金角片2.23千米；其余已达20年一遇）

兰溪市城东片防洪堤应急工程：2011年6月，兰溪市遭遇了自1955年以来的最大洪峰。由于兰溪市城东片老城区未形成有效的防洪闭合圈，自来水厂至云山路段地势较低，造成近

3/4老城区受淹。兰溪市投资兴建了城东片防洪堤应急工程，位于兰溪市老城区城东片兰溪自来水厂至云山路的婺江路段，堤线总长约为640米，本工程等别Ⅳ等，防洪堤坝为4级建筑物，设计洪水标准为20年一遇，总投资6952万元。工程共设置61扇钢闸门，其中57扇直升式钢闸门作为汛期挡水工作闸门，孔口尺寸（宽×高）9.0×3.0米共48孔，孔口尺寸（宽×高）为9.0×2.2米为9孔，直升闸门平时处于婺江路路面以下的开门位置，洪水来临前通过4台双吊点电动葫芦将闸门提升，进行挡水。为形成防洪封闭圈，分别在婺江路上游段和下游段设置闸门。本工程在国内首次采用了大尺寸、大体量的钢结构型式，克服了现有技术存在的不足，研发了一种结构合理，安装使用方便，能快速启闭，可靠密封的快速精密导向和密封防洪闸门，应用于城市防洪工程的房屋密集地段。本工程的有益效果是：①该防洪闸门可以在短时间内封闭长距离的堤线；②支撑装置斜面与密封槽斜面精密配合，止水效果好；③止水元件不易老化，免维护。工程于2014年4月主体建成投入运行后，在洪水位超婺江路路面1.5米时，防洪闸内车辆通行正常，商铺正常营业，婺江路内涝问题基本得到解决，老城区的防洪能力得到了极大的改善，得到了沿江百姓的认可与赞赏。

二、东阳市

（一）规划范围。按“上蓄下泄”的原则，东阳市主要实施水库和堤防同步建设及干支流兼治工程。市区东阳江防洪设计标准为50年一遇，小支流防洪标准为20年一遇。范围包括老城区、经济开发区和江北新区，保护市区20平方千米。工程内容为东阳江堤防19千米，城区8条支流整治工程26.7千米。

（二）工程建设。2005年以来完成累计完成城防工程建设19.02千米。其中，50年一遇城防工程6.88千米，分别为北江山口大桥至何宅桥1.2千米，北江污水处理厂至世贸城3.25千米，北江污水处理厂至山口村2.43千米。截至2014年年底，累计完成城防37.4千米，其中50年一遇12.2千米，20年一遇25.2千米。

三、义乌市

（一）规划范围。2007年5月，义乌市完成《义乌市城市防洪规划修编》，规划期限近期至2010年，远期2020年。义乌城区按照50年一遇防洪标准实施；规划副城区的佛堂、上溪、义亭、赤岸、苏溪、大陈均为20年一遇防洪标准；义乌江城区支流为20年一遇防洪标准；城市排涝标准为20年一遇。义乌江与南江汇合口以上的城区河道规划最小河底宽不小于150米，堤距不小于190米；南江汇合口以下至金华交界处控制堤距200~250米。

（二）工程建设。2005年以来，完成50年一遇标准城防建设4.54千米，分别为义乌江左岸宗泽桥桥头上下游320米连接段工程、义乌江左岸下朱大桥至商博大桥段1260米、义乌江右岸塔下水轮泵站至义乌江大桥1542米、义乌江右岸环城南路至香溪入江口1422米。以城防工程为依托，建成稽水春晓、花鸟公园、体育憩园，实现城防工程建设与城市环境整治、城市美化、水质改善有机结合。截至 2014 年年底，累计完成城防 26.101 千米，其中 50 年一遇 24.466 千米，20 年一遇 1.655 千米。

四、永康市

（一）原有城防。永康城区由于河道人为缩窄设障，导致河道堵塞较为严重，原有城防标准偏低，防洪能力仅为 5 年一遇，经常遭受洪水侵袭。1997 年 10 月，永康市建设局和水利水电局联合编制了《永康市城市防洪规划》，并于 1998 年通过审查。随着城市建设的迅速发展，2001 年 8 月提出拓宽永康江方案，2002 年 9 月完成《永康市城市防洪规划调整报告》的编制工作。

（二）规划范围。永康城防规划按照城市景观建设要求，防洪堤断面型采用重力式挡墙和斜坡式土堤相结合，堤防外侧设绿化带，绿化带外侧结合城市总体规划的道路网络修建道路。堤防按 50 年一遇的防洪标准设计，分阶段实施。规划永康江、南溪、华溪、酥溪、小北溪、西门溪等累计建堤防 36.24 千米。其中，南溪段自南溪华溪汇合口，左岸至三联坝，右岸至布袋坝，建堤防 11.42 千米；华溪段自南溪华溪汇合口至田宅分洪渠入口，左右岸建堤防 10.90 千米；永康江段自南溪华溪汇合口至下游湾段出口，左右岸建堤防 4.92 千米。田宅分洪渠改造工程，长 0.51 千米。永康江拓宽工程，自望春桥至南苑分洪渠出口，建堤防 3.17 千米。

（三）工程建设。自 1998 年 11 月开工以来，已建成永康江、南溪、华溪堤防 9.75 千米，建成南溪、华溪、酥溪、小北溪等堤防 28.9 千米及 0.51 千米长的田宅分洪渠改造，城区防洪能力由原来的 5 年一遇提高到 20~50 年一遇。

永康江、南溪建成紫微和望春两座橡胶坝，使南溪黄棠大桥、华溪丽城桥以下的城区主要河段，形成一个拥有 61 万平方米水面、蓄水量 94 万立方米米的人工湖，进一步改善了城区水环境。2005—2014 年无城防建设。

五、浦江县

（一）规划范围。按 50 年一遇洪水标准设计，规划期限近期至 2010 年，远期至 2020 年。规划范围西起通济桥水库干渠 72 线进口处，东至大许桥；北起清水沿，南至浦阳江南岸的浦江二中。城区规划内的浦阳江、浦阳江支流(西溪、东溪、黄龙溪、中埂溪、里坞溪、五六岭溪)，保护面积 15 平方千米。

（二）工程建设

2005—2014 年，相继完成通济桥水库干渠 72 线进水口至大许桥堤防 16 千米，建成翠湖、南平、中山、平安、平七等 5 座橡胶坝及五六岭溪、西溪、东溪、黄龙溪、中埂溪等城区内河的部分堤防。

截至 2014 年年底，累计完成城防 28.38 千米，其中 50 年一遇 16 千米，20 年一遇 8.28

千米，10年一遇年4.1千米。

六、武义县

（一）规划范围。规划城防总长30.38千米，位于熟溪和武义江。熟溪从南湖坝至铁路桥，武义江从莲塘口至塘头五虎山，设计防洪标准50年一遇。

（二）工程建设情况

至2014年年底已建成南湖坝至白洋渡大桥城防工程，长16千米。

七、磐安县

截至2014年年底，完成50年一遇标准城防建设35.42千米，分别为深泽溪上横至深泽溪6.09千米，云山上葛溪交汇口至安头1.52千米，云山双坑溪上葛交汇口至岩头城4.47千米，文溪台口堰坝至东磐交界0.99千米，双坑溪岩头城至双溪口2.89千米，深泽溪深泽电站至双溪口1.52千米，根溪交汇口至农机公司5.9千米，朱坑岩里村至农机公司0.77千米，文溪根溪交汇口至台口堰坝9.43千米，石坑里羊山头入口至广电局1.84千米。

2005—2014年，完成50年一遇城防24.12千米。

第二章　干堤加固

1993年4月，省委、省政府决定在钱塘江中游实施标准堤建设工程，全市境内的兰江、衢江及金华江、东阳江、武义江下游河道列入实施范围。

（一）范围。主流为衢江、兰江及富春江库区。支流为乌溪江黄坛口水库以下河段、灵山港姜席堰以下河段、金华江含武义江国湖以下河段及东阳江低田以下河段，新安江水电站大坝以下河段。根据规划，金华市境内的兰江、衢江及金华江、武义江、东阳江下游河段列入干堤加固建设范围。东起东阳江低田村，南起武义江国湖电站，西起衢江龙游交界处的樟枫堪，下至兰江兰溪市出境。

（二）堤线、堤距。堤线与河势、流向相适应，与大洪水主流大致平行。为满足行洪安全的堤距，需退堤及清障，保证河道有足够的行洪断面。境内河道堤距标准为：兰江450~500米、衢江400~450米、金华江350~400米、东阳江250米、武义江200米。

（三）防洪标准。城市防洪堤按20～50年一遇洪水设计，保护耕地万亩以上和虽不足万亩而人口稠密或有主要交通设施及重要工矿企业的防洪堤按20年一遇洪水设计，富春江水库库区农防工程按20年一遇设计，其余保护区防洪堤按10年一遇洪水设计。

（四）堤身断面。堤坝为砂砾石土坝，坝坡为1:2~1:2.5，坝顶宽度4米。堤顶高程为：设计洪水位加堤顶超高1.2米和防浪墙，断面设计以防冲为主，迎水坡采用干砌石护坡，厚度0.4米。

第一节 钱塘江干堤加固

1999年6月，实施国债专项资金项目钱塘江干堤加固工程。全市境内的兰江、衢江、浦江江及金华江、东阳江、武义江列入该项目，工程按防洪标准分为三级、四级。

2008年，浙江省提出了全面实施“强塘固房”工程的要求，重点加强对海塘、江堤、山塘以及病险水库的除险工作，提高全省特别是沿海地区民房抗灾水平，全面加强综合减灾能力建设，切实增强防范和应对台风等自然灾害的能力。根据2009年时任浙江省副省长茅临生与金华市签订的《浙江省“强塘固房”工程（强塘部分）责任书》及2011年调整后的任务，金华市计划完成干堤建设54.17千米，包括婺城区15千米，金东区16.33千米，兰溪市20.48千米，浦江县2.36千米。

2011年，根据国家发改委和水利部的部署要求，启动了独流入海治理项目，强塘工程中未实施的部分堤段列入独流入海治理项目。金华市本级、婺城区、金东区、兰溪市、浦江县列入实施范围，规划治理钱塘江干堤加固146千米。

一、金华市本级干堤加固工程

2005年以来，金华市区共新建加固干堤11.962千米，投资14166万元。具体实施情况如下：

1.武义江王宅至洪坞桥段。位于武义江右岸洪坞桥至多湖街道王宅村，加固堤防2.66千米，投资423万元，设计防洪标准为50年一遇。2005年9月开工，2006年8月完工。

2.武义江梅溪出口至豪乐大桥段。位于武义江左岸豪乐大桥至梅溪出口，新建堤防1.575千米，投资370万元，防洪标准为50年一遇。2007年1月开工，同年7月完工。

3.金华江城南桥至河盘桥段。位于金华江左岸，加固改造1.72千米，投资3275万元，防洪标准为50年一遇。2009年11月年开工，2011年12月完工。

4.武义江洪坞桥至丹溪路段。位于武义江左岸，加固改造0.93千米，投资1983万元，防洪标准为50年一遇。2011年11月开工，2013年1月完工。

5.东关大桥至电大桥段。位于东阳江左岸，加固改造0.817千米，投资1642万元，防洪标准为50年一遇。2012年12月开工，2013年12月完工。

6.燕尾洲公园防洪堤。位于东阳江与武义江交汇处，加固改造1.2千米，投资1590万元，防洪标准为50年一遇。2012年8月开工，2014年6月完工。

7.五百滩公园防洪堤工程。位于市区五百滩城南桥下游，包括金华江左岸，龙渎河右岸，加固改造3.06千米，投资4883万元，防洪标准20年一遇。2011年9月开工，2012年11月完工。

二、婺城区干堤加固工程

强塘工程干堤加固工程规划建设15千米。其中，衢江洋埠堤3.5千米，后张堤2千米，金华江虹路、马海畈堤3千米，武义江雅畈堤6.5千米。防洪标准均按20年一遇。

至2014年，衢江干堤完成治理后张堤2千米，洋埠堤3.5千米，完成投资4765万。其中，衢江干堤加固后张堤一期工程始于后张村，止于金华、兰溪交界处，全长2千米，设计防洪标准为20年一遇，于2011年9月开工，2013年6月完工，完成投资1715万元。洋埠堤一期工程位于衢江右岸，始于洋埠镇青阳洪村，止于罗埠镇青阳郑村，全长2千米，设计防洪标准为20年一遇，2009年5月开工，2010年7月完工，完成投资1600万元。洋埠堤二期工程位于衢江右岸，始于罗埠镇青阳郑村，止于厚大溪汇入口，全长1.5千米，设计防洪标准为20年一遇，2010年9月开工，2011年9月完工，完成投资1450万元。

武义江干堤完成左岸雅畈镇竹园村段1.5千米，始于上下机埠，止于横店堰坝下游200米位置，完成投资750万元。横店堰坝至寿六村5千米堤防列入全国中小河流治理项目实施完成，按20年一遇设计洪水标准进行加固建设。

虹路、马海畈堤3千米转列独流入海项目实施。婺城区独流入海治理项目为金华江干堤建设11.16千米，其中虹路堤5.53千米、马海畈堤5.63千米。虹路堤2.5千米、马海畈堤3.1千米正在实施中，设计防洪标准为20年一遇。

三、金东区干堤加固工程

金东区钱塘江干堤加固工程澧浦堤澧香大桥至徐村段位于东阳江右岸，加固20年一遇堤防0.6千米，工程于2005年12月开工，2006年6月完工，完成投资100万元。强塘工程干堤加固规划建设16.33千米，其中东阳江澧浦堤4.7千米、朱堪头堤4千米、含香堤4千米、严店堤3.63千米。防洪标准均按20年一遇。至2014年，完成干堤加固建设5千米，完成投资3447万元。其中完成朱堪头堤后余段1千米，投资650万元；含香堤下吴村至下金山段2千米堤防，投资1270万元；澧浦堤马头方段1千米、南王埠段1千米，投资1527万元。

金东区独流入海项目批复治理东阳江堤防25.1千米。其中范村堤7.08千米、夏宅堤5.5千米，防洪标准为10年一遇；澧浦堤6.5千米，含香堤2千米、多湖堤2.1千米，下王堤0.785千米，防洪标准为20年一遇；东藕塘护岸1.135千米。至2014年，完成20年一遇堤防加固建设12千米，完成投资1.73亿元。其中夏宅堤孝顺溪出口至航慈溪出口段5.5千米，澧浦堤澧香大桥至南王埠村4.17千米，含香堤下吴村至桥头陆段2千米，多湖堤项村段0.33千米。范村堤5.6千米仍在实施中。

四、兰溪市干堤加固工程

强塘工程干堤加固规划建设35.68千米，初设批复长度31.68千米，分三期实施，其中干堤一期加固长度12.58千米；二期加固长度10.1千米；三期加固长度9千米。省水利厅下达建设长度28.88千米。实际实施加固长度30.06千米，一期10.96千米，二期10.1千米，三期9千米。实际实施加固长度比初设批复长度少游埠片1.62千米，该段同中洲后龚片4千米一并列入衢江航运开发姚家枢纽建设待实施。完成投资 2.7 亿元。

独流入海江河治理工程兰溪市建设项目包含钱塘江干堤加固工程第三期及农防加固工程两部分，规划建设富春江水库库区干堤农防及部分回水堤防，其中加固 20 年一遇堤防官塘片、黄坑边片、洲上黄沙圩片、吴村岩山片、后郑片、前方汇潭片、泉湖片、女埠片、童家埠片、张坑片、10 年一遇堤防方村片、上新方片、周村片、石龙头片等 14 个圩片 56.66 千米；投资 8.84 亿元。至 2014 年，农防工程全部完成。

五、浦江县干堤加固工程

强塘工程干堤加固规划建设浦阳江 2.36 千米。至 2014 年，完成浦阳江平七桥至大许桥段堤防工程，完成投资 2115 万元。

浦江县独流入海项目批复治理浦阳江及支流堤防 42.8 千米。建设范围为大许桥至新黄治大桥段、浦江大桥黄石线至新白马大桥以及新合济桥至第二污水处理厂段，防洪标准为 20 年一遇。 至 2014 年，完成独流入海堤防加固建设 18.6 千米，完成投资 2.8 亿元。其中，完成新合济桥至第二污水处理厂段 4 千米、浦江大桥至新宅桥段 4.1 千米、大许桥至新黄治大桥段完成左岸 10.5 千米。大许桥至新黄治大桥段右岸，新宅桥至白麟溪段仍在实施中。

第二节　兰溪农防加固工程

兰溪市是浙江省 30 个重点防洪县市之一，其“三江口”以上集雨面积 1.82 万平方千米，多年平均过境水量 166.5 亿立方米米。“三江”支流纵横，流域面积大于 15 平方千米的河流有 34 条，其中大于 100 平方千米的有 5 条。下游受富春江电站的尾水顶托。由于其地理位置特殊，自然灾害频繁，几乎每年都要遭受不同程度的洪涝灾害，是全省重点防洪城市之一。

为了维护兰溪社会稳定，保障兰溪市人民生产生活的安全，促进兰溪市经济更快更稳的向前发展，2010 年 4 月 7 日，时任浙江省长吕祖善、副省长葛慧君等视察兰溪市防汛工作，作出了“全力加快钱塘江干堤农防加固建设，原计划 5 年完成的农防加固任务用 3 年完成，提高防灾抗灾能力”的重要指示。农防加固工程列为兰溪市“一号”工程，全市上下形成了大兴水利加快工程建设的积极氛围。

农防工程规划建设范围主要为富春江水库库区以上干堤及部分回水堤防，涉及加固官塘 、黄坑边片、洲上黄沙圩片、吴村岩山片、后郑片、前方汇潭片、泉湖片、女埠片、童家埠片、张坑片、方村片、上新方片、周村片、石龙头片、塔山片等 15 个圩片 56.66 千米， 上新方片、周村片、石龙头片等 3 个圩片堤防防洪标准为 10 年一遇，其余 11 个圩片堤防防洪标准为 20 年一遇。堤防排涝标准为 10 年一遇。新建、改建沿堤排涝站 23 座，装机总容量 6947 千瓦。新建、改建沿堤节制闸 26 座，新建滚水堰 6 座。保护人口 8.46 万人，保护面积

7.4万亩，总投资6.96亿元。工程于2011年10月底正式开工，2014年10月底完工。为实现“五年工作任务三年完成”的建设目标，兰溪积极探索建管模式，引进工程代建制，通过公开招标方式选择社会专业化的项目管理单位，负责项目的投资和工程建设管理。农防工程建设中实施的工程代建模式，为兰溪水利项目开创了先例，在金华市水利建设领域也是首例。

第三章　河道整治

第一节　万里清水河道

2002年年底，浙江省启动了以“水清、流畅、岸绿、景美”为总目标的万里清水河道建设，作为城市防洪工程建设的延伸工程，河道治理重点从城市转向农村。2006年，按照新农村建设“五整治一提高”工程的要求，将农村河沟池塘整治纳入万里清水河道建设。万里清水河道建设的启动标志着河道整治理念发生重大转变，河道堤岸防护材料从单纯的“硬质化”向“软硬”结合转变，河流形态从简单的直线化向天然弯曲转变，河道断面从规则的几何化向自然缓坡转变。通过“三清”措施——清淤、清障、清垃圾，河道水量增加，内源污染消除；通过引配水工程，增强了水体流动，自净能力提高，环境显著改善；通过植物措施在河道建设中的应用，改变以往只注重钢筋、混凝土、块石等建筑材料用于河道建设的做法，用植物的根系固堤护坡，防止水流冲刷和水土流失；利用植物对水体内营养物的吸收净化水质，既提高了水体自净能力，又改善了河道的生态景观，河道生态功能逐步得到恢复，最终实现“水清、流畅、岸绿、景美”的整治目标。

2005—2014年，全市整治河道3780千米,完成绿化面积552万平方米。主要河道整治情况简述如下：

金华市梅溪河道治理工程。梅溪位于金华市区南部，属钱塘江流域金华江水系武义江的支流，发源于婺城区箬阳乡平坑顶，自南向北注入安地水库，出库后绕经安地镇向北至雅畈镇西北约1千米处汇入武义江。梅溪流域面积248平方千米，干流长53.2千米。自2005年以来，共完成河道治理12.5千米，新建堰坝3座。具体项目如下：

2005年9月，完成新垄桥至三级电站治理工程，设计防洪标准按50年一遇设计，完成河道治理1千米。

2005年11月，完成芦家堰至雅干溪段，设计防洪标准按20年一遇，完成河道治理4.4千米，新建苏孟橡胶坝一座，长度90米。

2007年2月，完成铁堰至武义江出口段，设计防洪标准按20年一遇设计，完成河道治理2.1千米。

2008年1月，完成马家岭至新垄桥段，设计防洪标准按20年一遇设计，完成河道治理1.8千米，新建马家岭、上干口2座堰坝。

2009年12月，完成右岸岩头堰坝至新水碓堰坝段，设计防洪标准按20年一遇设计，治理长度1.49千米。

2010年6月，完成梅溪左岸溪口下堰坝至新水碓堰坝段，设计防洪标准按20年一遇设计，治理长度937米。

2010年8月，完成梅溪右岸雅干溪出口至岩头堰坝段，设计防洪标准按20年一遇设计，治理长度773米。

金东区潜溪（山头下段）河道综合整治工程。潜溪为县级河道航慈溪的主要支流，从溪口水库到航慈溪汇入口，全长5.6千米，平均宽度12米，下游溪宽15～40米，平均坡降8‰，河床为泥沙结构，存在防洪标准低、淤积比较严重等问题。山头下村为我国著名文学家沈约后裔之一支，现有保存完整的明清古建筑民居群，先后被评为省级历史文化名村和中国历史文化名村。潜溪横穿山头下村，河道综合整治工程以围绕山头下村深厚的文化底蕴和优秀的非物质文物遗产与村落形成有机的整体，突出生态河道治理理念，充分做到人水和谐。其设计防洪标准为10年一遇，工程建设内容主要为：加固堤防580米，加固堰坝1座，植物护坡1.026千米（绿化面积2.5万平方米），河道清淤1千米，河道廊桥一座，便桥2座。工程投资550万元。工程于2011年5月开工建设，2012年6月底工程完工。堤防断面采用复合型断面，其中水下部分为了防止冲刷采用浆砌块石挡墙，常水位以上采用种植其中马尼拉、香樟、杨柳、茶花、红花继木、红叶石楠、无刺狗骨、桂花、龙爪槐等植物的纯植物护岸形式。同时设置慢行道、亲水平台，水利工程与城镇景观建设相结合，形成滨水观赏景区。该工程被确定为2012年度省河道生态建设示范工程。

义乌吴溪河道治理工程。2009年，义乌市对吴溪枫坑水库下游段（枫坑水库下游至三角毛店）河道进行治理，该河段治理前主要存在的问题有：河道淤积严重，存在人为设障和卡口，严重影响行洪；早年修建的堰坝损坏严重，已不能满足当地居民正常的生产生活需水；河道脏、乱、差，不能满足当地居民对景观休闲的需求。该工程按20年一遇设计，左岸长度1740米，右岸长度1730米，两岸堤防总长度3470米，投资约190万元。建成之后作为全省水利现场会议参观点。具体治理方法：一是主河槽护砌挡墙采用干砌块石，为河流与堤身之间架构水循环通道，保证水、气的渗透顺畅，并为生物提供繁殖和生长环境，有利于河道生态体系的保护。二是保留原生态树种，采用原生树种与新的绿化措施相结合，以体现生物多样性,充分保留原有树木，结合新的绿化，起到固坡、水土保持等作用。三是结合现状，利用原有滩地设置亲水平台，提供人们娱乐、休闲的场所。四是在堰坝上游侧设置鱼巢，为鱼类提供栖息空间。五是在布置岸线时，尽量避免直线段太长，用圆弧与折线代替直线，运用生态手法进行规划与改造，建设自然生态的河流岸线。六是充分利用河道里的资源，如河卵石、砂资源，用河卵石砌筑即生态又节约了工程投资。七是同步建设绿道工程，吴溪绿道是佛堂首条绿道工程，按20年一遇设计，始于太平桥，途经剡溪、雅西、大田、吴溪叶、鲁雅、后塘、毛陈、下市等8个村至义乌江，双向12千米，工程投资5000万元，由绿廊系统、人工系统（含慢行道、标识系统、基础设施、服务系统）两部分组成，营造鸟类昆虫生境、再现自然生态和谐景观，全面提高人居品质、提升城市形象。

东阳市泗渡溪河道治理工程。泗渡溪发源于东阳市南市街道南午岭，总长15.4千米。泗渡溪生态河道治理改造工程于2012年12月开工， 2013年12月完工，共完成整治河道生态建设长度5.38千米，防洪标准为20年一遇，工程总投资2735万元。该工程采取滩地保留、水利工程与城镇景观建设相结合的方法，河道断面型式为复合式，岸坡防护采用纤维网加绿化措施，完成植物措施5.38千米4.41万平方米，砼砌块长度1.3千米0.221万平方米，水质净化采用生物措施，并设置鱼巢，留有洞穴，设置游步道、亲水平台，形成滨水观赏景区。整治后，河道平面形态为自然弯曲，河水流畅，河中无人为障碍物，堤岸边坡完整稳定，岸坡植物防护全覆盖，河滩保留完好，河道水生动物种类多样。在治理过程中，建设单位坚持“不砍树木、不准取沙、不搞覆盖、不截弯取直”，不仅提高了生态防洪能力，同时也保持了水系连通。徜徉在绿树成荫的堤岸上，欣赏着两岸怡人的自然风光，综合效果明显。该工程被确定为2013年度省河道生态建设示范工程。

2005—2014年金华市万里清水河道建设完成情况表

表4-1

县（市、区）	完成长度（千米）	工程量（万立方米）	投入资金（万元）
市直属	260.7	80	4069.1
婺城区	369.3	291	17762.9
金东区	499.8	506	16673.4
兰溪市	254.2	169	5334.4
东阳市	412.4	370	13790.0
义乌市	424.5	592	48830.2
永康市	898.5	651	47732.9
武义县	238.9	1173	21004.5
浦江县	234.3	168	5499.4
磐安县	187.4	644	22265.5

第二节　中小河流治理

2005—2014 年间，全市主要以小流域堤防加固、全国重点地区中小河流治理、全国中小河流治理重点县及水系连通试点项目为载体，实施中小河流治理。

小流域堤防加固项目

2008 年，省委、省政府实施“强塘固房”工程，小流域主要堤防建设工程列为其重要治理内容。全市共实施“强塘工程”小流域主要堤防加固建设项目 40 个，完成堤防加固建设 144.21 千米，建设标准按 10～20 年一遇。保护人口 25.83 万人，保护耕地 13.66 万亩。明细见下表：

金华市小流域堤防加固项目汇总表

表 4-2

县区	堤防名称	所在乡镇	所在河流	建设长度（千米）	设计标准（年一遇）	保护人口（万人）	保护耕地（万亩）	工程投资（万元）
金华市本级	梅溪堤	安地镇	梅溪	3	20	2.00	0.10	1200
	小计			3		2.00	0.10	1200
婺城	琅琊堤	琅琊镇	白沙溪	2	20	0.80	0.60	400
	姓李段堤	莘畈乡	莘畈溪	2	10	0.30	0.20	360
	俞斯堤	安地镇	雅干溪	1	10	0.10	0.08	110
	小计			5		1.2	0.88	870
金东	航慈溪出口堤	孝顺镇	航慈溪	1.48	10	0.40	0.40	590
	八仙溪堤	岭下镇	八仙溪	2	10	0.50	0.60	920
	芗溪堤	塘雅镇	芗溪	1	10	0.30	0.40	300
	孝顺溪吴宅口段	孝顺镇	孝顺溪	2.174	10	0.15	0.20	450
	小计			6.65		1.35	1.60	2260
东阳	花园堤	南马镇	罗溪	3.8	10	0.21	0.03	940
	长侃圳干堤	歌山镇	东阳江	2	10	0.86	0.43	960
	大里石潭堤	歌山镇	东阳江	3.79	10	0.59	0.38	910
	西河堤	城东街道	泗渡溪	2.9	10	0.12	0.05	750
	冯家楼堤	城东街道	泗渡溪	2.31	10	0.18	0.08	370
	小计			14.8		1.96	0.974	3930
义乌	城西堤防	城西街道	铜溪	5	10	2.65	1.02	1500
	赤岸堤防	赤岸镇	后龙溪	3	10	0.40	0.32	800
	小计			8		3.05	1.34	2300

续表

永康	李溪堤	石柱镇	李溪	14.7	20	1.90	0.90	2970
	华溪堤	古山镇	华溪	7.3	20	2.00	1.20	1500
	小计			22		3.9	2.1	4470
兰溪	黄店集镇堤	黄店镇	甘溪	2.5	10	0.80	0.30	350
	石渠溪堤	马涧镇	石渠溪	4.24	10	0.30	0.24	330
	梅溪堤	梅江镇	梅溪	3.76	10	0.70	0.53	450
	小计			10.5		1.8	1.07	1130
磐安	龙溪堤	冷水镇	好溪	1.52	10	0.31	0.10	330
	九和乡堤	九和乡	八达溪	1.6	10	0.17	0.20	800
	玉虹溪堤	尚湖镇	玉虹溪	2.7	10	0.10	0.11	500
	维新堤	维新乡	溪炉 港溪	1.7	10	0.08	0.08	500
	方前堤	方前村	始丰溪	4	10	0.45	0.30	1350
	双溪堤	双溪乡	西溪	2.4	10	0.20	0.25	1240
	玉山堤	玉山镇	夹溪	2	10	0.25	0.10	1190
	文溪堤	安文镇	文溪	2.7	10	0.15	0.12	800
	好溪堤	仁川镇	好溪	3.5	10	0.20	0.13	1150
	尖山堤	尖山镇	夹溪	2.4	10	0.15	0.05	530
	小计			24.52		2.06	1.44	8390
武义	东溪堤	柳城镇	东溪	3.18	20	1.50	0.60	330
	桐琴堤	桐琴镇	武义江	5.353	20	2.10	0.56	2600
	履坦堤	履坦镇	白鹭溪	4	10	0.70	0.80	1330
	宣平堤	柳城镇	宣平溪	3.2	10	0.60	0.30	330
	熟溪堤	熟溪街道	熟溪	5	20	1.20	0.70	2150
	泉溪堤	泉溪镇	清溪	5	10	0.80	0.60	1250
	小计			25.733		6.9	3.56	7990
浦江	中余堤	中余乡	中余溪	6.2	10	0.52	0.20	780
	檀溪堤	檀溪镇	中余溪	4.7	10	0.78	0.23	970
	虞宅堤	虞宅乡	朱宅源	8	10	0.14	0.09	1150
	岩头堤	岩头镇	蜈蚣溪	5.1	10	0.17	0.08	790
	小计			24		1.605	0.592	3690
金华合计				**144.21**		**25.83**	**13.66**	**36230**

二、全国重点地区中小河流治理项目

针对中小河流治理相对滞后，存在防洪基础设施薄弱、河道淤积萎缩严重、治理投入不足等突出问题，水利部、财政部2009年印发了《全国重点地区中小河流近期治理建设规划》，治理范围为流域面积200~3000平方千米的河道。

2009年，金华市共有5个项目列入试点项目实施。截至2014年12月，全市共有42个项目列入中小河流治理范围，批复河道治理长度196.242千米，堤防护岸建设长度243.157千米，批复总投资11.59亿元。完成18个项目治理，累计完成治理长度175.82千米，完成投资7.59亿元。治理情况见下表。

金华市中小河流治理情况汇总表

（2009—2014年）

表4-3

项目名称	河道治理长度（千米）	堤防护岸长度（千米）	工程量(万立方米)			投资（万元）
			土方	石方	混凝土	
合计	141.6362	175.8194	656.9	74.9	79.1	75894
婺城区	13.411	16.88	108.1	8.1	5.0	9805
金东区	18.96	23.6	41.4	10.1	4.6	10909
武义县	13.292	13.572	132.3	13.4	0.9	7439
浦江县	16.98	24.98	44.1	12.3	2.9	7133
磐安县	7.9	8.45	25.8	7.2	5.6	4837
兰溪市	19.1332	26.3704	60.6	3.0	4.4	6094
义乌市	2.43	4.54	9.3	3.0	0.3	1211
东阳市	30.72	28.567	155.1	11.9	54.3	16989
永康市	18.81	28.86	80.1	6.0	1.1	11479

三、中小河流治理重点县及水系连通试点项目

针对县乡河道普遍存在的河道萎缩、功能衰减、水环境恶化等突出问题，2012年水利部、财政部启动了中小河流治理重点县建设，集中连片治理县乡河道，开展综合整治试点工作，是进一步加强中小河流治理的重要举措。

全市有金东区、东阳市、永康市三个县市列入全国首批中小河流治理重点县及水系连通试点，规划实施31个项目区，整治河道303条789.7千米，整治沟塘530座，规划总投资7.9亿元。截至2014年12月，已开工23个项目区，完成河道整治298.1千米，完成投资4.03亿元。具体项目如下：

金东区：规划实施10个项目区，整治河道188.8千米，整治沟塘25座，规划投资2.88亿元。受益村庄165个，受益人口11.06万人，除涝受益面积21.25万亩，改善灌溉面积8.09万亩。已开工实施岭下镇、曹宅镇曹宅片、澧浦镇西溪片、源东乡、澧浦镇东溪片、赤松镇

项目区、傅村镇 7 个项目区，完成河道治理 89.1 千米，完成投资 1.6 亿元。

东阳市：规划实施 7 个项目区，整治河道 229 千米，整治沟塘 49 座，规划投资 2.09 亿元。受益村庄 79 个，受益人口 18.02 万人，可改善灌排面积 6.01 万亩。已开工实施江北街道试点项目区、湖溪镇、六石街道、歌山镇、横店镇、巍山镇、虎鹿镇 7 个项目区，完成河道治理 92.3 千米，完成投资 1.06 亿元。

永康市：规划实施 14 个项目区，整治河道 371.9 千米，整治沟塘 456 座，规划投资 2.93 亿元。受益村庄 389 个，受益人口 31.4 万人，除涝受益面积 10.98 万亩，改善灌溉面积 6.28 万亩。已开工实施象珠、唐先、西城、江南、花街、西溪、舟山、龙山、东城 9 个项目区，完成河道治理 116.7 千米，完成投资 1.37 亿元。

第三节　水闸除险加固

全市共有水闸 782 座，其中大型水闸 5 座，中型水闸 5 座，小（一）型水闸 53 座，小（二）型水闸 719 座。大部分水闸运行时间长，老化失修严重，急需更新加固。2011 年以来，全市共有金东区杨卜山水闸、义乌市杨宅水轮泵站、金华市本级铁堰水闸等 3 座大中型水库完成除险加固工作。

一、金东区杨卜山水闸。杨卜山水闸位于金东区孝顺镇马腰孔村西南的东阳江上，闸址以上流域面积 2938 平方千米，拦蓄总库容 421 万立方米，1993 年 11 月建成并投入运行，是一座以提水灌溉为主，结合治江防洪、发电、交通航运、种养殖业等综合性、多功能的水利工程，承担着区内 5.4 万亩农田的灌溉任务，直接受益人口十余万人。经过多年运行，主要建筑物如翻板闸、冲砂泄洪闸、交通桥和两岸堤防等均存在安全隐患，水闸鉴定为三类闸。2012 年 4 月，水闸除险加固工程开工建设，2013 年 4 月 15 日下闸试运行，2014 年年底基本完成建设任务。

二、杨宅水轮泵站。杨宅水轮泵站位于义乌市南江与北江汇合处的下游(佛堂镇杨宅村上游的义乌江上)，是一座以防洪、灌溉、供水（向佛堂镇提供低品质工业用水及内河水系激活）为主，兼顾发电效益的综合性水利枢纽工程，也是义乌市双江水利枢纽工程的控制性工程。原杨宅水轮泵站始建于 1980 年， 1987 年投入运行，是一座河床式三用水轮泵站。经过多年运行，工程存在严重安全问题，2008 年对杨宅水轮泵站工程进行改造重建，挡水建筑物按照五十年一遇洪水标准设计，百年一遇洪水校核；工程主要建筑物包括：泄水闸、发电厂、升压站、灌溉泵站和蓄水池等。新建的杨宅泵站改造工程位于原泵站下游 100 米，距下游佛堂水文站 0.4 千米，上游集雨面积 2340 平方千米，回水长度 8 千米，水面面积 3000 亩，水深 1 ~ 5.2 米，库容 348 万立方米，电站装机 1600 千瓦，工程概算总投资 6750 万元。工程于 2011

年7月开工建设，主体工程已完工。

三、铁堰水闸。铁堰水闸位于武义江一级支流婺城区苏孟乡的梅溪上，建于20世纪五六十年代，是一座以灌溉引水为主，兼顾防洪的中型水利工程，设计洪水标准为20年一遇，校核洪水标准为50年一遇。工程由拦河堰坝、泄洪闸及进水闸等组成。泄洪闸设置三孔闸门，过闸流量137 立方米/秒；进水闸设置三孔闸门，设计流量为15 立方米/秒；拦水堰仍旧为实用堰，设计泄流量为623 立方米/秒，堰长116 米。2014年3月，铁堰水闸除险加固工程开工，同年12月完工。加固内容主要有泄洪闸更换、进水闸底板加固、下游新建消力池、两岸堤防提挡、拆除新建水闸启闭机房及观测设施等。本工程改变了以往水闸工程砼加块石的单一形式，结合园林设计，给市民提供了休闲、游憩、散步的活动空间，同时也保障梅溪流域灌溉用水及改善沿线水环境。

第五篇　水力发电

第一章　水电开发

第一节　水电发展

金华市河流比降大，水力资源较为丰富，钱塘江重要支流金华江、浦阳江、壶源江、澄潭江（曹娥江上游），瓯江支流好溪、宣平溪，椒江支流灵江等河流均发源于全市境内。全市水力资源理论蕴藏量 47.53 万千瓦，计算可开发水力资源量为 32.79 万千瓦。

中国人民共和国成立后，全市农村水电得到了很大的发展。1951 年投产发电的金华湖海塘电站（装机容量 200 千瓦)是金华地区第一座水力发电站；1959 年投产发电的金华双龙水电站（当时装机容量 512 千瓦）是金华地区第一座总装机 500 千瓦以上的引水式高水头水电站，1960 年 3 月 14 日，毛泽东主席专门视察了双龙水电站。截至 2014 年年底，全市已建小型水电站 354 座，总装机 28.4467 万千瓦，约占可开发资源量的 88%。其中，装机 2000 千瓦以上电站 28 座。2014 年在建电站 2 座，总装机容量 5320 千瓦，分别是磐安鱼井下（装机容量 2400 千瓦）和婺城石柱头（装机容量 2920 千瓦）。

金华市水电站工程统计表

表 5-1

县（市、区）名称	座数/容量（千瓦）	2000 千瓦以下座数/容量（千瓦）	2000~5000 千瓦座数/容量（千瓦）	5000 及以上座数/容量（千瓦）	1995 年前座数/容量（千瓦）
全市	354/284467	326/143557	17/49730	11/91180	210/276689
市直属	12/44680	6/2480	1/4000	5/38200	7/13380
婺城区	42/18670	41/16160	1/2510	0	28/10130
金东区	21/9515	20/6535	1/2980	0	12/6390
兰溪市	32/15550	32/15550	0	0	10/6315
武义县	110/67112	105/40212	3/7900	2/19000	71/34562

续表

永康市	27/7200	26/4380	1/2820	0	27/7200
义乌市	10/8345	10/8345	0	0	7/5265
东阳市	29/47850	22/12350	4/11520	3/23980	17/24755
浦江县	21/11205	20/8805	1/2400	0	17/9005
磐安县	50/54340	44/28740	5/15600	1/10000	14/16130

第二节　新建水电站

2005—2014年，全市新建小型水电站42座，总装机容量34220千瓦。其中，新建500千瓦以上水电站18座，总装机容量26680千瓦。

1.金华市九峰电站。九峰水库大坝主体工程于2004年12月28日开工，2010年9月28日封孔蓄水。电厂厂房工程于2006年12月31日正式开工建设， 2011年8月5日通过省水利厅组织的机组启动验收并投入试生产运行。电站装机容量6800千瓦，设计水头44.0米，年发电量1437万千瓦时。2014年7月29日至30日，九峰水库工程通过竣工验收。

2.金东区金鹊桥二级电站（北山水电站）。金鹊桥二级电站位于金东区赤松乡双门村，由赤松溪引水发，2006年5月份建成投产，同年11月份竣工验收，电站设计水头156米，装机容量2×400千瓦，总投资400万元。

3.兰溪市邵汤电站。邵汤电站由兰溪市绿苑新农业开发有限公司投资200万元，于2005年1月建成投产，站址位于前店村西岩下，装机容量500千瓦，年发电量104.2万千瓦时。电站水源来自金华山北麓海拔830米的滴水岩，由邵山和汤山两支垅引水，修建调节水库一座（坝高15.9米，库容8万立方米），控制集水面积4.26平方千米（其中邵山水库2.12平方千米，汤山引水1.74平方千米，引水渠山坡集水0.4平方千米），电站设计水头200米，流量0.337立方米/秒。

4.兰溪市姚塘下电站。位于马涧镇姚塘下村，引梅溪之水发电。上游集雨面积380平方千米。设计水头5.3米，流量27立方米/秒，安装320千瓦发电机组3台，安装250千瓦发电机组1台，总装机容量1210千瓦，于2005年投产并网，年平均发电量158.3万千瓦时。

5.兰溪市高媚电站。位于灵洞乡高眉村，引茶山水库水发电。茶山水库集雨面积3.15千米，正常库容13万立方米。电站设计水头110米，流量2立方米/秒，安装400千瓦发电机组2台，总装机容量800千瓦，于2006年5月投产并网，年平均发电量63.11万千瓦时。

6.义乌市双枫电站。双枫电站为枫坑水库2007年除险加固时新建附属电站， 电站安装两台卧轴混流式水轮发电机组，装机容量 2×320 千瓦，额定流量 1.2 立方米/秒，设计年平均发电量 145 万度。电站工程投资约 400 万元，由义乌市财政全额投资。

7.东阳市香岩电站。香岩电站位于东阳市佐村镇香岩村，距东阳市区 32 千米。其配套工程游鱼水库为钢筋砼面板碾压堆石坝，坝高 51.03 米，正常库容 758 万立方米。集雨面积 63.6 平方千米，装机容量 2×1600 千瓦，设计年发电量 714.9 万千瓦时，总投资 3800 万元。工程于 2003 年 11 月动工，2005 年 6 月 21 日并网试运行。

8.东阳市江滨电站。江滨电站位于东阳市中山大桥下游 350 米处，兴建了坝高 3.8 米、坝长 165.2 米的橡胶坝，形成了一个 150 万立方米的人工湖。江滨电站坝址以上集雨面积 1000 平方千米，装机容量 4×250 千瓦，机组设计流量 8.7 立方米/秒，设计水头 3.8 米，多年平均发电量 308 万千瓦时，投资概算 550 万元。工程于 2003 年动工，2005 年 5 月 10 日通过金华市电业局并网验收。

9.东阳市龙头坑电站。龙头坑电站位于东阳市巍山乌竹岭下村，距东阳市区 25 千米。其配套工程水库大坝为灌砌石重力坝加水力自控翻门，坝高 14.5 米，正常库容 36 万立方米。集雨面积 20.6 平方千米，装机容量 2×630 千瓦，设计年发电量 162 万千瓦时，总投资 760 万元。工程于 2004 年 9 月动工，2007 年 2 月 9 日并网试运行。

10.东阳市岩下电站。岩下电站位于画水镇上康村，距东阳市区 25 千米。其堰坝建在岩下村下游 620 米的南江上，控制流域面积 758 平方千米，总库容 101 万立方米。坝体由 7 扇 10×5 米钢筋砼水力自控翻板门和 3 孔 8×6 米卧式平面钢闸门组成。电站装机容量 4×630 千瓦，设计年发电量 719 万千瓦时，总投资 3200 万元。工程于 2004 年 12 月动工，2008 年 11 月 3 日并网运行。

11.东阳市大源电站。大源电站位于东阳市南马镇镇绕川村，距东阳市区 28 千米。其配套水库为砌石拱坝，坝高 27.7 米，正常库容 78.5 万立方米。集雨面积 22.5 平方千米，电站装机容量 2×630 千瓦，设计年发电量 208 万千瓦时，总投资 650 万元。工程于 2004 年 6 月动工，2005 年 12 月 1 日试运行。

12.武义县荣霖一级电站。荣霖一级电站位于武义县西联乡直坑村李枝铺，距乡政府所在地马口村 4.5 千米，属个体所有。电站所在小流域为宣平溪支流西溪二级支流的蒋城坑，坝址以上集雨面积 3.75 平方千米，建有调节水库一座，库容 8.5 万立方米，发电水头 360 米，装机 2 台共 800 千瓦（1×320 千瓦+1×480 千瓦），于 2008 年投产发电。为充分利用水资源，提高电站经济效益。经业主申请，2012 年 12 月批复技改增容，报废原机组，新装机组二台（1×480 千瓦+1×630 千瓦），现总装机容量 1110 千瓦。

13.武义县柳江电站。柳江电站位于武义县柳城镇汤城坑小流域内，距柳城镇政府所在地 9.8 千米，属个体所有电站。电站截宣平溪支流杉溪二级支流汤城坑之水，坝址以上集雨面积

8.58 平方千米，区间引水 1 平方千米，建有调节水库一座，正常库容 34.7 万立方米，调节库容 28.5 万立方米。电站最大静水头 95 米，平均发电水头 86 米，装机容量 500 千瓦，于 2007 年投产发电。

14.浦江县仙华水电站。仙华水电站位于浦江县金坑岭上游约 2 千米处，2007 年建成投产运行，2007 年 2 月 7 日并网验收，2008 年 1 月 17 日机组启动验收，总投资 741 万元。电站开发方式为坝后式，设计水头 55.1 米，设计流量 2.32 立方米每秒，装机容量 2×500 千瓦，是一座采用 BOT 模式的股份制电站。

15.磐安县黄公潭电站。黄公潭电站位于尖山镇，是夹溪流域梯级的第三级水电站。坝址以上控制集雨面积 108.5 平方千米，正常库容 14.5 万立方米，装机容量 2×500 千瓦，设计多年平均发电量 502 万千瓦时，工程总投资 1010 万元，于 2005 年 12 月 21 日通过机组启动验收投产发电。

16.磐安县水下坑电站。水下坑电站位于胡宅乡，属曹娥江水系澄潭江支流玉溪，水库集雨面积 5.78 平方千米，总库容 34.96 万立方米，电站装机容量 1×500 千瓦,设计年发电量 144 万千瓦时，2006 年 12 月投产。

17.磐安县下溪电站。下溪电站位于大盘镇，属椒江水系始丰溪支流，是一座私营电站。水库集雨面积 44.78 平方千米，总库容 9.78 万立方米，电站装机容量 2×500 千瓦,设计年发电量 209.3 万千瓦时，2007 年 3 月通过机组启动验收投产发电。

18.磐安县鱼井下电站。鱼井下电站位于磐安县胡宅乡岭西村鱼井下水库大坝下游侧两千米处。电站于 2005 年 11 月开工建设，安装 3 台卧式水轮发电机组，装机容量 3×800 千瓦，设计水头 108.28 米，设计多年平均年发电量 555 万千瓦时。2007 年 7 月 15 日完工，2015 年 7 月 7 日受金华市水利渔业局委托由磐安县水务局组织电站机组启动验收，工程总投资约 2000 万元。

第二章　水电站管理

第一节　管理制度

1.推进水库（电站）运管单位安全生产规范化建设工作。2009 年，金华市安委会印发了《金华市水库（电站）运管单位安全生产规范化建设考评细则（试行）》，同年在金华市本级各水库（电站）试点；2010 年金华市水利局下发《金华市水利局关于开展水库电站安全生产规范化建设的实施意见》；2011 年，根据《金华市水库（电站）运管单位安全生产规范化建设考评细则（试行）》，金华市水利局组织相关技术人员和金华市本级水管单位，以沙畈水库规范化建设试点为案例就法律法规、规章制度、运行管理、监测检测、应急管理、台帐登记等整编了共计 18 册的一整套资料；2013 年年底，全市已有 14 座水库（电站）通过安全生产规范化建设考评验收。

2.开展水电站安全管理年检工作。2010 年，全市共有 342 座水电站参加首次年检（含 2008 年度浦江县 21 座试点电站,另外 16 座电站因正在实施更新改造未参加本次年检,等实施更新完成后再另行年检），经省、市、县分级审定：年检合格电站有 319 座，年检不合格电站有 23 座，对年检不合格电站，责令停产整改，待整改完成后，须按规定重新申报年检；2013 年，全市共有水电站 357 座水电站参加第二轮年检,实际参加本次年检的有 351 座（另有 3 座待报废、3 座在技改未申报年检）。其中， 324 座 2000 千瓦以下电站参加本次年检,有 301 座年检合格、有 23 座年检不合格，不合格电站现已全部停产；16 座 2000（含）~ 5000 千瓦电站，全部合格；11 座 5000 千瓦（含）以上电站年检合格。

3.积极落实小水电电价政策。2014 年 5 月，金华市水利渔业局主动将《关于完善小水电上网电价政策的意见》（征求意见稿）发给电站业主征求意见。6 月 30 日，省物价局下发了《关于完善小水电上网电价政策有关事项的通知》（浙价资〔2014〕150 号）。到 2014 年年底，全市小水电电价已全部落实到位，执行时间严格按照要求从 2014 年 8 月 1 日起执行。

上网电价。按照电站投产时间的对应电价执行的；报废重建的按报废重建投产时间的对应电价执行；技术改造增容的，增容部分按新电价确定，电站上网电价加权平均确定。

具体峰谷电价水平如下：

浙江省小水电峰谷电价表

表 5-2　　单位：元/千瓦时（含税）

投产时间段	平均电价	峰电价	谷电价
1993 年及以前投产	0.43	0.533	0.213
1994–2005 年投产	0.46	0.570	0.228
2006 年及以后投产	0.48	0.595	0.238

上网线损。小水电上网线损计算严格以产权分界点为依据，产权分界点与计量装置之间的线损计算，按电压等级、单位线损以及产权分界点与计量装置之间的线路长度确定，并都按省定标准计算。具体标准为：1 ~ 10 千伏线路每千米 0.3%，35 千伏及以上线路每千米 0.1%，线损累计最高不得超过 5%，不足 1 千米按 1 千米计算。各市、县（市、区）现行线损计收标准低于本标准的，不得提高。经向批复落实到位的县（市、区）内的部分电站业主了解到，上网线损的确定也已按新政策执行了，原来超标准的，都按标准下降了。

增值税率。2014 年 6 月 11 日，财政部、国家税务总局联合颁发《关于简并增值税征收率政策的通知》（财税〔2014〕57 号）后，从 7 月 1 日起，全市各地小水电执行的增值税税率已从 6%降到 3%。

第二节　农村水电站安全生产标准化建设

积极指导和推行农村水电站安全生产标准化建设。2014年，全市共有20座电站列为全省安全生产标准化达标试点电站。有19座试点电站完成了安全生产标准化三级创建任务。具体电站见下表：

金华市水电站安全生产标准化建设完成统计表

表5-3

县（市、区）	电站名称	总装机（千瓦）	总库容（万立方米）
金华市本级	沙畈一级	10000	8555
金华市本级	沙畈二级	10000	8555
金华市本级	九峰电站	6800	9805
婺城区	苏孟电站	1260	
金东区	国湖电站	2980	330
兰溪市	芝堰二级	1120	3375
东阳市	横锦一级	9750	27400
东阳市	南江一级	6230	12030
义乌市	塔下水轮泵站	1120	335
永康市	杨溪电站	2820	5400
浦江县	通济桥电站	1760	5880
浦江县	仙华电站	1000	1158
武义县	宣平溪二级	6400	2499
武义县	源口一级	2700	2220
武义县	三港电站	12600	350
武义县	清溪口电站	800	1160
磐安县	五丈岩一级	2400	2163
磐安县	下坑电站	4000	
磐安县	呈家坑电站	2000	

第三节　水电站更新改造

2011年，浙江省被水利部列为是农村水电增效扩容改造试点省。2011—2012年全市共完成18座水电站列入“增效扩容”项目。（具体电站是：婺城区三联电站、婺城区塔石电站、婺城区郭力垅电站、金东区国湖电厂、金东区洞源电站、金东区寺口垅东站、兰溪芝堰二级电站、兰溪城头二级电站、东阳市东方红电站、东阳市歌山电站、武义县杉坑桥电站、武义县马昂电站、武义县清溪口电站、武义县上坊电站、武义县石眠床电站、武义县横山电站、浦江县石姆岭电站、磐安县呈家坑电站）2005—2014年，全市354座电站中，实施技改、更新改造、报废重建、增效扩容电站 72座，其中500千瓦以上水电站32座。具体列表如下：

表 5-4

县别	电站名称
市直属4座	安地一级6400千瓦、安地二级、东畈、丰塘下
婺城区11座	张坑、湖海塘、莘畈一级1200千瓦、山下吴、石塘、三联600千瓦、苏孟1260千瓦、双龙洞、李经堂、周村、郭力垅
金东区5座	赤松、寺口垅东、国湖2980千瓦、洞源、黄坞口
兰溪市5座	城头一级800千瓦、城头二级、芝堰二级1120千瓦、金山头570千瓦、禹昌1000千瓦
东阳市11座	东白山一级、浪坑口、洋坑二级、东白山二级、南岸、南江一级6230千瓦、南江二级1600千瓦、林甘电站、横锦二级2200千瓦、东方红电站1830千瓦、里山
义乌市2座	杨宅水轮泵站1705千瓦、巧溪电站800千瓦
永康市5座	上黄、洪塘坑、源口一级
浦江县6座	金坑岭一级1210千瓦、金狮岭、花桥（陈宅凹）、壶源江2400千瓦、通济桥1760千瓦、石姆岭
武义县17座	平坑、章五里二级1200千瓦、大坑960千瓦、黄山(银桥二级)、松溪、朱坑、杉坑桥1890千瓦、马昂960千瓦、清溪口800千瓦、上坊720千瓦、石眠床、横山760千瓦、半塘二级900千瓦、俞源一级630千瓦、将城坑、芭蕉、荣霖一级1110千瓦
磐安县6座	新宅、七都潭、友谊1600千瓦、五丈岩2400千瓦、呈家坑2000千瓦、大盘1000千瓦

【金华市本级安地一级电站】

安地一级电站始建于 1958 年 12 月，1965 年 12 月建成投产，并于 2000 年实施了技改增容。但电站总装机仍然偏小，厂房布置不合理，运行环境差，引水系统水头损失偏大，尾水壅水影响出力，不能使水能发挥最大效益。2013 年 8 月，编制完成《金华市安地一级水电站增效扩容改造工程初步设计报告》。

【婺城区莘畈一级电站】

莘畈一级水电站属坝后式电站，总装机 1200 千瓦。2013 年 9 月开始技术改造，2014 年 2 月完工，主要建设内容为：上位机系统一套、1～3 号机组 LCU 屏三套、液压操作器时 PU-300 三套、励磁装置三套、厂用电线路保护屏一套。莘畈一级水电站自改造完成后，提高了发电系统的可靠性、实用性、实时性和先进性，发电效益明显增强。

【婺城区三联电站】

三联电站位于婺城区塔石乡金华江支流厚大溪上游河段上，始建于 1979 年。2012 年 3 月进行增效扩容，主要建设内容为：更新扩容水轮发电机组，同时对压力管、机组基础、尾水渠进行配套改造。改造工程于 2012 年 11 月底完成，总投资 125.9 万。通过增效扩容，进一步提高水资源利用率，提高发电效益，消除安全隐患。

【婺城区苏孟电站】

苏孟水电站1966年3月动工，1971年5月投产，电站装机1260千瓦。2011年进行技术改造，实际投资32万元。主要建设内容为：对压力前池、水塔、安防视频监控、电站直流系统、发电机组励磁系统、主变、压力钢管进行改造。通过技术改造，设备运行稳定可靠，增加设备的安好率，提高安全系数，消除安全隐患，降低了工作强度。

【金东区国湖电站】

国湖电厂位于金华武义江上，站址在金东区江东镇孔坑村，距金华城区约20千米。国湖电厂报废重建及增效扩容工程于2011年完成初步设计及立项审批，2012年9月开工建设。电厂水工主体建筑基本不动，主厂房浇筑3台调速器基础，主副厂房重新装修1392平方米；对水轮机排气孔作局部衬砌；电厂6台水轮发电机的控制设备、继电保护设备、励磁系统、直流系统、高压开关柜设备、升压站主变、高压开关等机电设备全部报废更换，6台水轮发电机组的定子线圈、转轮及转轮室等部件作部分报废更新；增加电厂计算机控制保护系统和信息化传感和通信系统。2012年12月24日通过完工验收。

【兰溪市城头一级电站】

城头一级电站于2009年报废重建，设计水头38.9米，流量3.60立方米/秒，安装400千瓦水轮发电机组2台，总装机容量800千瓦，总投资236万元，于2011年4月投产并网，年平均发电量109万千瓦时。

【兰溪市芝堰二级电站】

芝堰二级电站于2012年实施增效扩容，安装320千瓦水轮发电机组1台，安装400千瓦水轮发电机组2台，总装机容量1120千瓦，总投资95万元，现年平均发电量74万千瓦时。

【兰溪市金山头电站】

金山头电站于2012年报废重建，设计水头15米，流量4.5立方米/秒，安装250千瓦、320千瓦水轮发电机组各1台，总装机容量570千瓦，年平均发电量97万千瓦时。

【兰溪市禹昌电站】

禹昌电站原名金凤电站，1981年建成，2010年更名为禹昌电站，是一座跨流域引水的径流电站，由大溪上游新宅引水至梅溪支流水阁溪上游，集水面积12.5千米2，设计水头122.4米，装机2×250和1×100千瓦发电机组3台（套），总装机600千瓦。1996年进行改造，新增250千瓦机组一台，总装机容量为850千瓦。2010年进行技改，装机容量4×250千瓦，年平均发电量161万千瓦时。

【东阳市南江一级、二级电站】

南江一级电站2×1250千瓦机组，于1975年10月并网发电，1992年新增2000千瓦机组一台，1998年新增630千瓦卧式机组一台。二级电站2×500千瓦机组分别于1980年5月、

10月并网发电。南江一级、二级电站报废重建工程于2006年11月15日开始，一级电站2×1250千瓦机组报废重建为2×1800千瓦，二级电站2×500千瓦机组报废重建为2×800千瓦，于2008年6月12日并网发电。现总装机容量7830千瓦，多年平均发电1426万千瓦时。南江一、二级电站报废重建投资为1646.3万元。

【东阳市横锦二级电站】

横锦水库二级电站机组报废重建项目于2011年8月27日完成初步设计报告并报东阳市发改局审批，8月30日东阳市发改局对此项目进行了批复,同意立项。9月6日，成立横锦水库二级电站机组报废重建及增效扩容项目领导小组。该项目由浙江省中洲设计院设计，2011年12月21日，项目进行招投标，由杭州市亚太设备成套技术有限公司中标，中标价315.7万元。改造后安装两台1000千瓦立式水轮发电机组,采用微机型静止可控硅自并激励磁设备。2013年12月23日，该项目通过竣工验收。

【东阳市东方红电站】

2012年，结合水库正常蓄水位的提高与电站的实际情况，经综合分析比较拟定电站报废重建方案：水轮机，发电机及辅助设备、变压器等机电设备全部报废，重建安装新的机电设备，装机容量增加至3×400千瓦，厂房根据设备进行改建。8月开工建设，2013年1月完成设备安装并进行调试并网验收。

【义乌市杨宅水轮泵站】

杨宅水轮泵站改造工程位于义乌市区西南方向的义乌江上（原杨宅水轮泵站下游），距下游佛堂水文站0.4千米，是一座以灌溉、供水为主，兼顾发电效益的综合性水利枢纽工程；工程闸址以上集雨面积2340平方千米，正常蓄水位54.2米，相应正常库容348万立方米；该电站为低水头径流河床式电站，装机容量4×400千瓦，机型为立式轴流，设计年发电量596甩千瓦时。杨宅水轮泵站改造工程由义乌市发展和改革局批准建设，概算总投资6749.85万元；工程于2011年7月6日开工建设，至2014年底主体工程全部完成。

【义乌市巧溪电站】

巧溪电站位于巧溪水库大坝下游右岸，原装机容量640千瓦。2007年5月，巧溪水库除险加固时进行了电站改造，新装两台400千瓦卧轴混流式水轮发电机组，额定水头42.52米，设计年平均发电量227万千瓦时，2010年1月完工，2011年11月通过竣工验收。工程总投资630万元。

【浦江县壶源江电站】

壶源江水电站增效扩容改造项目于2014年1月下旬正式启动，内容包括新装3台980千瓦水轮发电机组，更换主变、厂用变、高压开关柜以及新装自动化操作控制设备等，项目概算总投资为779万元。经过改造，电站总装机容量比原来增容25%，年利用时间1973小时，年均发电量为581.1万千瓦时，新增发电量122.5万千瓦时。

【浦江县通济桥电站】

通济桥电站于1965年建成，安装两台水轮发电机组。1号机组为立式混泥土蜗壳，装机容量1360千瓦，1995年进行了初步改造，更换了部分机电设备。2008年8月，浦江水务局批复同意1号机组在原址进行更新改造，12月起分批对电站进行技改，更换了控注阀、行车、可控硅励磁装置、二次保护操作控制屏、二次电缆、水轮机转轮导水叶等机电设备。2号机组为卧式金属蜗壳，原装机容量200千瓦，1996年完成增容新建，装机容量增加至400千瓦。2012年7月结合通济桥水库总干渠改道及配套工程建设，拆除旧管理房后，原址新建72线进口闸门，并先后完成了电站大门改建和尾水池两侧绿化等，2013年3月工程基本完成。

【武义县章五里二级电站】

章五里二级电站位于武义县西联乡章五里村，距离西联乡政府所在地8千米，属国有电站。电站截宣平溪西溪支流上游来水发电，集雨面积14.4平方千米，调节库容41.5万立方米，电站原装机容量2×400千瓦，2005年8月报废重建投产，现装机容量3×400千瓦，设计年发电量290万千瓦时，发电水头142米。

【武义县大坑电站】

大坑水电站位于桃溪镇大坑村，距镇政府所在地11千米，属个体所有电站。电站截麻阳港上游大坑水，原装机2×75千瓦，于1983年6月投产。引水坝以上集雨面积5平方千米，发电水头79米。2007年进行技改增容，引入支流水后集雨面积增加到7.7平方千米，发电水头增加到142米，装机960千瓦（2×480千瓦），设计年发电量177.6万千瓦时，于2011年1月并网发电。

【武义县杉坑桥电站】

杉坑桥电站位于武义县柳城镇杉坑桥村，距离柳城镇所在地3千米，属国有电站。电站截宣平溪支流杉溪之水，集雨面积78.6平方千米，调节库容14.7万立方米。原装机容量3×320千瓦，2012年5月技改竣工投产，现装机3×630千瓦,设计年发电量384万千瓦时，设计水头41.5米。

【武义县马昂电站】

马昂电站位于王宅镇马昂村，为引水式电站，工程始建于1986年，原装机为750千瓦（3×250千瓦）。2011年进行增效扩容技术改造，安装三台SFW320-6/740水轮发电机组，装机容量960千瓦，主接线采用一机一变单元接线。

【武义县清溪口电站】

清溪口水库电站1985年10月动工，1986年8月竣工。2011年8月，武义县水务局《关于武义县清溪口水库电站增效扩容工程初步设计报告的审查意见》武水务〔2011〕90号文件对工程初步设计报告进行了批复，对电站2台机组进行增效扩容，每台机组由原250千瓦增加到400千瓦,装机总容量为800千瓦;多年平均发电量为148.7万千瓦时;实际总投资为99.36万元。工程于2012年1月10日正式开工，2012年8月27日通过竣工验收并投入运行。

【武义县上坊电站】

上坊水电站位于新宅镇上坊村，建于1991年。水电站截菊溪支流金岩溪之水，引水坝以上集雨面积19.6平方千米，发电水头43米，原装机200千瓦（1×125千瓦+1×75千瓦），2010年8月，一期技改竣工发电。工程主要对引水系统和75千瓦机组进行更换，新装一台320千瓦机组。2011年12月，二期技改竣工发电。工程主要对125千瓦机组进行更换，新装一台400千瓦机组。现装机720千瓦（1×320千瓦+1×400千瓦），属上坊村集体电站。

【武义县横山电站】

横山电站位于白姆乡横山村附近，距县城约20千米。电站装机520千瓦，为引水式电站原设计年发电量为160.00万千瓦时，多年平均发电量165.00万千瓦时。2012年进行增效扩容技术改造，总装机760千瓦（3×200千瓦+1×160 千瓦），增容240 千瓦，主接线采用四机一变接线。

【武义县半塘二级电站】

半塘二级水电站位于武义县柳城镇乌漱岭脚，距镇政府所在地14.5千米，属个体所有电站。电站截宣平溪支流杉溪上游新塘之水，坝址以上集雨面积13平方千米，水头85米，1999年6月投产，装机1×400千瓦，2012年技改增容1台500千瓦机组，总装机900千瓦。

【武义县俞源一级电站】

俞源一级水电站位于武义县俞源乡俞源村，属村集体所有电站。电站原装机2×75千瓦，截熟溪二级支流乌溪上游仙云和九里潭两股水发电。坝址以上集雨面积3.9平方千米,建有调节水库一座，库容8万立方米。2013年，对原水电站进行技改增容，现设计发电水头175米，装机1×630千瓦，于2013年7月并网发电。

【磐安县友谊电站】

友谊电站位于磐安县胡宅乡境内，是曹娥江流域澄潭江支流上游夹溪河段上的第七梯级水电站，距磐安县城约65千米，属胡宅乡乡办电站。电站于1981年3月建成投产，原装机容量2×320千瓦。2009年3月，经磐安县发展和改革局批复同意报废重建。重建后安装两台卧轴混流式水轮发电机组，装机容量2×800千瓦，设计年发电量402万千瓦时。工程于2009年12月动工，2010年10月完工，2012年12月通过磐安县水务局组织机组启动验收，工程总投资约1100万元。

【磐安县五丈岩一级电站】

五丈岩一级电站位于尖山镇，是夹溪流域梯级的第一级水电站,属国营电站。坝址以上控制集雨面积106.2平方千米，总库容2163万立方米，原电站装机容量1600（4×400）千瓦，2010年实施更新改造，改造后电站装机容量为2400（2×400+2×800）千瓦,设计多年平均发电量549万千瓦.时，工程总投资659.2万元，于2011年3月通过机组启动验收投产发电。

【磐安县呈家坑电站】

呈家坑电站位于尖山镇，是夹溪流域梯级的第二级水电站,属国有控股股份制电站。原电站装机容量400（1×400）千瓦，2011年经县政府批准由五丈岩水库管理处以国资控股方式对该电站实施增效扩容改造，改造后装机容量为2000（1×2000）千瓦,设计多年平均发电量333万千瓦时，工程总投资590万元，于2012年12月通过机组启动验收投产发电。

【磐安县大盘水电站】

大盘水电站位于大盘镇，属椒江水系始丰溪支流，属私营电站。水库集雨面积39.8平方千米，总库容3.9万立方米，原电站装机450千瓦,2009年实施更新改造，改造后装机2×500千瓦，设计年发电量286万千瓦时，于2010年11月通过机组启动验收投产发电。

第六篇　生态保护

第一章　水资源保护

（一）严格取水许可制度。根据《中华人民共和国水法》和《浙江省取水许可制度实施细则》（2005 年修订）的规定，对直接从江河、湖泊或者地下取用水资源的单位和个人实行取水许可制度，市、县（市、区）水行政主管部门对城乡自来水管网覆盖范围内直接从江河、湖泊、地下和水工程拦蓄的水域内取水的工矿企业、单位和个人实施取水登记，经审批后发给取水许可证。

（二）强化饮用水源保护。随着经济社会的发展，农村面源污染和工业污染严重威胁着饮用水源的安全。各县（市、区）相继出台了饮用水源地保护管理办法，通过划定饮用水源地保护区域、设立保护区域标志牌、开通保护区手机短信提示功能、加强库区巡查和水质监测、构建水库生态系统等措施，确保全市饮用水源地水质安全。全市相继开展了沙金兰库区水源涵养生态功能区建设、东阳市横锦水库水土保持生态修复工程、莘畈水库饮用水源保护区建设，有效改善全市饮用水源涵养区生态环境；自 2009 年开始, 金华市渔政管理处每年均筹措资金,制定计划，开展增殖放流活动，放流本地土著洁水保水型鱼类，科学利用生物操作手段，改善水库生物群落结构，提高水库生态系统稳定性，增加水体的自我净化和修复能力，从而达到改善水质的目的。确保沙畈、金兰、九峰三座水库水质能常年保持Ⅰ、Ⅱ类标准。

（三）实施地下水资源管理。为进一步规范地下水开采秩序，实现全市水资源可持续利用和经济社会可持续发展。

第二章　水土流失与水环境状况

第一节　水土流失状况

全市属于南方红壤丘陵区，水土流失的类型主要是水力侵蚀，部分山丘区存在滑坡、崩塌、泥石流等重力侵蚀。据浙江省第四次水土流失遥感普查成果、第五次水土流失遥感普查成果及2013年水土流失现状复核调查成果，全市水土流失面积从2004年的1784.18 平方千米，下降至2013年的1104.42 平方千米，减少了679.76平方千米。水土流失面积总体上呈下降趋势，流失强度以轻、中度为主。但近年来，在山丘区坡地开垦耕地和发展经果林较多，局部区域水土流失加重。

2013年全市水土流失面积1104.42平方千米，占全市总面积的10.09%，其中轻度流失面积442.24平方千米，占水土流失总面积的40.04%；中度流失面积449.47平方千米，占水土流失总面积的40.7%；强烈流失面积136.29平方千米，占水土流失总面积的12.34%；极强烈流失面积63.94平方千米，占水土流失总面积的5.79%；剧烈流失面积12.52平方千米，占水土流失总面积的1.13%。东阳市、义乌市、永康市、兰溪市水土流失面积占国土总面积的比例超过12%，婺城区、金东区、浦江县、武义县水土流失面积占国土总面积的比例低于10%。

2013年金华市水土流失面积统计表

表6-1　　单位：平方千米

行政区	无明显	水土流失面积							总面积
		轻度	中度	强烈	极强烈	剧烈	小计	比例	
婺城区	1326.17	31.9	24.54	5.8	2.33	0.63	65.2	4.69	1391.37
金东区	603.75	30.81	18.85	3.04	1.44	0.3	54.45	8.27	658.2
兰溪市	1151.15	92.93	52.03	10.42	4.66	1.21	161.25	12.29	1312.4
东阳市	1517.76	79.84	107.72	27.78	11.46	2.24	229.02	13.11	1746.78
义乌市	963.46	68.86	59.25	9.82	2.81	0.25	140.98	12.76	1104.43
永康市	916.62	45.9	60.02	14.67	8.15	2.05	130.79	12.49	1047.41
浦江县	842.84	26.33	33.27	9.47	5.03	1.11	75.2	8.19	918.03
武义县	1441.78	48.08	49.22	17.53	9.41	2.16	126.4	8.06	1568.18
磐安县	1073.69	17.59	44.57	37.76	18.65	2.57	121.13	10.14	1194.82
小计	9837.22	442.24	449.47	136.29	63.94	12.52	1104.42	10.09	10941.62
百分比	89.91	4.04	4.11	1.25	0.58	0.11	10.09		

第二节　水环境状况

一、全市河道及水库状况

金华市辖区内江河密布，截至2014年，全市水域面积约490.87平方千米，占国土总面积的4.5%左右。主要河流有衢江、兰江、东阳江、武义江、金华江、永康江、熟溪、梅溪、白沙溪、浦阳江、大陈江、安文溪、南江，分属钱塘江、瓯江、椒江3大水系，河流总长度10836千米。三大流域内分布有丰富的区域小水系，其中集雨面积在100平方千米以上的江河有40多条。至2014年底，全市共有水库826座，其中大型水库2座，中型水库27座，小型水库797座，总库容18.7亿立方米。

二、水质状况

全市共划定水功能区78个，总评价河长1489.56千米。至2014年年底，已开展常规监测评价的水功能区共67个（80个监测断面），参评河长1266千米，包含重要供水水源地水功能区18个、县市界水功能区17个、其他水功能区32个。通过监测数据分析，河流污染以有机污染为主，主要污染指标为氨氮和耗氧量。2005年—2014年全市主要河流的水质总体趋于好转，按监测站点统计，达到Ⅰ～Ⅲ类水质标准的监测站点占比逐年提升，劣Ⅴ类水质的监测站点占比自2006年后逐年下降。尤其是全市“五水共治”工作全面铺开后，东阳江、武义江、浦阳江等河流的水功能区水质提升明显。2013—2014年，全市河流水功能区的达标率由63.9%上升到71.6%，河长达标率由58.9%上升到72.7%，Ⅴ类和劣Ⅴ类的河段大幅减少。

全市重要供水水源地水功能区水库共19座，均符合水源地水功能区的目标水质要求，达标率100%。金兰、沙畈、九峰、芝堰、横锦、东方红、南江、岩口、柏峰、杨溪、太平、三渡溪、源口、安地、通济桥、金坑岭、巧溪、八都和马蹄坑等水库的营养状态均为中营养。

三、水环境治理

（一）清水养鱼

全市大部分水库已成为饮用水源，严禁施肥投饵，允许科学放养一定比例的鱼类，对改善水体的富营养化程度、防止突发藻类异常增值具有重要作用。

2010年，金东区20余个水库全部停止对外承包，积极发展保水洁水渔业，成立了“百库生态养殖专业合作社”，还注册了商标，进行了有机认证，形成规模优势，走产业化、品牌化的道路。截至2013年底，金东区29座水库实施洁水养殖，2014年新增39座水库实施洁水养殖；义乌市2013年底市直属水域已全部实行无投饲清洁养殖，并在2014年6月底前完成全水域塘库清洁养殖；浦江县从2013年9月，在饮用水范围内的3个乡镇实施清水养殖，范围是3万立方米以上的水体，2014年4月在其它乡镇（办事处）在1万立方米以上的山塘水库实施清水养殖。

2014年金华市水产技术推广站编制了《金华市水库洁水保水养殖规划》，为打造浙中“洁水保水渔业区”奠定基础。截至2014年，全市121698亩水库实施了水库洁水保水渔业。

（二）增殖放流

2006年以来，全市市区及各县市相继在江河、水源地水库实施增殖放流。2006—2008年，金华市渔政处在市区人工湖增殖放流区放流本地土著鱼苗，2009年增加金兰水库作为增殖放流区，2010年在原有基础上又增加沙畈水库作为增殖放流区，2011年增加九峰水库为增殖放流区。截至2014年年底，金华市本级共投入增殖放流资金204.55万元，增殖放流有本地青鱼、草鱼、花鲢、白鲢、鲤鱼和鲫鱼，其中夏花鱼种1489万尾、冬片鱼种104798公斤。

第三章 水土流失治理

第一节 水土保持方案审批

建设项目水土保持方案审批是《水土保持法》规定的行政许可事项，是生产建设项目水土流失预防的重要环节和手段。市水土保持办公室通过争取市审批体制改革领导小组办公室的支持，于2008年5月将金华市区生产建设项目水土保持方案审批和水土保持补偿费征收纳入市区建设项目规划联审。2008年金华市水利局会同市环境保护局印发《金华市水利局 金华市环境保护局关于进一步加强和规范建设项目水土保持工作的通知》（金市水政〔2008〕53号），市区生产建设项目水土保持方案审批率基本达到100%。市水利局于2011年4月印发了《关于加强水利水电工程建设水土保持工作的意见》，对水利水电工程建设在方案编报、措施落实、设施验收、监理监测、监督检查等方面水土保持工作作出了严格规定。省水利厅对该意见在全省进行了转发，《中国水土保持生态网》进行了报道。《意见》印发后，市水土保持办公室多次组织对水利水电工程水土保持情况的专项检查，促进了全市水利水电项目水土保持方案的审批工作。2005—2014年全市审批水土保持方案1316个，其中市级审批水土保持方案221个（2008—2014年115个）。

第二节 治理情况

2005—2014年，全市结合重要饮用水源区的生态改善、水质保护，在饮用水源保护区积极开展以生态修复、清洁型小流域为重点的水土流失综合治理。水土流失治理包括社会力量治理、水利部门治理和其他部门治理。治理措施主要有坡面径流调控、坡耕地改造、拦砂坝、小型农田水利工程、沟岸护坡、水土保持林、经济林和封育治理等。据统计，全市2005—2014年共治理水土流失面积1013.05平方千米，其中基本农田121.49平方千米，水保林118.94平方千米，经济林119.89平方千米，种草39.08平方千米，封育治理572.57平方千米，其他41.08平方千米。通过多年治理，全市水土流失面积从2004年的1784.18平方千米，下降至2013年的1104.42平方千米，减少了679.76平方千米。

第三节　主要治理项目

一、金华市沙金兰水源涵养功能区水土流失综合治理工程

金华市水土保持办公室自2005年以来以减少水土流失，改善生态环境，保护饮用水源水质为目标，在沙金兰功能区积极开展水土流失治理，分别实施了沙金兰水源涵养功能区第一、二期水土保持项目，银坑、梧桐坑水土流失综合治理工程，乌云坑等四条小流域水土流失综合治理工程。

沙金兰饮用水源保护区一期水土保持项目于2005年10月8日开工，2005年12月25日完工，2007年2月7日通过金华市水利局竣工验收。项目主要建设内容为修建沟岸防护堤784米，共投入资金128.69万元，其中争取省补助资金40万元，其余为金华市财政配套资金。

沙金兰饮用水源保护区二期水土保持项目于2006年11月3日开工，2007年2月14日完工，2008年5月通过金华市水利局竣工验收。项目主要建设内容为沟岸防护堤569米，机耕桥1座，渠道473米，共投入资金102.17万元，其中争取省补助资金24万元，其余为金华市财政配套资金。

沙金兰生态功能区银坑、梧桐坑两个小流域水土流失综合治理项目于2009年10月开工，2010年4月30日完工，2011年7月27日通过省水利厅竣工验收。项目主要建设内容：治理水土流失面积13.9平方千米，其中营造水土保持林14公顷，经果林12公顷，残次林改造74公顷，封禁治理范围3530公顷，坡面蓄排水控制面积201公顷，修建截水沟35.47千米，排水沟18.36千米，沉砂池15座，蓄水池8座，拦砂堰11座。工程总投资340.9万元，其中争取中央补助资金119万元，其余为金华市财政配套资金。

金华市沙金兰水源涵养功能区乌云坑等4条小流域水土流失综合治理项目（2012年度）2012年11月10日开工，2013年4月29日完工，2013年12月8日通过省水利厅竣工验收。主要建设内容为：治理水土流失12.31平方千米，修建截水沟1851米，排水沟3284米，跌水排水沟267米，沉沙池5座，蓄水池2座，拦沙堰40座，拦沙堰上下游连接段及田坎防护长593.3米，营造水保林3.97公顷、经济林12.58公顷，残次林改造7.26公顷，封育治理1162.33公顷。总投资450.19万元。其中争取中央补助163万元，省补助130万元，其余为金华市财政配套资金。

金华市沙金兰水源涵养功能区石坞等小流域水土流失综合治理项目2014年9月30日开工，2015年2月28日完工，2015年9月1日通过完工验收，2016年1月20日通过省水利厅组织的竣工验收。完成治理水土流失面积10.58平方千米，其中营造水土保持林16.46公倾，边坡复绿0.12公倾，封育治理10.40 平方千米，修建截水沟2.38千米，排水沟1.5 千米，沉砂池2座，蓄水池3座，拦沙堰9座，拦沙堰上下游连接段及田坎防护0.88千米。

二、永康市杨溪水源区水土保持生态清洁型小流域建设工程

工程位于永康市舟山镇和方岩镇境内，地处杨溪水库上游，项目概算投资 2993.18 万元。于 2008 年 12 月份开工，2009 年 8 月完工，2009 年 12 月通过竣工验收，实际完成投资 2827.06 万元，争取了中央预算内专项资金 850 万元，其他资金由永康市财政配套。

主要建设内容：治理水土流失面积 20 平方千米，其中改造坡耕地 42.2 公顷；坡面径流调控 351.33 公顷,；废弃矿山裸露面植被恢复 0.55 公顷；火烧迹地植被恢复面积 28.62 公顷,；修建截水沟 18.07 千米；排水沟 14.53 千米；蓄水池 105 座；建设户用生活污水处理池 150 个,；无动力生活污水处理站 10 座；MBR 生活污水处理站 19 座及配套管网,；修建生态护岸 3.73 千米；拦砂坝 13 座；清淤清污 31808 立方米；设置封禁牌 30 处等。

2009 年 10 月 25—26 日，全国水土保持生态清洁型小流域建设现场会在永康召开，永康市政府就杨溪水源区水土保持生态清洁型小流域建设工程作了经验交流汇报。

三、浦江县金坑岭和大楼源生态清洁型小流域水土流失综合治理工程

工程分别位于浦江县仙华街道和杭坪镇，是浙江省 2009 年生态清洁型小流域建设试点项目，本工程从 2009 年 11 月开始动工，2010 年 9 月底完工，2012 年 12 月通过竣工验收。

主要建设内容：浦江县金坑岭生态清洁型小流域建设工程治理水土流失面积 2.29 平方千米，其中营造水土保持林 67.8 公顷，改造坡耕地 2.7 公顷，修建排水沟 0.4 千米，截水沟 0.9 千米，蓄水池 2 座，污水处理设施 1 处，村庄四旁绿化 0.44 公顷，修建村旁排水沟 1.6 千米，村旁沉砂池 2 座，沟岸治理 1.7 千米，修建拦沙坝 5 座、清污清淤 800 立方米。总投资 496 万元，其中省补助 148 万元。

浦江县大楼源生态清洁型小流域建设工程治理水土流失面积 3.54 平方千米，其中营造水土保持林 130.8 公顷，经果林 12.7 公顷，改造坡耕地 30 公顷，修建排水沟 8.1 千米，截水沟 17.2 千米，沉砂池 2 座，蓄水池 11 座，村庄四旁绿化 0.61 公顷，修建村旁排水沟 5.6 千米，村旁沉砂池 6 座，沟岸治理 2.2 千米，修建拦沙坝 8 座、清污清淤 1600 立方米，设置封禁标牌 16 座。总投资 1279 万元，其中省补助 383 万元。

2011 年 11 月 17 日，在广东省增城市召开的全国生态清洁型小流域座谈会上，浦江县作了交流发言。

第四章　城乡水生态环境建设

第一节　水源涵养生态功能区建设

一、沙金兰库区水源涵养生态功能区

沙金兰水源涵养生态功能区位于金华市婺城区西南部，距金华市区 50 千米，涉及金华市

沙畈、琅琊、塔石、箬阳四个乡镇以及遂昌县云峰街道门阵村，区域总面积 262.63 平方千米。库区由沙畈水库与金兰水库组成，两库相距约 20 千米，由白沙溪相连。沙畈水库全部位于婺城区沙畈乡境内；金兰水库部分在沙畈乡境内，部分在琅琊镇境内。白沙溪由南而北贯穿保护区，汇入金华江，形成了银坑、高儒两冲积小盆地。保护区地面海拔一般在 200～800 米之间，最高峰龙潭背 1320.7 米，位于保护区东南部。保护区地形坡度一般在 15° 以上，大于 25° 陡坡面积较大，占保护区土地总面积的 34.8%。

沙金兰水库水源地自 1998 年 5 月起向金华市区供水，1999 年颁布了《金华市沙畈—金兰饮用水水源保护区污染防治管理规定》，2002 年 6 月，金华市政府成立了沙金兰水源涵养生态功能区保护领导小组。同年 10 月，通过省市领导、专家论证，出台了《金华市沙金兰水源涵养生态功能区建设和保护规划》，划定水源地保护区范围。2006 年编制完成《金华市沙畈—金兰水源地保护规划》，2010 年 3 月，金华市政府出台了《沙金兰水源涵养生态功能区补偿专项资金使用管理办法》，明确补偿范围、补偿对象、资金筹集方法、资金管理和分配、监督与检查等，市政府每年安排专项资金，用于功能区生态环境、水源保护和发展山区生态经济。同年编制了《金华市沙畈、金兰水库水源安全保护工程规划》，并经市政府批复同意组织实施。2013 年 9 月金华市财政局、林业局出台了新一轮《金华市区饮用水源涵养功能区生态补偿资金使用管理办法》,修编完成了《沙金兰水源涵养生态功能区建设和保护规划(2012—2020）》。金华市政府始终把保护水资源生态环境作为一项重要工作来抓：设立了功能区生态林自然保护区，实行封闭式管理；设置了山林管护点，建立了巡查队；在水库边界重要地段设置了界桩等警戒标志，在主要路口和县域交界地段设立了警示牌、标志牌、宣传牌等。2003—2009 年，金华市水利、林业、农业、环保、建设等部门共投入各项资金 7000 余万元，用于沙畈—金兰水源涵养功能区水土流失治理、农村饮水安全工程、下山移民、农村生活垃圾和生活污水治理、养殖场搬迁、垃圾焚烧炉建设等。自 2010 年起，地方财政每年投入 2000 多万元用于沙金兰水功能涵养区建设。

2010 年建立沙金兰生态功能区补偿机制以来，实施了一大批生态项目，功能区生态环境逐步改善、产业发展快速推进、农民致富增收明显加快，饮用水源水质达标率连续 8 年保持 100%，取得了良好的生态、经济和社会效益。

二、莘畈水库饮用水源保护区

莘畈水库位于婺城区莘畈乡大立元南，1971 年 1 月动工，1980 年 12 月建成，2006 年 9 月至 2008 年 5 月大坝、泄洪建筑物等主体工程进行除险加固。水库坝址以上集雨面积 49.4 平方千米，主流长 19.9 千米，水总库容 3791 万立方米，正常蓄水位 142.18 米，正常库容 3028 万立方米，是一座以灌溉为主，结合防洪、发电、生活供水等综合利用的中型水库。担负下游莘畈、汤溪、罗埠、洋埠、湖镇（龙游）五乡镇 76 个村、浙赣铁路和杭金衢高速公路的防洪安全和5.87万亩农田的灌溉任务。

2012年年初，以莘畈水库为水源的汤溪水厂建成投产，莘畈水库担负起了金西地区饮用水水源供应任务，受益村庄210个，受益企事业单位250家，计受益人口12万，2013年汤溪水厂年售水量达750万吨。

2012年，婺城区政府出台了《莘畈水库饮用水水源地环境保护规划》，先后成立了莘畈水库饮用水水源地污染整治工作和水源保护工作领导小组。

（一）莘畈水库库区水源地涵养区建设

婺城区人民政府批复实施《莘畈水库饮用水水源地环境保护规划》（婺区政复〔2012〕4号），对莘畈水库的环境保护进行了全面的规划，重点突出对一级、二级保护区的环境保护，发挥其水源生态涵养区的作用。

（二）水源保护生态湿地工程

2012年开工建设莘畈水库入库口水源保护生态湿地工程。水源保护生态湿地红线范围总面积为55000平方米，其中水域面积为39670 平方米，陆地面积为15330 平方米。其中高程142.0米以上区域建设成乔灌草截污净化系统，高程141.0～142.0米区域建设成营养盐集约式资源化系统，高程141.0米以下区域选择部分实施条件较好的区域建设成高效自净水生态系统，此外，在消落区后方湖湾的深水区域建设成复合生态浮岛系统。

工程于2012年12月开工，2013年10月，婺城区水务局组织区环保局、水库管理单位及项目设计、施工、监理单位完成了验收。

（三）饮用水水源保护隔离网工程

2013年年底，实施了莘畈水库饮用水水源保护隔离网工程，在莘畈一级水源保护区范围内的水库边架设高1.625米的热镀锌浸塑隔离网，长约1000米，为保护水源构筑一道屏障，拦截污染物直接进入库区。

第二节　水土保持生态修复试点

2002年，东阳市经水利部批准（批准文号：水保〔2002〕365号），在横锦水库库区实施了全省唯一的水土保持生态修复试点工程。东阳市人民政府相继出台了《关于加强横锦库区水土保持生态修复工作的意见》（东政发〔2004〕63号）、《关于做好横锦库区水土保持生态修复封禁管护工作的通告》（东政发〔2004〕63号）、《东阳市横锦库区水土保持生态修复工程管理办法》（东政发〔2004〕70号）等规范性文件指导生态修复试点工作；同时采取“以管促修、以调促修、以建促修、以改促修、以移促修”五种基本措施促进生态修复工作。横锦库区生态修复工程共治理水土流失面积64.5平方千米，水土流失治理程度达96.3%，林草植被覆盖率达 86.34%，总投资为 2084.88 万元。其中，坡耕地改造 514 公顷，荒滩造田 7 公顷；发展果园 159 公顷（其中陡坡地退耕发展果园 70 公顷，沙荒地发展果园 89 公顷），乔木林 183 公顷，灌木林 37 公顷；封禁治理 5798 公顷；坡面水系整治 532 公顷，改溪 1 处，沟岸防护 5 千米，拦沙坝 5 座；生态移民 2181 人。横锦库区水土保持生态修复实施后，水更清了，山更绿了，项目区林草覆盖率提高了 1.34 个百分点，植物群落良性发展，种类增加了近两成，许多动物重归故里，多年没出现的野猪又出现了，上千只白鹭常年在库区栖息。横锦水库的水质基本保持在 I 类。

横锦库区水土保持生态修复试点工程于 2005 年 11 月 20 日通过水利部太湖流域管理局、浙江省水利厅组织的竣工验收，验收组认为开展横锦水库库区水土保持生态修复工程建设，大范围治理水土流失，对做好饮用水源地保护、促进区域生态环境改善和人民生活水平提高具有重要意义。

东阳市横锦库区水土保持生态修复试点工程取得的经验为全市饮用水源保护区实施生态修复工作提供了样板，水土流失得到控制，生态环境进一步改善。

第三节　河道保洁

全市河流总长 10836 千米，自 2004 年起，全市河道保洁工作结合浙江省万里清水河道建设，按照“建成一段保洁一段”的要求，达到河面无杂草、无漂浮废弃物、河中无障碍、河岸无垃圾，实现“水清、流畅、岸绿、景美”的总目标，改善水生态环境。

《浙江省河道管理条例》（浙江省人民代表大会常务委员会公告第 70 号）于 2012 年 1 月 1 日施行。金华各县（市、区）于 2013 年全部制定了河道保洁实施方案并经各地政府批复。2014 年，浙江省“五水共治”及“河长制”的全面落实，全市河道保洁长效管理机制建立，基本实现河道保洁全覆盖。

河道保洁责任单位采用直接组织、公开招标或委托相关单位等多种方式确定河道保洁单位，推行“市场化”保洁采购方式落实河道保洁单位。

第四节　清三河

为深入推进“五水共治”战略部署，2013 年 9 月 8 日，金华市人大常委会表决通过了《关于加强金华江流域水环境综合整治的决定》（以下简称决定），《决定》明确了“一年灭黑臭、两年提水质、三年可游泳”的治水目标。2014 年，“清三河”（垃圾河、黑河、臭河）作为“治污水”的首场战役，在八婺大地上掀起了“依法治水、科学治水、铁腕治水、全民治水”的热潮，全市范围内的“垃圾河、黑臭河”基本消除。

2014年，按照“一年灭黑臭”目标，全市共排查出“垃圾河”“黑臭河”83条749千米，实施河道清淤、洁水渔业、生态修复等十大专项行动，清理淤泥390万立方米，拆除各类违建79.96万平方米，封堵排污口1805个。通过“垃圾河”治理大会战，清理河道、沟渠4500条6289千米，清理水库、池塘3200座，消灭“垃圾河”1558.6千米。

2014年，浦江县成为全省首批“清三河”达标县。

第五章　低丘红壤治理

第一节　低丘红壤资源分布

低丘红壤资源是指低丘范围内具有农业、林业生产力的各种红壤资源类型的总称，根据浙江省围垦局、浙江大学和浙江地理信息中心编制的《金衢地区低丘红壤资源调查与评价报告》确定的低丘红壤定义为：低丘的下限为山坡脚，而上限为300米。磐安县大于300米的一些台地尽管有比较好的开发潜力，未列入低丘红壤资源中，仅在开发潜力时才将其考虑在内。根据调查结果：金华市共有低丘红壤资源272633.92公顷，占金衢地区低丘红壤资源总量的54.45%。

从低丘红壤资源分布面积来看，资源总量最多的是兰溪市56285.94公顷，占全市低丘红壤资源的20.65%，其次是东阳市、义乌市，分别为43428.33公顷、39246.69公顷，面积最少的是磐安县，仅为2572.22公顷。

从坡度分布来看，全市低丘红壤资源主要分布在小于6度的范围，占全市低丘红壤资源面积的39.34%，其次是15～25度之间，面积为93003.37公顷，占全市低丘红壤资源的34.11%。

从低丘红壤资源的土壤类型来看，红壤比例最大，其次是水稻土、岩性土，其它土类较少。从土属来看，黄泥土比例最高，石砂土、黄红泥土所占比例也较高，其它土属相对较低。

金华市低丘红壤资源面积表

表6-2　　单位：公顷

行政区	分坡度面积			总面积
	≤6度	6～15度	15～25度	
婺城区	11311.54	7459.75	5980.68	24751.97
金东区	9814.94	5278.52	6560.96	21654.42

续表

兰溪市	22061.47	15287.03	18937.44	56285.94
东阳市	15312.07	12034.32	16081.94	43428.33
义乌市	16831.13	10407.68	12007.88	39246.69
永康市	15946.78	8596.17	11128.66	35671.61
浦江县	7327.56	4535.56	9647.36	21510.48
武义县	8063.16	7981.97	11467.13	27512.26
磐安县	589.08	791.82	1191.32	2572.22
合计	107257.73	72372.82	93003.37	272633.92

金华市低丘红壤资源土壤类型表

表 6-3　　单位：公顷

行政区	合计	红壤	岩性土	潮土	水稻土	其他
婺城区	24751.97	7939.59	7325.3	64.78	5826.07	3596.23
金东区	21654.42	6368.75	5485.79	24.22	7255.04	2520.62
兰溪市	56285.94	11453.43	18321.46	120.13	19257.84	7133.08
东阳市	43428.33	25388.08	4776.72	311.46	6809.13	6142.94
义乌市	39246.69	14126.86	6752.83	105.55	13181.15	5080.3
永康市	35671.61	10774.16	7581.7	64.81	11861.68	5389.26
浦江县	21510.48	4953.24	2556.72	61.57	11355.97	2582.98
武义县	27512.27	8673.04	7843.78	73.99	8393.65	2527.81
磐安县	2572.23	1546.25	0	0	588.77	437.21
合计	272633.94	91223.4	60644.3	826.51	84529.3	35410.43

第二节　低丘红壤治理措施

近年来，全市主要开发治理措施包括水利配套措施、水土保持措施、农林业措施和其他配套措施。水利配套措施主要有提水机埠、塘坝、蓄水池、渠道、喷灌、滴灌等灌溉设施和排水沟、截水沟等排水设施。水土保持措施主要有禁止在 25 度以上区域开发治理、修建梯田

（梯地）、水平带整地、水土保持林等。农林业措施主要有土壤改良、合理施肥、引进推广优良品种和种植方法、营造经济林、防护林等。其它配套措施包括生产管理房、机耕路等。

据统计，2005—2014 年全市共实施低丘红壤开发治理项目 102 个，开发治理面积 3375.68 公顷，其中开发耕地 383.64 公顷，果园、茶园等经济林果 2912.17 公顷，其他 79.87 公顷。投入资金 13986.44 万元，其中争取省补助资金 2517.2 万元。

第七篇　渔业发展

"闲上山来看野水，忽于水底见青山"。金华渔业是典型的山区渔业，水库、山塘是金华的主要养殖水面，共计有17793公顷，占水产养殖面积的93.55%，水库、山塘星罗棋布，犹如翡翠玉带镶嵌在青山环抱之中。"山水渔业、八婺风情"是金华渔业的特色所在。金华市现有水产养殖面积20260公顷，渔业年产量7.62万吨，实现产值15.63亿元；其中大鲵（娃娃鱼）驯养繁殖数量450万尾，名列全国前列；珍珠产量445吨，列浙江省第二；龟鳖产量7207吨，列浙江省第四。珍珠和龟鳖作为金华市渔业特色主导产业，分别被列为全国淡水珍珠主产区和浙江省龟鳖优势产业区，列入了浙江省优势产业带发展规划。

截至2014年年底，金华市拥有省级水产良种场1家（三角帆蚌）、省级规模化繁育基地2家（中华鳖和淡水鱼），大鲵（娃娃鱼）驯养繁殖场11家，农业部水产健康养殖场14家，省级休闲渔业基地8家。

第一章　渔业资源

第一节　资源状况

金华市境内河流密布、水库众多，水资源十分丰富，为渔业发展创造了优越的自然条件。金华境内有东阳江、武义江、金华江、衢江、兰江、浦阳江等钱塘江干流、支流水系，水库星罗棋布，水体相对独立，交叉污染少，非常适宜水产养殖。

第二节　增殖放流

为增加水生生物资源量，改善生物种群结构和饮用水源水质，维护渔业水域生态平衡，促进渔业增效和渔民增收，实现渔业可持续发展，根据省海洋与渔业局关于渔业资源增殖放流的相关文件精神，结合实际，2005年—2014年，全市开展渔业资源增殖放流情况如下表：

金华市渔业增殖放流情况统计表

表 7-1

项目	县（市、区）	年份									
		2005	2006	2007	2008	2009	2010	2011	2012	2013	2014
增殖放流（万尾）	金华市本级		203	308	210	244	159.38	15.9	15.56	193.5	205
	婺城区						205	210	210	220	230
	金东区						180	185	220	242.6	361
	兰溪市	662.16	527.5	445.2	242.5	635	533.5	811.1	948	963	2035.2
	东阳市							341.79	51.29	17.41	448
	义乌市							312.5			519
	永康市		0.6	0.8	1.2	481.62	481.65	532.26	55.17	126.92	1973.41
	浦江县						214	246	680	330	235
	武义县									5	51
	磐安县										21
	总计	662.16	731.1	754	453.7	1360.62	1773.53	2654.55	2180.02	2098.43	6078.61

第二章　渔业养殖

第一节　现代渔业

一、鱼苗生产。2014 年，全市拥有苗种生产企业 48 家。繁育品种包括鲢鱼、鳙鱼、草鱼、青鱼、鲤鱼、瓯江彩彩鲤、鲫鱼、鳜鱼、鳊鱼、黄颡鱼、乌鳢、赤眼鳟、光唇鱼（石斑鱼）、金鳟鱼、虹鳟、青虾、翘嘴红鲌、黄尾密鲴、鲈鱼、鳡鱼、泥鳅、黄鳝、观赏鱼、中华鳖和龟等 20 余个。

二、商品鱼生产。2014 年，金华市水产养殖面积 2.03 万公顷。养殖水体以水库、山塘为主。商品鱼养殖以青鱼、草鱼、鲢鱼、鳙鱼、鲫鱼和中华鳖为主。2014 年，上述 6 个品种的产量为 58554 吨，占水产养殖产量的 83.1%。

金华市 2005-2014 年水产产量表

表 7-2　　单位：吨

年份	合计	市属	婺城	金东	兰溪	东阳	义乌	永康	武义	浦江	磐安
2005	51265	1010	7012	4310	13639	8420	5160	6048	2160	3218	234
2006	52703	1010	7126	4478	14155	8486	5035	6586	2250	3367	210
2007	55909	1020	7102	4930	14367	9300	5000	7082	3068	3830	210
2008	57560	2180	7086	5183	15739	9577	3590	7126	2919	3940	220
2009	61309	2290	7300	6616	17516	9515	3450	7282	3013	4097	230
2010	65055	2326	9235	6369	18065	9140	3980	7820	3685	4215	220
2011	68209	2425	9729	6834	18591	9611	3900	8340	4135	4430	214
2012	73862	2470	9810	7650	19339	9485	4200	10768	5371	4559	210
2013	77813	2442	9950	7897	19774	9566	4200	13366	5803	4605	210
2014	76151	2446	10143	7378	20303	9696	3600	13026	6086	3265	208

三、养鱼稳粮增收工程：根据浙江省海洋与渔业局关于印发《2010 年全省“养鱼稳粮增收工程”实施意见》的通知（浙海渔业〔2010〕9 号）要求，金华市于 2010 年启动了养鱼稳粮增收工程工作，重点在婺城区、兰溪市、永康市、义乌市和武义县等地开展了稻鱼（鳖、鳅）共生、轮作模式示范推广，其中婺城区和兰溪市被列为养鱼稳粮增收工程省级示范县，共生、轮作品种主要有瓯江彩鲤、泥鳅、中华鳖、青虾、鲫鱼、草鱼等。

为了加快推进水污染防治工作，着力解决突出的水环境污染问题，全面改善水环境质量，建设生态高效渔业，推动渔业产业向资源节约、环境友好方向发展，根据《浙江省清洁水源行动方案》（浙政发〔2011〕60 号）和《关于细化落实浙江省清洁水源行动方案有关工作的函》（浙生态办函〔2011〕99 号）文件要求，金华市水利渔业局组织编制了《金华市清洁水源行动（淡水养殖）实施方案》（金市水渔〔2012〕3 号），主要开展包括渔粱结合生态种养模式的试验示范（即稻田养鱼）、建立人工湿地净化水质等养殖尾水排放生物处理试点和水库洁水渔业等一系列工作，重点是稻鱼共生生态种养模式的示范推广工作。

经过示范基地的创建、基层水产技术推广部门的宣传和发动、外出参观学习、组织参加技术培训以及项目扶持等方式，稻鱼共生生态种养工作的积极性逐渐提高。截至 2014 年年底，金华市的生态种养模式已发展为稻鱼共生（轮作）、稻鳅共生、稻虾鳅共生、稻鳖共生、茭鳖共生等 6 个，示范推广面积 7134 亩，投资 1234 万元。

第二节 特色渔业

一、珍珠养殖。金华市珍珠养殖始于20世纪60年代，80年代后得到快速发展。是浙江省珍珠养殖发展的两大中心之一，也是金华市渔业的特色优势产业。由于起步早、规模大、技术先进，珍珠产量最高时占全市渔业产值近1/3，珍珠养殖业为促进金华市农业产业结构调整、效益农业的发展、农民收入的提高和农村经济的繁荣发挥了积极作用。金华市自开始淡水珍珠养殖以来，珍珠养殖呈现出“M”形发展状态，两起两落。受2008年全球金融危机影响，珍珠价格大幅滑落，金华市的珍珠养殖业遭受了前所未有的冲击，众多珍珠养殖户面临养殖亏本、放弃养殖亏更多的两难境地。为应对珍珠养殖业的“寒流低谷”，金华市水产技术推广部门经过多方调研、探索研究，提出了“优化良种生产体系，发展生态混养技术，建设珍珠专业市场，主攻珍珠加工，提高组织化程度，发展产业化经营”的发展方针，大力推广“养鱼为主，以珠为辅”的新型生态混养模式，通过鱼的收益填补塘租、人工等成本支出，一度缓解了众多珠农的惶恐现状。2009年10月，义乌珍珠产品专业街设立并开始营业，珍珠产品专业的建成对促进全市珍珠产业健康发展与转型升级具有重要意义。2010年，金华市淡水珍珠蚌省级良种场建成，为淡水珍珠产业的发展和良种覆盖率的提高奠定了基础。

二、甲鱼养殖。金华市的龟鳖产业始于20世纪80年代，至今已有30多年的养殖历史。龟鳖作为名贵高档水产品，因其养殖效益高，市场潜力大，在金华得到了迅速发展；并逐渐成为金华渔业的特色支柱产业之一，被浙江省海洋与渔业局确认为优势产业区，并列入了浙江省渔业优势产业带发展规划。

金华市的龟鳖养殖以水泥池温室养殖为主，温室养殖占全市龟鳖养殖产量的85%，但经过水产技术推广部门和养殖户不断的摸索、尝试、总结和提高，金华市龟鳖产业在规模化、专业化和产业化水平不断提高，设施化、低碳化、生态化的发展新特点成了龟鳖产业转型升级的源动力。2014年，金华市龟鳖养殖面积达到5000余亩，实现产量7027吨，产值达到3.60亿元，产量居浙江省第四位。

为破解温室甲鱼养殖过程中的传统能源、养殖尾水对大气、地表、水源等的污染和侵袭，金华市金东区绿丰水产专业合作社身先士卒，率先研究、探索、开发了利用太阳能集热阵和可再生秸秆炉替换传统能源进行加热加温，并形成了一套成熟的配置使用程序和规范，走出了一条可持续能源替换传统加热能源的新路子，经过试验、示范，经济、社会和生态效益十分显著。该模式定名为“太阳能与生物质能互补加温养殖技术”，已经被浙江省水产技术推广总站列为2013年主推技术进行全省推广（浙海渔推〔2013〕3号）。

由金华市寿王鳖养殖有限公司探索实施的鳖菜共生轮作设施大棚养殖技术，充分利用季节性强光照，采用设施采光大棚和外塘生态池控温养殖措施，开展鳖菜共生轮作技术模式，结合养殖尾水生态化处理循环利用技术，全程投喂配合饲料，养殖期间未出现缺氧现象，且摄食情况良好，大小、重量等方面都与同养殖条件无配合饲料喂养的对比样品无明显差异；并且养殖用水得以生态循环利用，大量减少水质改良剂、消毒剂使用次数减少，降低了养殖成本，达到了节能减排的效果。

三、洁水保水渔业。洁水保水渔业，是以保护水环境为目的，通过人工放养鲢鳙鱼等滤食性鱼类，增殖保护土著水生生物资源，改善水域生物群落组成，保持水体合理的生物量，消耗水中的富营养化物质，从而达到保障生态平衡，充分发挥水体渔产力的一种渔业生产模式。2013 年 10 月，金华市在全市范围内开展了小二型以上水库清洁养殖情况摸底调查，并初步形成了《金华市小二型以上水库清洁养殖情况调查报告》；金华市水利渔业局专门印发了《金华市水库洁水渔业实施方案》（金市水渔〔2013〕18 号），制定了《金华市水库洁水保水养殖实施办法（2014—2016 年）》，并上报市政府列入 2014 年规范性文件制订计划。

2014 年，金华市委托浙江省淡水水产研究所编制了《金华市水库洁水渔业发展规划（2014—2020）》，该规划根据金华市水库的特点，在确保改善水环境的前提下，提出了水库“洁水渔业”和“清洁养殖”模式，通过分类指导、品质提升、品牌打造等措施提升综合效益。积极探索一条政府主导、多方参与、生态补偿等新的管理经营体制机制，为打造浙中“洁水保水渔业区”奠定了基础。

四、休闲渔业。休闲渔业作为渔业产业延伸的重要模式，在渔业产业快速发展的基础上，契合了人民消费水平提高后对物质文化生活的需求和从业者对经营效益的需要，因此金华市休闲渔业得到了较快发展。截至 2014 年，金华市已有集垂钓、养殖、餐饮、住宿、娱乐等功能为一体的休闲渔业经营主体 235 个，从业人员 1525 人，年接待游客数量达 85.9 万人，实现总产出 0.74 亿元。休闲渔业的蓬勃兴起，实现了第一产业与第二产业的有机结合，使相关资源得到了合理配置和作用有效发挥，同时对转移农村剩余劳动力、带动农村经济发展起到了积极作用。

第三章　水产科技

第一节　技术研究

“十一五”期间，金华市水产技术推广部门开展了《山塘小水库高效生态养殖模式研究及示范》《中华鳖病害综合防治技术研究》《青鱼高效生态养殖模式研究与推广》等多个技术研究与开发项目。其中，《山塘小水库高效生态养殖模式研究及示范》对山塘小水库合理的养殖容量和蚌、鱼共生生态的机理，蚌、鱼、鳖高效生态养殖模式的研究，探索了高效生态养殖模式的水体环境优化技术，列入省级重大农业科技攻关项目。《鳖卵人工控温孵化的技术研究》项目在鳖卵人工控温孵化中，通过锯末做为运输填充材料、温度先恒温后常温控制、温度控制在下限、孵化箱盖一层海绵等多方面的创新研究，消除外界各种不利因素，缩短了孵化时间，大大提高了孵化率，该项目获得金华市科技进步三等奖。

第二节　水产技术集成创新与推广应用

围绕浙江省现代渔业建设和生态文明建设要求，金华市集成示范了一批水产优良品种及生态高效养殖模式和技术。重点推广了中华鳖、珍珠蚌、黄颡鱼、泥鳅等优良品种；集成推广渔粮结合新型稻田养鱼模式与技术、鱼蚌高效生态养殖模式与技术、温室新型加温节能技术、底部增氧技术等。

第三节　“沙金九”水库洁水保水渔业研究与示范

2013 年 1 月至 2014 年 6 月，金华市水产技术推广站联合浙江省淡水水产研究所、金华市水文站、沙畈水库管理处、金兰水库管理处、九峰水库管理处等部门组成了产学研联合攻关组，全面展开并完成了“沙金九”水库洁水保水渔业研究与示范项目，最终获得了金华市科技进步三等奖。该项目选取沙畈、金兰、九峰三座水库为研究对象，探索适合金华市水库特点的生态操控手段和洁水保水渔业发展模式，系统解决水库富营养化评价、养殖容量评估、生态系统稳定性评估等关键技术难题，对于提升金华市水库洁水保水渔业发展水平，确保居民饮用水安全具有重要的生态、社会和经济效益。截至 2014 年，金华市已实施水库洁水渔业 121698 亩，根据推算可实现鲢鳙鱼产量 1766.77 吨，产值 5300 万元；其他经济鱼类销售 204.96 吨，产值 1229.76 万元，两项合计产量 1971.73 吨，产值 6529.76 万元，利润 1877.36 万元。

第四节　渔业行业协会

一、甲鱼协会。金华市甲鱼协会成立于 2003 年 9 月 27 日，由金华市从事甲鱼生产、科研、加工、饲料、销售等单位、个人自愿组成的行业性群众团体，是地方性非营利性社会组织。至 2014 年年底，协会有单位会员 16 个，个人会员 72 人，理事 21 人。

二、珍珠协会。金华市珍珠行业协会成立于 2014 年 8 月，有企业和个人会员 500 多人。

通过技术培训、技术服务，编辑发行会刊等方式，对内加强行业自律，对外开展交流和互动，并积极参与地方政府的咨询和决策，基本实现了产业链的全方位辐射。协会工作的重点是珍珠产业链基础的良种化工作和产业链终端的珍珠产品市场营销创新。

第四章 渔业执法

第一节 制度建设

一、设立禁渔期和禁渔区

2006 年以来，全市部分县（市、区）设立了禁渔期和禁渔区。禁渔期制度的实施，阶段性地降低了捕捞强度，渔业资源得到了一个休养生息的机会。

金华市本级：2006 年 11 月 27 日，省海洋渔业局同意全市上报的市区划定的禁渔范围和规定的禁渔时间：金华江通济桥上游 50 米至金虹桥之间的水域。常年禁止一切渔业捕捞作业；金华市区东关大桥、洪坞大桥至人工湖橡皮坝合围的水域，河流长约 9000 米，面积 300 公顷；每年 4 月 1 日至 5 月 15 日禁止捕捞鲤鱼、鲫鱼、鳊鱼和鲴鱼；4 月 1 日至 8 月 30 日禁止捕捞花鱼骨；4 月 1 日至 9 月 30 日禁止捕捞河蟹；全年禁止捕捞规格在 250 克以下的甲鱼。

兰溪市：2006 年 8 月 17 日，省海洋渔业局同意兰溪市在兰江实施禁渔制度。禁渔范围和时间：兰江城区段上游衢江自横山大桥、金华江自南门大桥至城区下游黄溢大桥之间，河流长 4780 米，面积 4306 亩；每年 4 月 1 日零时至 9 月 30 日 24 时，禁止以任何形式捕捞河蟹。

东阳市：2007 年 10 月 8 日，省海洋渔业局同意东阳市上报的禁渔范围和规定的禁渔时间：东阳江亭塘橡胶坝至艺海大桥段，渼沙溪与白溪江交汇处至下林口石拱桥段，南江横店橡胶坝至荆浦大桥段。常年禁止一切渔业捕捞作业；横锦水库、南江水库、东方红水库、东阳江艺海大桥至迎宾大桥段；每年 4 月 1 日至 5 月 15 日，禁止捕捞鲤鱼、鲫鱼、鳊鱼、鲴鱼和鳜鱼；每年 1 月 1 日至 3 月 31 日，禁止捕捞银鱼。

浦江县：2014 年，省海洋渔业局同意浦江县人民政府要求设立禁渔区和禁渔期。禁渔区范围为浦阳江（浦阳江发源地至墩山口村团结桥段；通济桥水库电厂尾水口至平安巧溪橡胶坝段；新黄治大桥至浦义桥），壶源江（仙华水库进水口拦水坝上游段；大姑源、小姑源；罗家源水源发源地至杨科畈堰坝段），大陈江（浦江与义乌界桩至六一堰坝）。

武义县：2014 年 7 月 14 日，武义县规定了禁捕区：熟溪河自古竹桥上游 200 米至丁前村段为禁捕区；禁捕区内禁止捕捞（包括使用地虾笼、拦河缯（网）、迷魂阵、丝网等有害渔具）。

禁渔期间，全市各地渔政部门强化渔业执法，控制捕捞渔船的数量，严厉打击在禁渔期内的非法捕捞，切实做好渔船的防火、防盗、防洪工作，向社会公布咨询举报电话，接收社会的监督。同时组织开展增殖放流活动，通过不断增加流域经济鱼类的种群和数量，逐步缓解水生生物资源衰退的态势，维持金华江流域水生生物的多样性。

第二节 执法活动

至2014年年底，全市有县级以上渔政管理机构10个，渔政检查人员38 人（义乌市除外）。

渔业行政执法检查。全市渔业违法活动主要有电、毒、炸鱼，使用禁用渔具直接从事非法捕捞活动，以及制造、销售、维修电鱼器等禁用渔具间接从事非法捕捞等，每年 4—6月份为高发期。2009年，全市建立了渔政“110联动”执法机制，通过多部门联合执法、集中整治等手段，有效保护渔业资源。2005—2014年，全市组织渔政执法检查5976次，参加检查人数37568人次，查获各类违法案件2648起，收缴罚款和渔业资源赔偿费118.112万元。

渔业污染事故调查处理。2005—2014年间，全市渔政管理机构共受理渔业污染事故520起，经各级渔政管理机构调解及政府协调、法院裁决或民间协商等，为国家、受污染单位获得赔偿金1387.2万元。

第三节 渔船管理

全市捕捞渔船分布在金华市本级、婺城区、金东区、开发区和兰溪市。截至2014年底，全市已办理渔业捕捞许可证350本其中金华市本级36本，婺城区11本，金东区54本，开发区13本，兰溪市236本；实际有捕捞渔船334艘（其中机动渔船266艘，总功率1595.9千瓦），其中，金华市本级34艘（其中机动渔船13艘，总功率84.18千瓦），婺城区12艘（其中机动渔船6艘，总功率38.45千瓦），金东区39艘（其中机动渔船3艘，总功率37.3千瓦），开发区13艘（其中机动渔船13艘，总功率102.95千瓦），兰溪市236艘（其中机动渔船231艘，总功率1333.02千瓦）。

第八篇　水利管理

第一章　水利规划

2005—2014 年，金华市共完成各类市级水利规划 26 项。包括《金华市水利发展“十二五”规划》《金华市渔业发展“十二五”规划》《金华市本级农田水利“十二五”发展规划》、《金华市本级农田水利“十二五”规划修编》《金华市水土保持“十二五”规划》《金华市低丘红壤开发治理“十二五”规划》6 项发展规，《金华市水资源综合规划》《浙中城市群水资源配置规划》《市区梅溪流域综合规划等综合规划》3 项综合规划，《金华市白沙溪、梅溪、厚大溪综合治理规划》《金华市城市防洪规划（修编）》《金华市灌溉发展规划》《金兰水库灌区规划》《金华市市区饮用水水源地安全保障规划》《金华市沙畈、金兰水库水源安全保护工程规划》《金华市沙金兰水源涵养生态功能区建设与保护规划》《金华市水土保持总体规划（2006–2010）》《金华市水土保持规划》《金华市水库洁水渔业发展规划》《金华市市区水域生态增养殖规划》《金华市本级水域保护规划》《金华市水利信息化（智慧水务）建设规划》《金华市 2010–2013 年农村饮水安全工程规划》《金华市本级小型农田水利建设工程规划报告》《金华市 2014–2020 年农村饮水安全提升工程规划》《金华市宜农低丘红壤开发治理规划（2006–2020）》17 项专项规划。其中金华市人民政府印发的有 9 项：《金华市水利发展"十二五"规划》《金华市水资源综合规划》《浙中城市群水资源配置规划》《市区梅溪流域综合规划》《金华市城市防洪规划（修编）》《金华市市区饮用水水源地安全保障规划》《金华市沙畈、金兰水库水源安全保护工程规划》《金华市水土保持规划《金华市本级水域保护规划》；金华市发展和改革委员会印发的有 4 项：《金华市渔业发展"十二五"规划》《金华市水土保持“十二五”规划》《金华市低丘红壤开发治理“十二五”规划》《金华市水土保持总体规划（2006—2010）》。

第一节　全市水利规划

一、金华市水利发展“十一五”规划

（一）规划的指导思想。以科学发展观统领全局，以满足全市经济社会发展和人民生活质量提高对水资源的需求为出发点，以提高防洪保安能力、城乡供水能力、水环境生态能力“三大能力”为目标，全面规划、综合治理、开发保护并重，开源节流并举，制度创新与科技创新相结合，强化水资源的统一管理和优化配置，促进水资源的合理开发、高效利用、全面节约和有效保护，努力使水利又快又好发展，有力支撑和保障全市经济社会的可持续发展。

（二）规划总体目标。进一步完善防灾减灾体系建设，城市防洪能力与城市的发展、城区的扩大相适应，重要建制镇防御 20 年一遇洪水标准，水库实现安全运行。建立和完善开发合理、利用高效、配置优化，保护有效的水资源供给保障体系，基本满足全市经济社会发展的用水需求，农村生活用水条件较大改善，乡村供水普及率达到 70%以上，新增加优质水供水能力 50 万吨/日；缓解现有区域性水资源供需矛盾，建设节水型社会，灌溉水有效利用系数提高到 0.60 以上，改善水环境，保护城乡供水水源地。农村防洪安全、用水安全、水生态环境安全和农村水利保障能力得到较大提高，基本解决农村饮用水困难和安全问题；加强水土保持工作，完善水土保持执法体系建设；新增农村水电装机 2 万千瓦，低丘红壤开发面积 2 万亩。

（三）规划的主要建设任务

一是水源工程建设。新建金华市九峰水库、义乌巧溪水库除险扩容、枫坑水库扩建、金东区东溪水库和长山垅水库扩建、兰溪大厦口水库扩建、永康黄坟水库扩建、磐安日月潭水库扩建等 10 余座骨干水源工程。开展永康好溪引水工程、武义县石硖水库、兰溪市泉满山水库、浦江候树岭水库等项目前期工作。

二是水库保安工程。横锦水库、金兰水库、源口水库、通济桥水库、柏峰水库等一批大中型水库在内的 200 余座水库进行除险加固，确保水库工程安全运行。

三是城市防洪工程。续建、新建和改造金华市本级及各县、市、区城市防洪工程，使防洪能力与城市的发展、城区的扩大相适应，重要建制镇防御 20 年一遇洪水标准，续建加固堤防 50 千米。

四是河道整治工程。继续加强对全市主要河道的综合整治，建设中小河流堤防加固 200 千米，并继续完成河道整治 300 千米。

五是农民饮用水工程。通过新建、扩建一批农村供水工程，改善广大农民饮用水条件，提升农民饮用水标准。

六是节水灌溉工程。在原有工程的基础上，新建、改造、配套一批灌溉设施，灌溉水利用率提高到 0.6 以上。“十一五”期间主要对源口、南江、金兰等中、小型水库的灌区渠系进行衬砌配套和改造；对乌溪江引水工程等进行配套建设，扩大有效灌溉面积、旱涝保收面积；加强对农村小型水利工程的投入和服务工作，同时大力推广节水新技术和新产品，减少水资源浪费，以增加城镇供水的水源。

七是电站工程。进一步对江河径流式电站及山区小水电站进行开发、技改，开发农村小水电装机2万千瓦，以促进当地经济社会的发展。

八是防汛抗旱指挥系统建设。全市继续实施防汛抗旱指挥系统的建设，计划总投资780万元。全面实施防汛远程会商系统的升级改造，建成防汛远程会商专用网络；进一步扩展、完善水情采集系统，按照国家防汛指挥系统设计标准建设市级水情分中心1个及更新改造水雨采集站点；实施防洪工程图像监视系统建设，计划建成市监视中心1处，县级监视中心6处，重要水库监视点9个，重要江堤监视点2个，重要测流断面监视点2个；开展全市灾情、险情信息采集系统建设，初步建成传输网络和灾情信息处理分中心。

二、金华市水利发展“十二五”规划

（一）规划的总体思路。《中共金华市委金华市人民政府关于加快水利改革发展的实施意见》（市委〔2001〕1号）文件为引领，加快“四保工程”建设，全面提升“四大能力”。深入实施防洪保安工程，全面提升防灾减灾综合能力；大力推进旱涝保收工程，全面提升农业生产的水利保障能力；加快推进水资源保障工程，全面提升水资源综合开发利用能力；着力推进水环境保护工程，全面提升水生态保护能力。“三”——即严格落实水资源管理“三条红线”。“二”——即健全水利投入稳定增长机制和健全有利于水利发展的长效体制机制。“一”——即完善 “三位一体”的水利管理服务体系。

（二）“十二五”规划主要目标

到2015年，水利对经济社会发展的支撑和保障能力显著提高，全市水利发展争取走在全省前列。

一是全面提升防洪减灾能力。城市防洪全面达到50年一遇以上，中心镇用10年左右时间基本达到20年一遇，主要低洼易涝地区排涝标准提高到10年一遇以上；完成水库除险加固118座以上、山塘整治798座、水闸除险加固3座、小流域堤防加固245千米、中小河流治理146千米，年病险水库发生率控制在3%以内；金华、兰溪、义乌等地建成规划排涝工程设施的50%；健全防汛防台抗旱组织指挥体系，完善监测预警体系，构筑科学、完备的预案体系。

二是全面提升水利保障农业生产能力。围绕粮食功能区和现代农业园区建设，同步配套完善水利设施，完善灌排配套渠系，推进高标准农田水利建设，现代农业园区防洪排涝灌溉标准达到相应农业生产要求，农业“两区”水利设施实现现代化；全市41个万亩以上灌区新一轮改造，新增节水灌溉面积60万亩，旱涝保收面积17万亩，完成干支渠衬砌1500千米，干支渠衬砌率达到67%，完成泵站改造2万千瓦；农田灌溉水有效利用系数提高到0.56以上；争取更多县（市、区）列入国家小型农田水利重点县项目实施，新建和改造一批小山塘、小堰坝、小水池、小泵站和小沟渠，加快末级渠系改造和田间工程配套，完善灌排体系；优先在设施农业区、饮用水源地、低丘缓坡和经济园地建设高效节水灌溉工程，扩大喷微灌面积，着力提高农业灌溉水平，建成喷微灌面积5.4万亩。

三是全面提升水资源开发利用水平。年供水能力新增1.1亿立方米，城市供水保证率提高到95%以上；到2012年，农村自来水覆盖率达到93%。改善提高80万农村人口饮水条件，全面解决农村饮水安全问题，农村供水保证率提高到90%以上。

四是全面提升水环境保护能力。完成农村河道综合整治1110千米、水域保洁242平方千米，全市水域面积保洁率争取达到50%以上；到2015年，水土流失面积占土地总面积的比例下降到9%，完成水土流失治理面积415平方千米；确保提供清洁安全的饮用水，集中式饮用水水源地水质力争全面达标。

五是建立现代水利体制机制。实行最严格的水资源管理制度，把严格水资源管理作为加快转变经济发展方式的战略举措，严格划定水资源管理“三条红线”，建立水资源管理责任和考核制度，做到水资源开发利用、节约和保护并重，“十二五”期末万元GDP用水量控制在90立方米以内、万元工业增加值用水量控制在60立方米以内，全市水资源开发利用率控制在32%左右。；健全水利投入稳定增长机制，实行大建设、大发展、大投入，多渠道投资水利，发挥政府在水利建设中的主导作用，积极引导社会各类资金和力量投入水利建设，对水利投入的总量和增幅有明显提高，力争今后10年全社会水利年平均投入比2010年高出一倍，在水利投入机制上谋求新突破；健全水利发展的长效体制机制，建立市级水资源管理委员会，定期协调水资源和水污染防治方面的重大问题，完善和巩固县级水务一体化管理模式，适时实现市级水务一体化管理，理顺市、县农村水利、水电、水文等管理职能，健全完善相应机构，深化国有水利工程管理体制改革，加快水利工程建设和管理体制改革，积极推进水价改革，全面启动标准化水库建设，“十二五”时期大中型水库达标率达到30%，小(1)型水库达标率达到10%；完善“三位一体”水利管理服务体系，实行防汛防台抗旱、饮水安全保障、水资源管理、水库安全管理行政首长负责制，建立市对县（市、区）政府水利工作目标责任考核制度，积极搭建培养水利人才战略平台，全面提升水利干部职工队伍素质，切实增强建设管理和依法行政能力，健全基层水利服务组织，建立流域或乡镇水利服务管理机构，深化村级农民水务员队伍建设。

（三）“十二五”水利建设主要任务

一是防洪保安工程。全面完成大中型病险水库和已鉴定为险库的小型水库除险加固任务，完成金华市本级沙畈、安地，兰溪城头、火炉山和芝堰，义乌柏峰、枫坑和长堰，永康太平，浦江金坑岭，武义清溪口和内庵等中型水库在内的205座中小型水库除险加固工程，完成金东杨卜山、国湖，义乌杨宅3座病险水闸加固改造。新建、续建、改造城市防洪堤77.18千米，其中：金华市本级提档改造15.40千米、兰溪续建34.58千米、永康新建3.2千米、东阳新建12千米、磐安新建12千米。独流入海河流堤防加固136.75千米，其中金华市本级1.45千米，婺城区12.2千米，金东区25.5千米，兰溪市65.68千米，浦江县31.92千米。推进中小河流治理，积极争取全国中小河流治理重点县项目，重点抓好梅溪、厚大溪、白沙溪等河流治理，完成中小河流治理500千米。开展山洪灾害易发地区小流域治理和山洪沟治理，加快建设防灾避灾场所，提高防御山洪灾害的能力，对64条小流域实施综合整治。

二是旱涝保收工程。实施乌引灌区、金兰灌区、兰溪东芝灌区、武义源口灌区、金东杨卜山灌区等大中型灌区改造，新建九峰灌区。全市41个万亩以上灌区新一轮改造，扩大和改善灌溉面积30万亩，旱涝保收面积25万亩，完成干支渠衬砌1500千米，干支渠衬砌率达到67%。积极推进泵站改造，完成改造568座、2万千瓦。积极推动“一高四小”工程建设，新建和改造一批高效节水灌溉工程和小山塘、小堰坝、小机埠、小沟渠，完成山塘综合整治1000座以上。建设好婺城区、金东区、东阳市和永康市国家小型农田水利重点县，加快末级渠系改造和田间工程配套，完善灌排体系。争取更多县(市、区)列入国家小型农田水利重点县项目实施。深入推进节水灌溉建设，优先在设施农业区、饮用水源地、低丘缓坡和经济园地建设高效节水灌溉工程，扩大喷微灌面积，着力提高农业灌溉水平，建成喷微灌面积5.4万亩。

三是水资源保障工程。建成兰溪钱塘垅水库、武义石峡水库，开工建设好溪水利枢纽虬里水库，义乌双江水利枢纽、磐安花溪水库和市岭下水库等骨干水源工程，同时推动一批山区小型水库山塘建设。构建浙中地区水库群联合供水等区域性水源联网联调的工程格局，加快水厂管网建设和中水回用等非常规水资源利用工程，提高城乡生产生活用水保障能力。巩固“千万农民饮用水工程”建设成果，推进农村供水标准化、规范化建设和城乡一体化供水。构建工程运行和管理长效机制，落实好农村饮水安全工程建设和管理的政策，加强日常管理和维护，保障农民饮用水安全工程长期发挥效益。实施“千站改造惠农保安”工程和水电新农村电气化县建设，推进农村水电更新改造和标准化电站建设。统筹兼顾防洪、灌溉、供水、生态等功能和农民利益保障，合理开发水能资源。强化水电安全监管和安全年检工作，切实加大财政投入力度，保障必要的检测、监测经费。新建电站34处、技改65处，新增改造装机容量4.8万千瓦。

四是水环境保护工程。深入实施“万里清水河道”建设，完成农村河道综合整治1110千米、水域保洁242平方千米，全市水域面积保洁率争取达到50%以上。推进沙金兰、永康杨溪、武义源口水库等“百库饮用水水源保护工程”建设，深入推进沙金兰库区水源涵养功能区建设，实施饮用水源保护区生态清洁型小流域建设，开展饮用水水源地环境综合整治，强化饮用水水源应急管理。对23座水库实施水源地保护工程，实施生活、工业污水和垃圾处理工程、污染底泥治理工程、水土保持工程、生态河道建设、公路隐患防范工程，建立水库水源地长效保护机制等。实施洁水保水渔业示范区建设，禁止在饮用水源地进行网箱投饵养殖，推进生态渔业养殖。加强重点小流域生态修复和生态脆弱地区的综合治理，健全水土保持方案前置审批和水土保持设施竣工验收制度，严格执行开发建设项目水土保持设施与主体工程同时设计、同时施工、同时投入使用的管理制度，遏制人为造成水土流失的现象。建立健全水土保持补偿制度。完成水土流失治理面积415平方千米。实施低丘红壤开发治理工程，治理低丘红壤面积1.8万亩以上。

五是行业能力建设项目。完成山洪灾害防治非工程措施建设，建设重要防洪工程远程图像监视系统，建立防汛抗旱综合信息共享平台，深化基层防汛防台体系建设，加强水文基础设施建设，加强抢险救援队伍建设，加强基层防指办能力建设。健全防洪安全、供水安全和水环境安全的监测预报、预警体系。建设防汛抗旱指挥调度中心建设、市级防汛物资储备中心，建立水利防汛、水资源信息化综合、金华城市及金华江干流防洪风险图管理系统，完善防汛防台抗旱决策指挥调度系统、防汛数据中心和防洪工程实时图像监控系统、水雨情系统。加强水行政执法，强化水利工程建设和运用管理。保障执法经费和执法装备，建设水利信息综合管理信息系统、水资源数字化综合管理平台，强化水行政执法人员、水利工程监管人员、水工程运行人员的教育、培训。启动实施水利工程标准化建设，划定管理、保护范围，完善管理设施，提升管理能力，实现硬件软件管理的标准化。金华市本级水库、电站先行试点工作。保障公益性水库、堤防、灌溉排涝泵站、水文测站等水利工程持续良好运行，规范水利工程维修养护，加大维修养护资金投入。建立农村饮用水工程长效管理机制，完善农村水务员队伍建设管理，全面实施城乡河道保洁工作。

（四）投资规模。主要分：投资规模和资金筹措渠道等二个部分。经初步测算，“十二五”时期全市水利投资规模约259.40亿元。其中，防洪保安工程投资92.75亿元，旱涝保收工程投资32.63亿元，水资源保障工程投资78.82亿元，水环境保护工程投资30.57亿元，行业能力建设投资19.52亿元，其他工程建设投资5.11亿元。

第二节　浙中水乡总体规划

一、规划范围与定位

规划范围为整个金华市范围，涉及金华市区（含婺城区和金东区）、兰溪市、东阳市、义乌市、永康市和浦江县、武义县、磐安县等9个县（市、区），总面积为10942平方千米。定位：美丽乡村之源、宜居城市之脉、幸福生活之舟。

二、规划目标与期限

通过安然的防洪安全保障体系，优良的水环境、水生态体系，先进的水资源优化配置体系，繁荣的水经济、水文化体系，先进高效的水管理体系“五大体系”建设，把水“蓄起来、连起来、活起来、净起来、美起来、亲起来”，努力打造“城水相依、湖库相嵌、江河相连、山水相融、保用相促、人水和谐”的浙中水乡。

规划基准年为2012年，规划期限至2030年。其中，近期至2015年，中期至2020年，远期至2030年。

三、总体布局

围绕建成“五大体系”目标，将规划区划分为“一带、两片、三区块”，落实“九大工程”：治水安婺、净水美婺、蓄水兴婺、连水通婺、节水泽婺、清水润城、亲水家园、秀水绕村、智慧水利等工程。

四、2012—2015年主要建设内容

（一）市区梅溪流域综合治理

市区梅溪流域综合治理按照“治污水、防洪水、排涝水、保饮水、抓节水”要求，依托梅溪现有山水自然禀赋和仙源湖旅游度假区基础，整合山水、生态、旅游等各方面资源，科学规划布局，合理安排功能，梯度推进建设，力争用三年左右时间，打造集防洪蓄水、生态修复（包括水环境和两岸绿化生态修复）、休闲旅游、人水互动、水景协调、产业融合、综合功能一体化的清水河道生态示范线、美丽乡村样板线、生态风景旅游线和休闲养生观光线。

（二）湖海塘水系建设

湖海塘区块属于城市滨水休闲水乡区。该区块以打造城市滨水休闲水乡为主，通过对安地水库中干渠、西支河、湖海塘中心区、玉泉溪、湖海塘泄洪渠为主要内容的“两进两出一中心”建设，辅以周边石门溪等水系治理以及区块内新开的小型水系、新建的城市水库，让活水进城、清水进小区，形成城水相依、湖河相连的城市休闲水乡。

（三）金义都市新区水系建设

金义都市新区水乡建设以解决水资源配置、水环境整治为主的“都市水乡”。围绕区域内的“一江七溪”（东阳江、航慈溪、孝顺溪等）及满塘湖等河流水库联通工程建设，使水资源得到合理调配，改善水环境，形成城水相依、人水和谐的都市水乡。

第三节　其他水利规划

一、水土保持规划

金华市水土保持总体规划（2006—2010）

2006年12月，金华市水利局编制完成《金华市水土保持总体规划（2006—2010）》，2007年1月19日金华市发展和改革委员会　金华市水利局印发了《关于印发金华市水土保持总体规划（2006—2010年）的通知》（金发改农〔2007〕15号）。

规划总体目标是：健全水土保持监督管理体系，完善开发建设项目水土保持方案申报审批制度和“三同时”制度、水土保持设施竣工验收制度，基本控制人为活动产生新的水土流失的发展趋势；开展水土保持监测工作，及时监测预报全市水土流失及其动态变化；全市水土流失面积占总土地面积的比例下降到13%以下；新增治理水土流失面积485平方千米；各县（市、区）水土流失面积占总土地面积的比例全部下降到20%以下；全市生态环境得到较大改善。

重点项目：①水土保持监测网络与信息系统建设　建成1个水土保持监测分站、一批水土保持固定监测点，初步形成全市水土保持监测网络，并建立水土保持监测预报系统，编制监测公报。投资约1300万元。

②供水水库上游水土流失综合治理工程　包括8个县（市、区）的7座供水水库的库区及其上游地区，面积1041.4平方千米，治理水土流失面积145.85平方千米。投资约5339万元。

供水水库综合治理工程表

表8-1

序号	水库名称	所地在	集水面积（平方千米）	总库容（亿立方米）	水土流失治理面积(平方千米)					其他措施或工程	投资(万元)
					生态修复	坡面径流调控	水保林	经济林	合计		
1	横锦	东阳	378	2.810	48.6	0.2	0	0.3	49.1	巩固治理成果，优化管护方式	1080
		磐安			26.8	1.7	0.1	0.2	28.8		847
		小计			75.4	1.9	0.1	0.5	77.9		1927
2	沙畈-金兰	金华市本级	270	1.850	13.9	0.6	0.1	0.1	14.7	河床清理、建拦砂坝等	402
		小计			13.9	0.6	0.1	0.1	14.7		402
3	八都	义乌	54.7	0.367	3.96	0.45	0.14	0.29	4.84	加强山林管理、坡面整治等	234
		小计			3.96	0.45	0.14	0.29	4.84		234
4	杨溪	永康	124	0. 558	12.84	3.06	0.44	0.17	16.51	林地补偿、加强山林管理、面源污染控制	792
		小计			12.84	3.06	0.44	0.17	16.51		792

续表

5	城头	兰溪	21	0.181	7.35	0.9	0.1	0.5	8.85	坡改梯、建拦砂坝等	419
		小计			7.35	0.9	0.1	0.5	8.85		419
6	源口	武义	115	0.236	7.50	1.47	10.64	0.58	10.19	加强山林管理、坡面整治等	577
		小计			7.50	1.47	0.64	0.58	10.19		577
7	金坑岭-仙华	浦江	78.7	0.215	8.59	2.27	1.2	0.8	12.86	加强山林管理、坡面整治等	988
		小计			8.59	2.27	1.2	0.8	12.86		988
		合计	1041.4	6.217	129.54	10.65	2.72	2.94	145.85		5339

③坡面径流调控工程　规划全市（不包括供水水库上游）完成坡面径流调控工程治理水土流失面积 84.55 平方千米，需投资 12430 万元。

坡面径流调控治理工程表

表 8-2

行政区	坡面径流调控（平方千米）	截排水沟（千米）	蓄水池（座）	沉沙池（座）	投资（万元）
金华市本级	0.5	20	150	75	75
婺城区	6.3	252	1890	945	925
金东区	6.8	272	2040	1020	1000
兰溪市	8.4	336	2520	1260	1235
义乌市	9.15	366	2745	1372	1345
东阳市	11.8	472	3540	1770	1735
永康市	6.14	245	1842	971	903
武义县	15.03	601	4509	2255	2209
浦江县	6.83	273	2049	1025	1004
磐安县	13.6	544	4080	2040	1999
合计	84.55	3381	25365	12733	12430

④重点生态修复治理工程

对海拔 400 米以上的高海拔地区实施生态修复治理水土流失面积 125 平方千米，需投资 2500 万元。

重点生态修复治理工程表

表 8-3

行政区	生态修复(平方千米)	投资（万元）	主要乡镇
婺城区	15.5	310	塔石、岭上、箬阳、罗店
金东区	4	80	曹宅、源东
兰溪市	10	200	黄店、马涧、梅江
义乌市	8	160	大陈、苏溪、上溪
东阳市	40	800	虎鹿、三单、画水、南马
永康市	10	200	花街、象珠、龙山、古山、石柱
武义县	18	360	桃溪、柳城、坦洪、大溪口、新宅、俞源
浦江县	10	200	杭坪、前吴、大畈
磐安县	9.5	190	玉山、尖山、大盘、般峰、高二、维新
合计	125	2500	

金华市水土保持“十二五”规划

2011 年 4 月，金华市水土保持办公室、金华市水利水电勘测设计院有限公司编制完成《金华市水土保持“十二五”规划》，2011 年 4 月 20 日规划通过金华市发改委、水利渔业局组织的评审。2011 年 9 月经市政府同意，金华市发展改革委员会、水利渔业局以金发改规划〔2011〕208 号印发了规划。

近期目标（2011—2015 年）

①进一步健全水土保持监督管理体系，完善开发建设项目水土保持方案申报审批制度和水土保持设施与主体工程“三同时”制度、竣工验收制度；工程建设等人为活动造成的新的水土流失得到有效遏制；

②新增治理水土流失面积 415 平方千米，全市水土流失面积占总土地面积的比例下降到 9%以下，其中婺城区、武义县水土流失面积占总土地面积的比例下降到 6%以下，浦江县水土流失面积占总土地面积的比例下降到 7%以下，金东区、磐安县水土流失面积占总土地面积的比例下降到 8%以下，永康市水土流失面积占总土地面积的比例下降到 10%以下，兰溪市、义乌市、东阳市水土流失面积占总土地面积的比例下降到 11%以下。

③大力实施水土保持生态修复，供水水库水源地得到较好的保护，水源区得到有效治理，农村生产生活环境得到改善，建设生态清洁型小流域 21 条。

④现有坡耕地采取坡面径流调控、陡坡地退耕、坡耕地治理、等高耕作、保土种植等水土保持措施，园地、经济林地水土流失得到有效治理。

⑤建立健全并完善水土保持监测网络和信息系统，及时监测预报全市水土流失及其动态变化，收集数据进行统计分析并建立数据库。

远期目标（2016—2025 年）

水土保持监测网络和信息系统比较完善，实现水土保持的动态监测，人为活动产生新的水土流失得到遏制；全市水土流失面积占总土地面积的比例下降到 5%左右；再新增治理水土流失面积 400 平方千米；水源地得到有效保护；基本耕地得到有效保护；结合生态公益林建设，全市生态环境得到根本改善，生态文明建设与经济社会发展相得益彰，实现山川秀美。

治理任务

以小流域为单元进行水土流失治理是"十二五"水土保持工作的基本路线，2011—2015 年规划共完成 96 条小流域的水土流失治理，其中生态清洁型小流域 21 条。新增治理水土流失面积 415 平方千米，占全市水土流失总面积的 31.67%，其中封禁治理 249.84 平方千米，坡耕地治理 53.93 平方千米，园地、经济林地治理 29.43 平方千米，营造水土保持林（草）46.29 平方千米，其他裸露面植被恢复 35.51 平方千米，同时修建谷坊、拦砂坝 378 座，总投资 45456.90 万元。

金华市 2011—2015 年水土流失治理任务表

表 8-4

县（市、区）	小流域治理（条）	水土流失治理面积（平方千米）	其中						
			封禁治理	坡耕地治理	园地、经济林地治理	营造水土保持林（草）	其他	谷坊、拦砂坝（座）	生态清洁型小流域（条）
婺城区	12	30	13	7	8	2	0	34	1
金东区	9	25	17	0	4	4	0	17	1
兰溪市	12	55	34	15	0	6	0	17	0
东阳市	11	80	61.04	0.83	5.63	11.36	1.14	22	1
义乌市	8	50	38.34	1.78	6	3.88	0	8	8
永康市	16	50	31.03	7.25	0.38	11.34	0	41	2
浦江县	13	25	2.72	2	1.1	2.56	16.62	216	3
武义县	6	45	21.71	9.97	1.42	4.15	7.75	11	3
磐安县	9	55	31	10.1	2.9	1	10	12	2
小计	96	415	249.84	53.93	29.43	46.29	35.51	378	21

一、金华市水土保持规划

根据浙水保〔2012〕77号《浙江省水利厅、浙江省发展和改革委员会关于开展全省水土保持规划编制工作的通知》精神，2013年开始水土保持规划编制工作，2014年12月9日专家组评审，2015年2月24日金华市人民政府以金政函〔2015〕12号文对规划进行批复。

规划目标：近期目标：至2020年，全市水土流失面积占国土面积比例下降到8.5%以下，其中金华市区（婺城区、金东区）下降到5%以下，初步建成与金华市自然条件和经济社会发展相适应的水土流失综合防治体系。进一步健全水土保持综合监管体系，全市水土保持监督管理能力进一步得到提升，完善生产建设项目水土保持方案申报审批制度和水土保持设施与主体工程“三同时”制度，水土保持方案申报率、实施率和水土保持设施验收率达到95%以上，加大事中、事后监管力度，积极委托第三方开展监督检查，开发建设活动造成的新的水土流失得到有效遏制。完善水土保持监测体系与信息系统，及时监测预报全市水土流失及其动态变化。

远期目标：至2030年，继续深化水土保持工作，全市水土流失面积占国土面积下降到7.5%以下，其中金华市区（婺城区、金东区）下降到4.5%以下。贯彻依法治国方略，《水土保持法》得到全面贯彻实施，水土保持监督管理能力进一步提升，社会各界水土保持意识较强，生产建设单位自觉依法开展水土流失防治。

规模：至2030年，对存在水土流失潜在危险的区域全面实施预防保护，对水土流失集中分布区域进行治理，全市综合治理水土流失面积520千米，其中，金华市区44平方千米（婺城区、金东区各22平方千米）；近期至2020年全市综合治理水土流失面积270平方千米，其中，金华市区24平方千米（婺城区、金东区各12平方千米）。

二、金华市宜农低丘红壤开发治理规划

全市人口稠密，人均耕地面积少，自2000年以来，耕地面积一直呈递减趋势。“十一五”期间，金华经济社会发展受土地资源要素瓶颈制约、环境承载压力有所加大，而全市低丘红壤资源优势明显，合理高效地开发利用低丘红攘资源，能够有效缓解全市建设用地紧张和后备资源不足的矛盾，减少土地资源对社会经济发展的制约，促进经济社会的发展。

规划目标。通过低丘红攘的开发利用，加快农业产业结构调整，提高土地生产力，增加耕地面积，优化土地资源配置，为经济建设解决土地矛盾，同时面向国内外市场需求，发挥区域优势，大力发展特色农业、观光旅游农业、名优水果、无公害水果、无公害蔬菜、优质特种畜禽林、花卉，重点发展高效生态农业，走农工贸综合发展道路的开发治理方向。

2006—2010年，开发治理低丘红壤9066.67公顷，其耕地面积2646.67公顷，园地6420公顷，规模开发面积20公顷以上重点项目163个，开发面积5266.73公顷。2010—2020年，进一步加大低丘红攘资源开发力度，全市继续开发利用10000公顷，年均开发1000公顷，提

高土地生产力和农民收入，改善农民生活水平。

三、沙畈、金兰水库水源安全保护工程规划

指导思想。以省委省政府提出的全面实施“生态省”和“平安浙江”建设为指导，贯彻落实可持续发展战略，坚持以人为本，突出民生水利、生态水利理念。以保障城乡水库饮用水源地水质安全为中心任务，坚持因地制宜、统筹兼顾、防治并举，充分利用各类措施，保护和改善供水水库水质，防范突发水污染事件，为经济社会又好又快发展提供水源保障。

规划目标。到2013年，沙畈、金兰水库水质达到Ⅱ类水质标准，氨氮不超标。有效预防水库的富营养化发展，明显改善库区生态环境，有效提高应对水库库区突发性水污染事件的能力；全面提高水库水质安全监测能力；建立水库水源地保护长效管理机制，全面实施水库饮用水源地的监管，确保供水总体安全。

水库污染防治措施体系。总体上建立“366”防治措施体系，即：在上游库区、周边、水库库体层层设防（3道防线），采取库区污染源治理工程、水库水环境整治工程、水土保持工程、生态建设工程、水库（含库区）突发水污染事件防洪工程、水库水体监测能力建设6项工程措施，结合加强水库水源地保护的制度建设、加强水库水源地保护监督管理、加强库区产业结构调整、鼓励库区居民外迁及降低库区人口密度、加强水库水源地水质预警预报和应急处理机制、加强水库水源地保护宣传6项非工程措施，确保清水入库和水库水源地水质安全。

第二章　工程管理

2012年1月29日，金华市人民政府以（金政发〔2012〕11号）文印发了《金华市本级水利工程管理和保护范围规定》，对金华市本级水利工程管理和保护范围的划定与管理作出了规定。

（一）《规定》明确水行政主管部门和水利工程管理单位的职责，金华市本级水利工程管理与保护范围划定由市水利局统一监督，水利工程管理和保护范围划定的具体工作和管理由水利工程管理单位负责。

（二）《规定》明确了6个类型水利工程的管理和保护范围。

一是河道堤防的管理和保护范围。东阳江、武义江、金华江等三级堤防的管理范围为堤身、两岸堤防之间的水域、沙洲、滩地，以及堤防背水坡脚起10米至20米内的护堤地；保护范围为上述管理范围以外10米内的地带。四、五级堤防的管理范围为堤身、两岸堤防之间的水域、沙洲、滩地，以及堤防背水坡脚起5米至10米内护堤地；保护范围为上述管理范围以外3米至10米内的地带。

二是中型水库的管理和保护范围。库区管理范围为校核洪水位或库区移民线以下地带；保护范围为上述管理范围以外50米至100米内的地带。水库大坝的管理范围为大坝两端以外不少于80米的地带，以及大坝背水坡脚以外80米至200米内地带；保护范围为上述管理范围以外30米至80米内的地带。

三是小型水库的管理和保护范围。库区管理范围为校核洪水位以下地带；保护范围为上述管理范围以外50米至100米内的地带。大坝的管理范围为大坝两端以外不少于50米的地带，以及大坝背水坡脚以外50米至100米内的地带；保护范围为上述管理范围以外20米至50米内的地带。

四是水电站的管理和保护范围。水电站的管理范围为电站及其配套设施建筑物周边20米内地带；保护范围为上述管理范围以外100米内的地带。

五是灌区渠道的管理和保护范围。灌区干渠和一个流量以上的灌（排）水支渠的渠道、堤身和堤身背水坡脚外1米至3米为管理范围；保护范围为上述管理范围以外3至5米内的地带。

六是中型水闸的管理和保护范围。管理范围为水闸上、下游河道各100米至250米，水闸左右侧边墩翼墙外各25米至100米的地带；保护范围为上述管理范围以外20米内的地带；

（三）《规定》明确任何单位和个人都可以对侵占、损坏水工程的行为进行制止、控告和检举，旨在动员全社会共同来关注和参与水利工程的保护工作，监督、制止侵占水利工程的违法行为。对于违反水利工程管理和保护范围规定的行为，依据相关法律、法规，依法追究责任。

第一节　水库管理

截至2014年，金华市共有水库821座（大型2座，中型27座，小（一）型147座，小（二）型645座），总库容约19.5亿立方米。1949年以前金华市只有1座水库（永康隐清塘），20世纪50—70年代建成642座水库，占78%；80年代以后建成178座。821座水库中，29座大中型水库均为国有；小型水库中，水利系统直接管理的有69座，司法（监狱系统）系统管理的有3座，农业系统管理的有6座，个私及股份制电站水库有35座，乡镇、村管理的有708座。全市大中型水库均设立管理局（处），绝大部分小一型水库成立了工程管理机构，所有小型水库均落实了专职巡查人员。

水库管理单位负责水库日常管理工作，水库主管部门（私人业主）负责水库安全的监督与管理，水行政主管部门负责水库安全的行业监督与管理。水库管理的主要内容有：工程检查、控运调度、维修养护、安全监测、安全鉴定、除险加固等。

1.工程检查。工程检查根据实施主体、检查目的的不同，一般分为日常巡查、汛前检查、年度检查和特别检查。现全市所有水库均已落实专人负责水库巡查，汛期每天一次，非汛期一般不少于两天一次，强降雨时加密巡查次数。汛前检查由市、县防汛办在每年3月份组织开展，各级水行政主管部门、水库主管部门、水库管理单位联合参与检查。年度检查是在每年汛期结束后，由水库主管部门或委托专业机构组织的全面检查工作，主要是对汛期各建物的实际运行情况、水库运行管理工作进行总结，提出工程维修养护计划。特别检查是指当发生特大洪水、库水位暴涨暴落、死水位、低气温、强热带风暴、有感地震及发生重大事故情况时，对工程进行的检查。特别检查由水库主管部门组织进行检查，必要时报请上级水行政部门及有关单位会同检查。

2.控运调度。每年4月15日汛前完成全市2座大型水库控制运用计划的转报和21座中型水库控制运用计划的核定。2008年开始，义乌市6座中型水库由义乌市防指和义乌市水务局联合核定。小型水库由县（市、区）防指、水务局核定水库控制运用计划或明确水库运行特征水位。正在除险加固的水库由水行政主管部门批准度汛方案。大中型水库中，16座水库下泄洪水汇入金华江，其中13座对金华江城区段有影响（金华市本级沙畈、金兰，兰溪市高潮水库汇入金华江城区段下游）；

4座水库下泄洪水汇入衢江，2座水库下泄洪水直接汇入兰江。合计22座水库下泄洪水最终汇入兰江，其中20座对兰溪江城区段有影响（城头、芝堰水库汇入兰江兰溪城区段下游）。

管理单位在汛期严格按照防汛指挥机构调度指令进行蓄水、泄洪操作。全市大中型水库均完成了水库放水（泄洪）预警方案、安全管理应急（防汛抢险应急）预案的修编工作，水库放水（泄洪）预警方案由当地政府公布，安全管理（防汛抢险应急）预案由当地防指批准。水库管理单位均成立了水库防汛抢险队伍，积极做好防汛抢险物资储备工作，认真开展水库应急抢险等预案演练。

3.维修养护。水库管理单位或所有者根据年度检查成果，编制年度维修养护计划及经费测算，报主管部门批准后实施。维修项目的实施由具有相应技术力量的施工队伍承担；管理单位若具有相应技术力量，也可自行承担，但应明确工程项目负责人，建立质量保证体系，严格执行各项质量标准和工艺流程，确保施工质量。维修养护工作宜逐步采取以县或乡镇为单位的集中委托物业化公司开展。水库主管部门、水行政主管部门加强维修养护监管、考核工作。维修养护工作由专业化养护企业承担的，水库管理单位或所有者应明确工程维修养护的范围、内容、频次和目标要求等，同时对维修养护工作进行监督管理、考核验收。

4.安全监测。水库主要监测项目有：库水位、溢流水深、变形观测、渗流量及渗水浑浊度观测，扬压力、渗透压力、应力、气温观测等，目前已加固过的水库基本按规范要求埋设了大坝安全监测设施。水库安全监测工作主要由水库管理单位技术人员负责，按照规范规定的监测频次开展监测工作，也有水库委托有资质的中介机构开展。

开展大坝安全监测工作。水库监测资料每 2～3 年进行一次整编，有条件的地方应委托专业机构开展分析评价。对于观测资料中的异常测值，水库管理单位应立即组织相关专业技术人员分析原因、做好记录并及时采取措施。若不能准确查明原因或工程已出现异常情况，应立即报告水库主管部门和水行政主管部门，采取相应措施并做好保护。

5.安全鉴定。按照《水库大坝安全鉴定办法》规定，大坝实行定期安全鉴定制度，新建水库五年内安全鉴定（技术认定），以后每 6 年至 10 年一次。运行中遭遇特大洪水、强烈地震、工程发生重大事故或影响安全的异常现象后，应组织专门的安全鉴定。大坝安全鉴定实行分级负责：大型水库的安全鉴定由省水利厅组织审定。中型水库的安全鉴定由金华市水利局组织审定，报省水利厅备案。小型水库的安全鉴定由县级水务局组织审定，报金华市水利局备案。

2005 以来，全市累计完成完全鉴定并实施加固病险水库 436 座（均为国有、集体，含钱塘垅、花溪、长山垅等扩建水库），其中 8 座后来降等为重要山塘（东阳市 7 座、婺城西湖）。截至 2014 年，全市已完成或正在安全鉴定水库 98 座，已制定安全鉴定计划但未开展鉴定水库 218 座。

6.除险加固。大坝安全鉴定结果为“二类坝”　“三类坝”的水库，应制定和落实安全应急措施，及时组织加固改造工作，限期消除安全隐患。全市病险水库除险加固主要经历以下几个阶段：

一是准备阶段。1998—2003 年曾应急抢险岩口、长堰、太平、安地（中央一期）等中型水库及金东区满塘等小型水库。

二是 2003—2007 年省第一期千库保安。水利部下达全市除险加固计划 3 座（通济桥、源口、横锦），省厅下达计划 234 座，各地自增巧溪、古寺、皮刀丘、包坞、黄岩坑 5 座，合计 242 座，减去山塘 6 座、湖海塘取消，实际 235 座。

三是省委、省政府启动“强塘工程”阶段。①2008-2010 年，水利部东部地区重点 51 座，与省计划重复 29 座，实际 22 座；省 3 年计划 87 座、58 座、8 座，共 153 座，减去与 2003—2007 计划重复 56 座、3 座山塘，实际 94 座；②2010 年又下达 2010—2012 年加固计划 116 座，减除山塘 3 座，实际 113 座；③水利部增列东溪。④2013 年、2014 年省水利厅分别下达实施计划 24 座、29 座。

2003—2014 年全市合计实施水库除险加固 518 座，累计恢复或增加库容约 2.33 亿立方米、供水能力约 2.31 亿吨、灌溉面积 180 余万亩，恢复增加防洪人口 200 余万人、防洪面积 300 多万亩。

7.经验做法。时任浙江省副省长黄旭明 2013 年 6 月 6 日在省政府办公厅《专报信息》第 834 期《金华市切实加强水库安全管理，实现十年“无事故”》上批示：“我省今年的台汛期已经到来，防汛防台抗旱工作如约而至，事关重大。金华市的做法和经验值得各地借鉴”。

截至2013年，金华市共有水库821座（其中大中型水库29座），占全省总数20%以上，总库容约19.5亿立方米。其中，有645座建于20世纪50—70年代，占79%，其余176座也普遍建于80年代，经过多年运行，部分水库大坝和设备老化严重，安全管理责任重，压力大。2003年以来，金华市不断加大资金投入，狠抓水库安全设施建设，强化安全管理，累计投入26.73亿元先后新建、续建、扩建水库38座，除险加固477座病险水库，建立形成了“职责明确、除险及时、管理高效”的水库安全保障体系。主要做法是：

一、完善以行政首长负责制为核心的安全责任体系

一是逐库明确责任人员。每年汛前下发文件对全市每一座水库所在政府、主管部门和管理单位的安全管理责任人予以明确，其中大型水库、重点水库由主要领导亲自负责，责任人名单在《浙江日报》《金华日报》等主要媒体逐库公布，接受群众监督。同时，全市每年与各水库安全管理责任人签订防汛责任书，将有关水库安全职责书面通知到各责任人。即水行政主管部门与水库主管部门、水库主管部门与水库管理单位签订责任书，要求健全安全管理规章制度，建立防汛领导机构，完善防御洪水应急处置方案、水库安全应急预案等，落实防汛物资，加强预案演练；加强水库巡视检查和监测资料的整编分析，做好控制运用，统一指挥，服从上级的防洪调度。

二是建立责任追究制度。对在水库安全管理过程中领导不力、麻痹大意、疏于管理等职责履行不到位而发生重大安全事故的，直接追究总负责人的责任，再追究具体工作岗位责任人员，并与绩效考评挂钩；由此构成犯罪的，由司法机关依法追究刑事责任。

二、健全以日常巡防为主专项检查为辅的巡查防范机制

一是建立队伍，完善日常巡防机制。全市各大中型水库和重点小型水库由水库管理单位定期开展专业巡查。普通小型水库均聘请专门的人员开展日常巡视检查工作，每年汛前发文公布小型水库巡查人员名单（巡查人员一般是得到村两委或群众认可、有一定文化基础、通过培训考核合格后上岗）。组织编印《水库巡查记录本》（《记录本》总结了水库安全管理有关法律法规，强调了水库安全管理各责任单位具体职责，明确了水库日常巡查重点和巡查技术），指导各县（市、区）开展水库巡查人员业务培训，提升水库巡查人员管理水平。巡查工作人员按照《水库大坝巡视检查办法》要求，尽心尽责地做好水库安全管理巡查工作，汛期或非汛期水库达到正常蓄水位前后时每天至少巡查1次，其他时期至少3天巡查一次。

二是加强专项检查针对性。千里之堤毁于蚁穴。为了切实加强水库安全管理，全市每年都要科学编制水库控制运用计划，储备防汛抢险物资，及时排查并治理安全隐患。同时建立了以日常巡查为主，以专项检查为补充的水库安全巡防体系。市、县水利部门不定期组织检查、抽查，着重在入汛前开展水库蓄水安全专项检查，对检查、抽查中发现的安全隐患发文督办，限期整改，并要求将整改情况书面反馈。对于非水利行业管理的水库，除督促其主管部门、业主和管理单位加强值班和巡视检查外，水利部门对其进行技术指导和有针对性的业务知识培训。全市还定期委托专业机构开展水库大坝、水电站、金属结构和机电设备安全检测，并对检测发现的问题发文通报有关单位进行整改，这个做法在全省尚属首创，获得了省水利厅领导的充分肯定。

三、加大以病险水库除险加固为重点的工程建设力度

一是加大资金投入。市、县两级财政坚持水利资金优先划拨的原则，千方百计安排专项资金满足水库除险加固建设。例如兰溪市以提供土地担保等方式创新融资渠道，保证除险加固地方配套资金，确保完成县域水库除险加固；义乌市出台政策规定市直属工程由财政全额补助，镇（街）所属工程由市财政补助 90%，村集体所属工程由市、镇（街）财政按 9:1 的比列全额予以补助；永康市规定除了部、省补助和政策处理外，差额资金全部由市财政予以落实。2003—2012 年，全市共实施病险水库除险加固 466 座（实际完成 477 座，11 座水库加固后因建设开发等原因降等为重要山塘），占全省加固总数约四分之一。据测算，通过病险水库除险加固的形式，累计恢复或增加防洪库容约 2.33 亿立方米，增加供水能力约 2.31 亿吨，恢复灌溉面积 160 余万亩，恢复保障防洪人口 200 余万人，防洪面积 300 多万亩。

二是加强建设管理。首先抓实抓好前期工作，严格开展大坝安全鉴定和技术认定工作，确保初步设计深度满足要求，设计复核和审批程序规范；其次规范建设管理，完善项目建设“五制”，对正在除险加固的水库度汛方案进行严格审查，规范工程验收工作；再次加强工程质量日常安全管理，各项目都层层落实质量安全管理责任制，健全日常管理机制，控制工程质量和施工安全；最后抓好工程验收工作，严格按照程序组织召开完工检查（蓄水验收）、竣工验收会议，成立专家组，按初设批文内容逐项审议讨论，提出存在问题及整改意见，及时出具验收成果。2008 年以来，全市坚持每月一次发文通报全市病险水库除险加固进展情况，对除险加固和水库管理存在问题提出整改要求，并报各地政府、水务局领导。

四、提升以科学监管为核心的监管系统化水平

从 2011 年起，全市开展了标准化水库建设，力争到“十二五”期末实现全市大中型水库标准化创建达标率达到 30%。

一是科学行使水库监管职能。在制定水库控制运用计划（度汛方案）、对病险水库除险加固组织初设审批、验收等业务时，邀请各县（市、区）水利部门分管领导、专业技术人员以及水文、水保、财务等非水库方面专家组成联合专家组举行专业论证，切实提高自身监管能力，确保审查、验收不走过场。全市 22 座大中型水库除险加固工程的安全鉴定、初设审查、验收等活动，均邀请水利部、省水利厅专家参与；51 座列入国家东部重点小型水库除险加固工程的安全鉴定、初设审查结果均报请省级专业机构复核把关；其他小型库除险加固工程也都组织专家赴工程现场踏勘、召开专题论证会议讨论通过。

二是不断更新监管技术。开发了水库联合调度系统、水雨情预警系统、水库智能巡检系统等一系列水库管理信息系统。系统内容涵盖了值班巡查、预警预案、险情报告、抢险演练、工程监测养护及防洪调度等，极大帮助水库运行管理中实现组织、管理、预案、制度、队伍、物资“六到位”。建立水库水电运行管理数据库，落实专人负责数据收集、整理、校对、录入，内容涵盖水库和电站基本信息、日常管理、除险加固、更新改造、系统管理等，为水库和电站安全运行管理提供了档案数据支撑。全市还成立了水库管理 QQ 群，交流水库日常管理经验、技术，对存在问题进行答疑、会诊；建立了水库安全预警信息平台，纳入了全市水库安全管理责任人、巡查责任人，在恶劣气象或台风来临前及时短信通知有关人员加强水库巡查，做好安全防范工作。

三是积极组织参加各类知识更新专业培训。近年来，全市邀请专家赴各地举办了相关业务培训 20 余场次，累计培训人员 3000 余人次，重点对水库安全管理、调度运行、日常巡视检查、大坝及闸门运行管理人员、水电站值班运行人员进行业务知识更新培训，增强履行岗位职责能力，提高一线运行人员技术水平。

第二节　河道堤防管理

一、划界打桩。1998 年以来，对全市河道管理范围和保护范围进行确界打桩。

2004—2006 年，全市对金华江干流 27.7 千米，东阳江（金华市三江口至金东义乌交界）36 千米，武义江（金华三江口至金东武义交界）25 千米、梅溪（安地水库至武义江汇合口）14.2 千米，共计全长 102.9 千米进行了标准化划界确权工作，主要内容包括河道地形测量，横断面测量，划定界线，设立统一形式的千米桩、百米桩和告示牌等。

河道堤防管理和保护范围根据《关于印发金华市本级水利工程管理和保护范围的规定的通知》（金政发〔2012〕11 号）规定：（一）河道堤防的管理和保护范围为 1. 东阳江、武义江、金华江等三级堤防的管理范围为堤身、两岸堤防之间的水域、沙洲、滩地，以及堤防背水坡脚起 10 米至 20 米内（水平距离，下同）的护堤地（险工地段可以适当放宽）；保护范围为上述管理范围以外 10 米内的地带。2、四、五级堤防的管理范围为堤身、两岸堤防之间的水域、沙洲、滩地，以及堤防背水坡脚起 5 米至 10 米内护堤地（险工地段可以适当放宽）；保护范围为上述管理范围以外 3 米至 10 米内的地带。

二、河道巡查。建立河道巡查制度，金华市河道管理处每周二、四为巡查日，对直管河道（金华江：三江口至浙赣铁路桥；东阳江：东关大桥至三江口；武义江：孟宅桥至三江口）进行巡查。主要检查是否有违章占用、违章建筑、违章采砂取土、倾倒废弃物、破坏或危害河道工程及设施等违反水法规行为，检查河道管理范围内经审批的水事活动是否按规定进行等。

三、采砂管理。20 世纪 80 年代末 90 年代初，河道采砂基本失控，无证采砂，盲目作业，并向河道内倾倒废砂石，严重影响河道的行洪安全。各县（市、区）河道管理机构建立后，整顿采砂市场，关停无证采砂，取缔违章作业的砂场，规范河道采砂市场。自 1993 年起，河道采砂步入正轨。1998 年以来，全市推广义乌市河道采砂公开发包的办法。

2013—2014 年，全市开展整顿和规范采砂制砂专项行动，全面取缔河道管理范围内未经审批的采砂、制砂场。规划至 2015 年年底，除河道疏浚外，全面禁止金华江上游省市级河道和浦阳江内采砂，衢江、兰江内采砂加以规范和萎缩性管理。

四、建设项目占用水域管理。在经济社会快速发展过程中，违法侵占水域、蚕食水面的现象日益增多，加上一些地方水域保护意识比较淡薄，水域规划作用发挥不够，水域管理制度不够完善，乱占、乱用水域的问题比较严重，造成水域面积大量减少，已经影响水域功能的正常发挥，影响到水利的可持续发展，影响到人与水、人与自然的和谐相处，影响到全省经济社会的又好又快发展。2006 年 5 月 1 日浙江省出台施行了我国第一个专门规范建设项目占用水域行为的政府规章《浙江省建设项目占用水域管理办法》。《办法》实施以来，全市水域面积由 2005 年水域调查的 486.19 平方千米增加到 2014 年的 490.87 平方千米。

第三节 灌区管理

全市 50 亩以上灌区 3141 处，总灌溉面积 228.238 万亩。30 万亩以上灌区 1 处，灌溉面积 12.1217 万亩；1 万～30 万亩灌区 35 处，灌溉面积 122.6785 万亩；2000 亩至 1 万亩灌区 74 处，灌溉面积 29.2366 万亩；50～2000 亩灌区 3031 处，灌溉面积 64.1965 万亩。

金华市万亩以上灌区基本情况统计表

表 8-5　　单位：万亩

灌区名称	设计灌溉面积	有效灌溉面积	实际灌溉面积
安地灌区	12.85	6.2122	6.2122
金兰灌区	27	14.4326	14.4326
乌溪江引水工程灌区	30.06	12.1271	12.1271
莘畈水库灌区	5.87	5.26	5.26
山河溪水库灌区	1.2117	1.2830	0.985
山口冯水库灌区	1.2	1.0050	1.005
上荷塘水库灌区	2	1.2	1.2
杨卜山中型灌区	7.5	5.1	4.5065

续表

灌区名称	设计灌溉面积	有效灌溉面积	实际灌溉面积
城头水库灌区	2.1	1.06	0.7667
东芝灌区	11.2	8.26	8.26
高潮灌区	2.32	1.54	1.48
古塘山灌区	1.2648	0.3335	0.3
石孔头水库灌区	1	0.62	0.5
游埠灌区	4.8	2.6	0.6
东方红水库灌区	1.8	1.4	1.4
横锦水库灌区	15.93	12.26	10.26
浪坑口水库灌区	1.8	1.1	0.45
南江水库灌区	15	10.7	10.7
沈岭坑水库灌区	1.57	1.57	1.57
八都水库灌区	1.053	0.796	0.6
柏峰水库灌区	3.2	1.54	1.05
长堰水库灌区	3.72	1.4702	1.095
姑塘水库灌区	1.38	0.7888	0.7888
巧溪水库灌区	1.46	1.391	1.391
王大坑水库灌区	1	0.812	0.812
岩口水库灌区	6.16	3.06	2.722
洪塘坑水库灌区	1	0.8	0.8
三渡溪水库灌区	1.25	1	1
太平水库灌区	6.5	2.5	1.7
杨溪水库灌区	14.4	6.94	6.94
金坑岭水库灌区	7.09	3	2.34
通济桥水库灌区	10.71	8.0402	7.7402
外胡水库灌区	1.1	0.204	0.204
清溪口水库灌区	2.7	2.7	2.7
源口水库灌区	12.6	9.6	9.6
五丈岩水库灌区	2.6	0.5	

一、金华市本级管辖金兰水库灌区和安地水库灌区两处规模以上灌区

金兰水库灌区始建于 1959 年 1 月，1960 年 5 月基本完工。位于金华市区西部，主要灌溉婺城区、兰溪市共 7 个乡镇，261 个行政村及省金华监狱、婺城区长山良种场。设计灌溉面积 27 万亩，有效灌溉面积 21 万亩。 灌区以金兰水库为主要灌溉水源，辖区内有可调节水源的中型水库 1 座，小（一）水库 5 座，小（二）水库 20 座及“乌引”工程、后大溪、桐溪等为补充水源，约年可供水量 3175 万立方米（其中“乌引”供水 1500 万立方米），形成了

一个长藤结瓜式，直灌、间灌相结合的灌溉网络。金兰水库灌区管理委员会是金兰灌区的最高权力机构，下设办公室，日常管理（维修养护）等由金兰水利管理有限公司负责。通过农业综合开发项目建设了灌区信息化系统，由信息中心、通讯网络、闸门控制、水情监测、视频监视及其配套软件系统组成。调度中心设在金兰水利管理有限公司；通讯网络采用中国电信的光纤网络及中国移动的 GPRS 网络；闸门控制由西扬排涝闸、泉口排涝闸远程闸门控制站组成；水情监测由 16 个监测站组成；视频监视由 6 个远程监视点组成。

安地水库灌区建成于 20 世纪 60 年代，主要灌溉婺城区、金东区、开发区共十个乡镇，设计面积 12.85 万亩，有效灌溉面积：6.21 万亩。灌区管理机构为金华市安地渠道管理所，隶属金华市水利渔业局。

二、用水管理

全市规模以上灌区基本建立由当地水行政主管部门、水库管理部门、灌区各乡镇等相关单位组成的灌区管理委员会，每年用水高峰期召开代表大会，研究决定灌区管理、渠系配套、用水计划、灌溉服务等重大事项。2004 年，金华市本级安地水库灌区作为试点，率先在全市建立了第一个“农民用水者协会”—金华市开发区苏孟乡农民用水者协会，用水者协会成员由各村水管员组成。灌溉期由农民用水者协会组织协调本乡的灌溉用水调度，以及领水、分水等工作。2012 年，金华市本级金兰水库灌区成立了汤溪镇、蒋堂镇、长山乡三个用水协会，各行政村配备了水利员，负责本辖区的日常用水管理工作。2008 年，浙江省水利厅在全省范围内选定 8 个灌区开展农业用水定额管理试点工作，全市金兰水库灌区列入试点范围。

三、水费收缴

自 2004 年起，全市灌区的农业水费实行市、区财政转支付，其计费标准，按上年度的收费面积，每亩 11.5 公斤稻谷标准和当年国家粮食水费价格折算，支付时间一定三年不变。2009 年 12 月 30 日，金华市政府抄告单明确，金兰、安地、乌引、鹿田灌区农业水费继续由财政转移支付。实施范围共 21.7428 万亩。其中，金兰水库灌区 11.2531 万亩、安地水库灌区 6.7608 万亩、乌引灌区 2.87 万亩，鹿田水库灌区 0.8589 万亩。计费标准按 18 元/亩标准执行，其中金华金华市本级财政承担 9 元/亩，涉及的区（包括金华开发区）财政承担 9 元/亩。

第四节　山塘管理

中华人民共和国成立以来，全市建成众多蓄水 1 万 ~ 10 万立方米的山塘，为全市农业和农村经济社会发展发挥了积极作用。但是大部分山塘地势险要，交通不便，又建于“大跃进”和“文革”时期，受当时条件限制，设计、施工标准低，普遍存在无管理人员、无管理设施、无管理经费的“三无”现象。受强降雨影响，容易发生坝体滑坡、塌洞、坝内涵管漏水等险情。为此，2005年，金华市人民政府出台了《关于切实加强山塘安全管理的通知》（金政发〔2005〕116号），对充分认识山塘安全管理的重要性和紧迫性、严格落实山塘安全管理责任、加快山塘除险加固进程和加强山塘安全巡查力度等方面工作进行了部署。

2005年以来，随着社会经济的发展，全市山塘供农村饮用水的功能有所增强，数量逐渐加大。据2011年水利普查统计数据，全市塘坝23674座，其中1万~10万立方米山塘数量为5332座。2010年进入浙江省1万~10万立方米山塘编码的山塘4777座，总容积12841.3万立方米。全市拟整治山塘2619座，其中屋顶山塘1079座。经过2008年以来的中央财政小型农田水利重点县建设和面上农田水利建设,已完成约800座山塘的整治。2013年全市1万~10万立方米山塘基本上都落实了巡查人员，省厅按二类六档标准对屋顶山塘和重要山塘给予每座260~1200元的巡查经费补助，地方财政按1:1比例予以配套，全市2013年安排了山塘巡查经费305万元。

经验做法：时任浙江省副省长黄旭明于2014年5月5日在省政府办公厅《专报信息》第638期《金华市趋利避灾狠抓山塘整治 实现十年无事故无纠纷》上批示：金华市山塘安全管理抓得很好，“四有”体系值得各地借鉴。今年的主汛期即将到来，各地务必高度重视、切实做好山塘水库防洪、小流域山洪地质灾害防治等工作。建议把金华市在这方面的主要做法推介给各市、县（市、区）。

金华市有各类山塘8万多座，其中库容1万~10万立方米的山塘5127座，含病险山塘1625座，均占全省总数的25%以上。其中大部分山塘建于20世纪60、70年代，受当时条件限制，设计、施工标准普遍比较低。2008年以来，全市不断加大资金投入，狠抓病险塘综合整治，健全完善管护机制，累计投入5.96亿元先后完成病险山塘整治994座，山塘病险率从51.1%降至31.7%，新增蓄水能力2200余万立方米，恢复和改善灌溉面积170余万亩，新增供水山塘58座，惠及农村饮水人口9.6万人，解决农村饮水不安全人口132.1万人，建立形成了“有机构管、有人员管、有经费管、有制度管”的山塘安全管理“四有”体系。10年来，全市未发生一起人员伤亡或重大财产损失山塘事故，未发生因山塘缺水导致的抢水等水事纠纷，去年高温干旱最严重期间因旱饮水困难人口和农田受旱面积较干旱程度相似的2003年分别减少了74.7%和20.6%，农村防洪保供能力明显增强。其主要做法是：

一、强化整治齐给力，多措并举消隐患

一是编制整治规划。自2005年开始，全市就要求各地开展山塘安全普查工作，组织编制山塘除险加固规划，建立了山塘综合整治项目库，并按照“轻重缓急，先除险后去病”的原则，分期分批实施除险加固。由于准备充分，实施方案可操作性强，2009年以来，全市共有8个县（市、区）入选了中央财政小型农田水利重点县，依托重点县项目累计完成山塘整治501座，新增蓄水能力超过1000万立方米。

二是加大资金投入。全市各县（市、区）制定出台了财政资金投入政策，多层次筹措山塘除险加固资金，加大资金支持力度，2008年以来，市、县财政共投入约2.5亿元用于山塘整治。如，义乌市出台政策规定险塘最高给予90%的财政补助，病塘给予75%的财政补助；永康市规定除了部、省补助和政策处理外，差额资金全部由市财政予以落实；浦江县对规划内的山塘整治财政补助比例为90%。

三是明确分级负责。病险山塘整治工作实行分级负责制，并纳入县级政府对水务部门、乡镇政府的年度工作目标考核。其中，县级水务部门负责方案审批、技术指导和质量监督，乡镇负责山塘整治建设，乡镇、行政村负责前期政策处理和解决施工道路、用地等施工条件，通过各方协调，有效解决政策处理难题，加快工程建设进度。

四是创新施工工艺。针对病险山塘不同的隐患问题和施工条件，全市实行“一塘一策”，采取不同的工艺技术，大大缩短施工周期，确保安全度汛。如，磐安县和婺城区率先引进的市政工程非开挖定钻孔工艺，能克服不利天气条件实施山塘放水涵管的开挖，对地形地质条件适应能力强，不影响老坝体安全，工期较开挖工艺缩短1/3以上，得到省水利厅的推广。

五是严格质量监督。牢固树立“质量第一”思想，全面实行项目法人制、招标投标制、建设监理制、质量监督制、合同管理制和竣工验收制等制度。建立农村质量监督员制度，要求各受益村选派一名有责任心、有一定建设工程施工管理经验的村民，作为山塘整治工程质量监督员和联络员，接受业务知识培训后，参与建设管理，有效解决了项目多、水利专业质监人员和专业监理人员不足带来的工程质量监管缺失的问题，山塘整治项目的工程质量基本得到保证。

二、强化保障不缺位，建管并重固成果

一是强化人员保障。全市建起了一支拥有5264人、行政村全覆盖的村级水务员队伍，主要承担万立方米以上山塘等农村水利设施的日常管理和维护，以及其他涉水工作。每年汛前，由县级水务部门组织开展村级水务员业务培训，邀请省、市水利专家作防汛、山塘巡查等方面的业务培训，经考核后颁发上岗证，今年已开展培训60批次，参训近6000人次。针对1万立方米以下小山塘的管理缺位问题，全市武义县率先在全省实施小山塘安全管理农村党员干部责任制，全县4000多座小山塘的日常巡查工作由4000多名农村党员“一对一”认领。

二是强化经费保障。县级财政设立山塘管理维护费专项资金，用于支付巡查人员工资、人员保险费和养护经费，按乡镇山塘数量和财政收入实际状况给予分类补助，乡镇配套相应资金。如，兰溪市财政每年安排用于渠道、山塘等设施管护经费530万元；义乌市财政每年安排巡查人员工资经费约240万元，一般维护保养经费100余万元。

三是强化管理保障。因地制宜建立多种模式的养护管理机构，加强建后管理和日常维护工作，出台山塘巡查办法，明确巡查要求，建立巡查档案，防止出现失修失管现象。如永康市开展了小型水利工程“以大带小、小小联合”区域化集中管理试点，由全市华溪、酥溪等4个流域管理所对辖区内的小型水利工程实行管理，同时确定了灌区管委会、管理小组、农民水务员、农民用水者协会四种农田水利管护形式，依托上述管护机构聘用人员对小型水利工程实行巡查，并做好与流域管理所、乡镇水利员的沟通，实现山塘等小型工程管护的点面结合。目前，全市已建立13个灌区委员会、105个管理小组、712个农民水务员、9个用水者协会。

四是强化预警保障。结合基层防汛体系建设，开展以山塘水库防洪、小流域山洪地质灾害防治为主的县—乡—村三级预警体系、预案体系和保障体系建设。截至2013年年底，全市已建成水雨情自动采集、防汛实时信息发布、暴雨预警网格化系统等防汛业务或指挥系统8个；水雨情自动监测站点423个（1个站点/23.7平方千米），实现市域全覆盖。建立市、县、乡、村四级防汛指挥网络，县、乡、村三级防汛抢险应急预案编制率达到100%，明确预警信号和村级预警员，制定群众应急转移方案，建立抢险队伍，落实防灾救灾物资。目前，全市共储备麻袋26.1万个、编织袋89.7万个、土工膜12694平方米。

三、强化监管抓落实，建章立制促长效

一是安全责任具体化。明确山塘所在地的乡（镇）政府行政首长为总负责人，联村干部为具体责任人。每年汛期前，各相关责任人名单在相关媒体上予以公布。同时，要求各县（市、区）政府与乡（镇）政府，乡（镇）政府与联村干部签订山塘安全管理年度责任书，将责任分解落实到乡（镇）、村、组、具体的责任人，并由各乡（镇）政府通过乡、村公示栏予以公布，明确职责，落实责任，接受群众的监督。对在山塘安全管理过程中责任制不落实、安全管理不力，或擅自修建山塘、加高山塘坝体，造成山塘安全事故的，依法追究相关人员的责任，构成犯罪的由司法机关追究刑事责任。

二是人员监管智能化。山塘点多面广，为防止巡查人员弄虚作假，确保巡查工资取得实效，全市在总结水库智能巡检系统的基础上，今年着手建立山塘巡查考勤系统。即给山塘巡查员统一配备GPS定位手机，巡查员要按规定路线查看坝体、坝址区、溢洪道、输水涵洞、近坝岸坡和水体、水质等情况，在指定点位刷卡并上传现场照片，县级防指办可以随时查看巡查员的巡查轨迹及现场情况。目前，义乌市已完成建设方案并落实了有关经费，其余各地也在积极筹措经费，争取早日立项。

三是目标考核动真格。为切实加强对山塘等小型农田水利工程的管护以及村级水务员等管护人员的考核，各县（市、区）相继出台《小型农田水利设施管理养护办法》、《关于对农村水利设施管护人员进行考核的实施意见》等政策文件，明确管护人员的任职条件，建立人员管理台帐，制定考核评比制度，并由水利部门会同有关部门开展不定期抽查和年末考核工作，按考核成绩划拨工资和养护经费。如义乌市对村级水务员和山塘巡查员实行季度考核和年度考核，考核不合格的，及时更换，全市共有12名水务员和巡查员因2012年度考核不合格被更换。

第三章 信息化管理系统

除防汛信息化外，积极利用信息化技术，开发建设了一批信息化管理系统，主要有：

金华水利网站。金华水利网站于 2008 年 9 月正式开通，是在互联网上发布水利政务信息、与公众互动交流的基础平台，是宣传全市水利工作成就、扩大水利工作影响的重要媒介，也是全市水利系统干部职工和社会公众获取水利信息和服务的重要渠道。

水利办公自动化系统。2009 年金华市水利局开发了办公自动化系统，在吸收了省厅和各地办公系统优点的基础上，该系统采用 B/S 构架，用户进入金华水利网入口即可登录使用。内设通知公告、待阅文件、在办文件、我的邮箱、信息刊物、专网链接等栏目，2013 年进行了改造升级，下属单位收发文件都将通过该系统传输。

金华市水利信息管理系统。基于 GIS 系统开发的金华市水利信息管理系统，其开发的主要目的就是在水利系统内部，通过建立水利管理信息系统的公共支撑平台，结合水利普查基础数据库，引导水利部门各职能处室按需在平台上搭建业务模块，为建设金华市水利数据中心打好坚实的基础。2012 年开发完成试运行。

金华市水库水电运行管理联网系统。建设于 2010 年 9 月，主要功能为全市水库、水电站工程基本信息，水库除险加固、水电站更新改造信息以及水库水电管理法律法规等内容查询。系统建成后对全市水库水电站应急抢险、水库水电站安全运行日常监管、市防汛指挥机构调度运用起到了技术数据支撑作用，确保了全市水库水电站安全运行。

洪水预报系统。金华市水文站于 20 世纪 90 年代起逐步构建洪水预报方案和研制洪水预报系统，在历年的防汛防台、抗洪救灾中发挥了重要作用，特别是在 2014 年梅汛期、台汛期发生的两场洪水中（均排在金华站历史洪水前 10 位），预测洪峰水位误差分别为为 0.07 米和 0.01 米，预报精度均达到优良。

第四章 水政执法

第一节 水政监察队伍建设

1996 年 9 月金华县作为全省首批水政监察规范化建设县，率先成立水政专职执法机构以后，全市水政监察队伍建设经历了从起步，发展壮大，到规范化建设的历程。2010 年，按照《浙江省水政监察队伍建设“三百、六保障”达标活动实施方案》要求，金华市各级水政监察队伍开展了队伍规范化达标建设工作，通过三年的努力，全市 10 支水政监察队伍完成了达标建设验收，全部做到了全市水政监察队伍列入参照公务员管理单位达到百分之百；全市水政监察队伍 45 周岁以下的水政监察员具备大专以上学历达到百分之百；全市水政监察队伍水政监察执法网络向基层、流域站和工程管理单位等延伸覆盖面达到百分之百；提升了全市水政队伍机构人员保障、素质能力保障、管理制度保障、执法网络保障、队伍经费保障、执法装备保障。2011 年，为进一步提升水政执法形象，全市水政监察队伍开展了执法标识服装配备工作，要求全市执法人员着装执法、规范执法。2013 年，为加强水政监察证件管理，金华市开展了水政监察证件的年审工作，要求水政监察人员报告年度执法工作总结，对调离水政监察岗位人员证件予以注销。

通过队伍建设，全市水政监察队伍做到了全员持证、执法网络全覆盖，截至 2014 年底，全市共有水政监察人员 607 人，水政监察队伍 53 支，其中市水政监察支队 1 支，县级水政监察大队 9 支，金华市本级水利机构直属大队 8 支（市河道管理处、安地渠道、市水土保持办公室、市水文站及金华市本级四个中型水库），各县市区水政监察中队 35 支。

第二节　执法活动

1.水资源执法：2005 年以来，金华市水利局严格按照上级有关要求，贯彻实施最严格的水资源管理，打击违法开采水资源行为，有效地保护水资源。2007 年，金华市水政监察支队会同市建设监察支队、环境监察支队和市节水办对金华市区二环以内的地下水井情况进行了一次全面的普查并对普查数据进行了梳理分析。2007 年度共调查自备水 1022 处，其中无自备水的 64 处，有自备水的 958 处。通过调查，基本上摸清了金华市区二环内的地下水使用状况，为地下水的综合开发利用提供了基础数据。在摸底基础上，金华市水利局开展了多次专项执法活动。2008 年，金华市水政监察支队和市城管行政执法局联合开展地下水整治专项执法，对市区江南金钱寺社区、上官桥社区、中村、高畈、河盘桥、上浮桥和望府街等城中村、城效接合部沿街违法设置的插管井进行了强制拆除，拆除了违法取用地下水装置 220 个。2010 年，市水政监察支队配合市机场清场工作办公室对原空军机场地块的地下井进行了集中清理，共拆除封堵地下井 280 余口。2011 年，市水政监察支队开展了洗车场所非法取用地下水专项整治行动，对金华市区范围内的汽车场所进行了检查，共检查洗车场所 100 余家，对未经批准擅自取用地下水的 37 家汽车场所取水设施进行了取缔封堵；2012 年，开展了市区洗浴场所、宾馆等非法取用地下水专项整治，对市区 146 家洗浴场所、宾馆、酒店进行了摸底调查，对擅自取用地下水 34 家取水设施进行了封堵取缔。

2.饮用水源执法：为加强金华市区饮用水源及备用水源水质保护工作，有效防止水质污染，保障居民用水安全。2004 年以来，金华市水利局加大了对市区饮用水源水库的保护执法工作。从 2006 年起，市水政监察支队会同金兰水库管理处、沙畈水库管理处开展了劝泳劝钓护水行动，夏季在水库出入口设置栏杆，安排执法人员蹲点，对前往库区游泳的人员予以劝阻，对水库进行巡查，对钓鱼人员予以驱赶。从2013年起，在总结以往水源保护执法活动的基础上，针对水利部门无饮用水源执法权限现状，金华市市渔业局联合市环保局、市交通局、婺城区公安局、金华日报社、金华电视台等单位在金华市沙畈、金兰、安地、九峰四大水库开展劝泳禁钓及库面秩序整治联合执法行动。执法人员对进入饮用水源游泳、垂钓等人员进行劝阻，明确告知他们这是污染饮用水源的违法活动，对不听劝告者依照《中华人民共和国水污染防治法》进行处罚。2013年，劝阻游泳者2800多人次，收缴鱼杆130余根，清理水库竹排23支，清除金兰水库库面船只13艘，对12名游泳钓鱼者给予了罚款处罚。2014年，收缴钓竿120余根、网笼40余只，对20名游泳钓鱼者给予了罚款处罚。通过联合执法，有效地打击了遏制了库区游泳钓鱼行为，整治了水库库区秩序，增强市民对饮用水源保护的意识。在执法过程中，金华市水利局注重执法方式创新。2014年，市水利局会同市公安局交警支队、婺城区交通局在沙畈、金兰、安地、九峰水库沿库公路设立了禁止停车标识牌，为交警部门对库区违法停车的行为给予记分、罚款处罚提供了依据。

3.水库、渠道执法。水利工程是管水、治水的基础，金华市水政监察队伍始终把水库、渠道等水利工程的保护作为水政执法的重要任务。金华市水利渔业局在市区直属水库和渠道设立了五个直属水政监察大队，负责辖区的水政巡查和涉水违法行为的制止查处。水政监察人员确保每天对库区进行巡查，确保将案件消除在萌芽状态，对不配合执法的涉水违法行为，市水政监察支队组织力量采取强制措施。2013年，针对违法当事人张某，未经水利部门批准，擅自在九峰水库管理范围内占用土地种植苗木1500余株且拒绝自行清除情况，市支队召集九峰水库管理处、沙畈水库管理处、金兰水库管理处、安地水库管理处、安地渠道管理所的水政监察人员30余人联合岭上乡政府工作人员，由局领导带队，开展联合执法行动，于6月8日对非法侵占九峰水库管理范围的苗木进行了强制清理。通过勤巡查，强执法，有效地维护了水库、渠道水利工程的安全和有效管理。

4.行业管理：2007年，为加强行业自律管理，金华市婺城区、金东区、开发区钻井取水人员联合成立了金华市钻井行业协会。金华市水利渔业局作为行业主管部门，对协会开展了指导、监督，完善了协会内部管理制度，同时要求协会会员严格遵守水法律法规，在钻井过程中向取水业主宣传水法律法规。钻井行业协会的成立，对防止市区地下水无序开采起到了积极的作用。2011年，金华市水利渔业局针对市钻井行业协会管理中暴露出的一些问题和不足，组织开展了钻井协会专题调研活动，指导协会按照属地管理的原则，明确了协会的管理范围，金东、婺城两区钻井管理与市钻井行业协会剥离，金华市钻井行业协会负责金华市本级范围。

5.纠纷调处：婺城区蒋堂镇李塘下村与兰溪市上华街道石宕金村就杨村垅水库权属纠纷多年，金华市水利渔业局作为上级主管部门，积极参与纠纷调处，多次派人到现场与两地水务局、乡镇街道、村两委座谈协商，并于2014年组织双方签订了调解协议。2014年，浦江县花桥乡塘波村和兰溪市柏社乡孙下坞村用水纠纷，双方村民矛盾一触即发，极易形成群体事件，金华市水利渔业局多次深夜赶往现场，进行调处，并组织双方进行协商，制定方案，通过共同努力，改纠纷得以顺利解决并得到时任金华市市长暨军民的批示肯定。

第五章　项目资金管理

1.规划计划：2005 年以来，项目立项联合财政等部门制定出台了《金华市本级水利工程维修养护项目资金管理办法》《金华市本级小型水利工程建设管理办法》《金华市本级水利建设与发展专项资金管理办法》《金华市本级水利建设基金项目和资金管理暂行办法》等。

2.农村水利：2005 年以来，联合财政、农业、林业等部门制定出台了《金华市本级扶持农业龙头企业专项资金管理办法》《金华市本级农民专业合作社专项资金管理办法》《金华市本级小型农田水利建设以奖代补资金管理办法（试行）》《金华市本级农田水利工程项目和资金管理办法》《金华市本级农村饮用水安全提升工程建设项目和资金管理暂行办法》等相关制度。

3.财务制度：2005 年以来，金华市水利局先后制定《关于加强下属单位财务管理的意见》《公共资源交易纪检监察报告备案制度》《实行下属单位内部审计制度》《重点工程建设邀请财政部门派驻财务总监制》《审计部门派员全程跟踪审计制》《局系统纪检监察员制度》，形成一整套科学合理符合实际的制度体系。

第六章　第一次水利普查

2010 年 1 月 11 日，国务院印发《国务院关于开展第一次全国水利普查的通知》，决定开展全国水利普查。普查的标准时点为 2011 年 12 月 31 日，时期资料为 2011 年度。按照浙江省第一次水利普查领导小组办公室和市政府的部署，全市开展了第一次水利普查。普查主要内容包括河流湖泊基本情况、水利工程基本情况、经济社会用水情况、河湖开发治理保护情况、水土保持情况、水利行业能力建设情况。2010 年 7 月 30 日，金华市人民政府办公室金政办发〔2010〕48 号文件成立了金华市第一次水利普查领导小组，组长由时任金华市副市长蔡健兼任，副组长由时任市政府副秘书长祝维伟、市水利局局长包晓华、市统计局局长叶宴明兼任，成员由市委宣传部、市发改委、市经委、市司法局、市财政局、市国土资源局、市环保局、市建设局、市水利局、市农业局、市卫生局、国家统计局金华调查队、市旅游局、金华军分区和武警金华市支队领导组成，领导小组下设办公室（设在市水利局），办公室主任由时任市水利局副局长贾跃俊兼任。此项工作开展以来，经过近三年的努力，全市于 2013 年 10 月发布了金华市第一次水利普查公报。

第七章 水利科技

第一节 科技应用

（1）生态示范段工程。自2011年以来，金华市共有5个项目入选浙江省河道生态建设示范工程，分别为2011年度金华市本级金华江加固改造工程（金华市城南桥至河盘桥段）、金东区王坦溪生态护坡工程；2012年度金东区潜溪（山头下段）河道综合整治工程；2013年度金华市本级武义江（左岸洪坞桥至丹溪路大桥段）治理工程、东阳市泗渡溪（吴宁街道和城东街道交接区段）河道治理工程。

（2）非开挖定向钻孔工艺。2012年，磐安县在实施山塘整治等小农水重点县工程建设中，成功地将非开挖定向钻孔工艺运用于山塘放水涵管处理工程中。非开挖工艺指采用特点的机械设备，通过导向、定向钻进等手段，在不影响坝体、岸坡安全的情况下，穿越山体或坝肩。钻穿后采用扩孔器具，对钻穿的孔洞进行拓宽，直至达到设计规定的孔径；然后在空洞内铺设管道，完成非开挖水平定向钻孔铺管施工任务。该工艺对地形地质条件适应能力较强，施工进度较快，施工安全能得到保证，同时不影响老坝体安全，避免了坝体开挖后回填质量不达标影响安全的问题。

第二节 科技成果

科技成果奖

表8-6

获奖项目	获奖名称	授奖单位	获奖单位	主要完成者	获奖时间
“悦济”牌淡水珍珠	金华市优质农产品金奖	金华市人民政府	兰溪市水产技术推广站	/	2005.10
“悦济”牌淡水珍珠	浙江农业博览会金奖	浙江农业博览会组委会	兰溪市水产技术推广站	/	2005.11
	农业科技成果转化推广奖	浙江省人民政府	永康市机电排灌站	吕成长	2012

科技进步奖

表 8-7

获奖项目	获奖名称	授奖单位	获奖单位	主要完成者	获奖时间
应旱稻节水保土和增产增效技术体系研究—“望天田”旱灾保收增产新途径开发	浙江省水利科技创新奖三等奖	浙江省水利厅	兰溪市水土保持综合试验站	张如良等	2005.06
兰溪市第一次全国污染源普查技术报告	浙江省优秀技术报告三等奖	浙江省污染源普查办公室	兰溪市水务局	陈建华	2010.03
青鱼标准化养殖推广实施示范	2007—2009 年度金华市金桥工程项目二等奖	金华市人民政府	兰溪市水利学会	梅新贵、程志良、陈建华、梅宴平、程宵玲	2010.08
甲鱼生物链生态高效养殖浅析	2011 年第五届“渔径杯”三等奖	中国水产杂志社、北京鱼径生物技术有限公司	兰溪市水产技术推广站	程霄玲、梅新贵	2012.01
稻田综合种养技术集成与示范	2013 年度全国农业渔业丰收”农业技术推广成果奖一等奖	中华人民共和国农业部	兰溪市水产技术推广站	梅新贵	2013.12
带调压阀的水轮机智能调速系统	科技进步二等奖	武汉市人民政府	武义县水务局	蓝晓溪 陈向明	2014.12
金华市暴雨网格化预警系统	科技三等奖	金华市人民政府	金华市防汛防旱指挥部办公室	朱建宏、汪展、赵志刚、唐献力	2009.12
丘陵地区单季水稻需水规律及节水灌溉效益研究	金华市科技进步二等奖	金华市人民政府	永康市机电排灌管理站	吕成长、陈苏春、郑世宗、陈伟林	2007
水田经济作物在农业面源生态治理中的应用模式研究	金华市科技进步二等奖	金华市人民政府	永康市机电排灌管理站	陈苏春、吕成长、徐海波、卢成	2009
高效生态农业节水增效综合技术研究与应用	水利部大禹水利科学技术三等奖	大禹水利科学技术奖励委员会	浙江省水利河口研究院、永康市机电排灌管理站	郑世宗、卢成、王士武、陈雪、陈森美、叶碎高、吕成长	2011
浙中农业"两区"典型作物节水高效综合技术研究与应用	浙江省人民政府科技进步三等奖	浙江省人民政府	永康市农村水利管理站、浙江省水利河口研究院、武汉大学	吕成长、陈苏春、崔远来、郑世宗、卢成、徐海波、谭君位	2015

第三节　科技队伍

一、技术人员

至2014年年底，全市具有水利水电系列专业高级职称的工程师137人，具有其他系列高级职称的4人。2005—2014年期间评定为高级职称的人员名单列表如下。

金华市水利系统高级职称人员统计表

（2005—2014年）

表8-8

单　　位	姓　名	职　称	评　定 年　月	备　注
金华市沙畈水库管理处	骆红旭	高级工程师	2005.12	
金华市沙畈水库管理处	楼　峻	高级工程师	2005.12	
金华市沙畈水库管理处	葛永明	高级工程师	2005.12	
金华市大禹水利建设有限公司	楼群青	高级工程师	2005.12	
金华市顺泰水电建筑有限公司	朱文松	高级工程师	2005.12	
兰溪市水利水电勘测设计所	童　椒	高级工程师	2005.12	
浦江县水利水电工程质量监督站	盛爱景	高级工程师	2005.12	
磐安县五丈岩水库管理处	周兆华	高级工程师	2005.12	
武义县渔政管理站	卢锦扬	高级工程师	2005.12	
金华市金兰水库管理处	杨春苗	高级经济师	2007.12	
金华市水文站	陈中平	高级工程师	2007.12	
金华市沙畈水库管理处	胡育平	高级工程师	2007.12	
金华市沙畈水库管理处	江振东	高级工程师	2007.12	
金华市沙畈水库管理处	邵红艳	高级工程师	2007.12	
永康市水利水电勘测设计所	徐顺三	高级工程师	2007.12	
永康市机电排灌管理站	吕成长	高级工程师	2007.12	
义乌市安迪水利水电勘测设计有限公司	龚向荣	高级工程师	2007.12	
义乌市安迪水利水电勘测设计有限公司	贾锦龙	高级工程师	2007.12	
金华市沙畈水库管理处	朱志明	高级政工师	2008.12	

续表

单　　位	姓　名	职　称	评　定 年　月	备　注
金华市水产技术推广站	王卓锋	高级工程师	2008.12	
金华市河道管理处	潘　恒	高级工程师	2008.12	
金华市金兰水库管理处	徐小甘	高级工程师	2008.12	
金华市安地水库管理处	曹　建	高级工程师	2008.12	
金华市安地水库管理处	叶　亮	高级工程师	2008.12	
金华市沙畈水库管理处	曹胜余	高级工程师	2008.12	
金华市沙畈水库管理处	孔令俭	高级工程师	2008.12	
金华市沙畈水库管理处	宋凤娇	高级工程师	2008.12	
金华市顺泰水电建设有限公司	方红伟	高级工程师	2008.12	
金华市顺泰水电建设有限公司	陈太星	高级工程师	2008.12	
东阳市水利水电勘测设计所	倪忠明	高级工程师	2008.12	
浦江县水务局工程管理站	楼玉先	高级工程师	2008.12	
磐安县防汛防旱指挥部办公室	陈军民	高级工程师	2008.12	
武义县水利水电勘测设计所	傅薇莉	高级工程师	2008.12	
金华市安地水库管理处	陆高波	高级工程师	2009.12	
金华市沙畈水库管理处	陈　洁	高级工程师	2009.12	
婺城区乌溪江引水工程管理处	王国庆	高级工程师	2009.12	
金东区人民政府防汛防旱指挥部办公室	施元吉	高级工程师	2009.12	
兰溪市水利工程管理站	舒志祥	高级工程师	2009.12	
兰溪市水利水电规划室	何卫中	高级工程师	2009.12	
东阳市横锦水库管理局	徐海飞	高级工程师	2009.12	
东阳市横锦水库管理局	柴革红	高级工程师	2009.12	
永康市水利水电勘测设计所	胡　亮	高级工程师	2009.12	
浙江大禹建设有限公司	徐文军	高级工程师	2009.12	
义乌市河道管理所	杨素君	高级工程师	2009.12	
义乌市柏峰水库管理处	吴建平	高级工程师	2009.12	

续表

单　　位	姓　名	职　称	评　定 年　月	备　注
义乌市塔下水轮泵站	孙宏明	高级工程师	2009.12	
金华市金兰水库管理处	虞俊寒	高级经济师	2010.12	
金华市水文站	杜国平	高级工程师	2010.12	
金华市水利管理站	任德飞	高级工程师	2010.12	
金东区河道堤防管理所	叶小明	高级工程师	2010.12	
金东区河道堤防管理所	黄　健	高级工程师	2010.12	
婺城区机电排灌管理站	严志毅	高级工程师	2010.12	
金华市沙畈水库管理处	徐鸿昌	高级工程师	2010.12	
金华市沙畈水库管理处	何旭东	高级工程师	2010.12	
金华市沙畈水库管理处	王明艳	高级工程师	2010.12	
金华市沙畈水库管理处	何积金	高级工程师	2010.12	
永康市水利水电建筑工程公司	王会进	高级工程师	2010.12	
永康市水利水电建筑工程公司	徐晓红	高级工程师	2010.12	
浦江县水务局工程管理站	潘一婷	高级工程师	2010.12	
磐安县安泰水利水电设计有限公司	徐生有	高级工程师	2010.12	
金华市水土保持办公室	葛云宝	高级工程师	2011.12	
金华市水文站	王国东	高级工程师	2011.12	
金华市沙畈水库管理处	徐燕芳	高级工程师	2011.12	
金华市顺泰水电建设有限公司	潘益成	高级工程师	2011.12	
金华市顺泰水电建设有限公司	徐艳花	高级工程师	2011.12	
金华市顺泰水电建设有限公司	徐敏刚	高级工程师	2011.12	
金东区农村水利管理站	方拥军	高级工程师	2011.12	
金东区水利水电工程质量监督站	丰巧婷	高级工程师	2011.12	
兰溪市水土保持监督管理站	张如良	高级工程师	2011.12	
东阳市横锦水库管理局	张永泰	高级工程师	2011.12	
武义县水利水产服务站	郑松平	高级工程师	2011.12	

续表

单　　位	姓　名	职　称	评　定 年　月	备　注
武义县水利水产服务站	祝勇伟	高级工程师	2011.12	
磐安县水文站	陈智星	高级工程师	2011.12	
金华市安地水库管理处	蒋文离	高级会计师	2012.4	
金华市沙畈水库管理处	马向阳	高级工程师	2012.12	
金华市九峰水库管理处	张天锡	高级工程师	2012.12	
金华市水利水电勘测设计院有限公司	陈逢骅	高级工程师	2012.12	
金华市顺泰水电建设有限公司	欧建东	高级工程师	2012.12	
金华市顺泰水电建设有限公司	钱亦尚	高级工程师	2012.12	
金华市顺泰水电建设有限公司	李建伟	高级工程师	2012.12	
金华市顺泰水电建设有限公司	倪裕忠	高级工程师	2012.12	
婺城区水库管理站	程玉婷	高级工程师	2012.12	
婺城区水库管理站	罗　霞	高级工程师	2012.12	
婺城区水土保持管理站	洪航军	高级工程师	2012.12	
婺城区水利水电建筑安装工程公司	邵小喜	高级工程师	2012.12	
兰溪市河道管理所	童树春	高级工程师	2012.12	
东阳市水利站	陈正标	高级工程师	2012.12	
东阳市南江水库管理局	张晓君	高级工程师	2012.12	
东阳市东方红水库管理处	朱旭华	高级工程师	2012.12	
永康市水库管理总站	张　磊	高级工程师	2012.12	
浦江县通济桥水库管理处	蒋秀丽	高级工程师	2012.12	
武义县水利水电质量监督站	陈慧妃	高级工程师	2012.12	
武义县水利水产服务站	朱广茂	高级工程师	2012.12	
武义县宣平溪水电工程管理处	罗子夏	高级工程师	2012.12	
磐安县水土保持监督管理站	周祥明	高级工程师	2012.12	
磐安县水文站	厉富强	高级工程师	2012.12	

续表

单　位	姓　名	职　称	评　定 年　月	备　注
磐安县安泰水利水电规划设计有限公司	潘　永	高级工程师	2012.12	
义乌市幸福水库管理处	陈文芳	高级工程师	2012.12	
义乌市杨宅水轮泵站	李斌骏	高级工程师	2012.12	
义乌市安迪水利水电勘测设计有限公司	施兴会	高级工程师	2012.12	
金华市沙畈水库管理处	倪跃晓	高级工程师	2013.12	
金华市沙畈水库管理处	詹青云	高级工程师	2013.12	
金华市沙畈水库管理处	倪　赞	高级工程师	2013.12	
金华市沙畈水库管理处	张利明	高级工程师	2013.12	
金华市九峰水库管理处	章晓玲	高级工程师	2013.12	
金华市水利水电勘测设计院有限公司	王静波	高级工程师	2013.12	
金华市水利水电勘测设计院有限公司	廖昌建	高级工程师	2013.12	
金华市水利水电勘测设计院有限公司	刘海峰	高级工程师	2013.12	
婺城区水利水电建筑安装工程公司	王广元	高级工程师	2013.12	
婺城区水利水电建筑安装工程公司	季妙珍	高级工程师	2013.12	
兰溪市城区流域水利管理站	何晓辉	高级工程师	2013.12	
兰溪市城头水库管理处	张文斌	高级工程师	2013.12	
东阳市横锦水库管理局	金　玉	高级工程师	2013.12	
东阳市南江水库管理局	陈骞华	高级工程师	2013.12	
永康市杨溪水库灌溉工程管理局	蒋晓阳	高级工程师	2013.12	
浦江县通济桥水库管理处	金君辉	高级工程师	2013.12	
武义县水利水产服务站	吴　铃	高级工程师	2013.12	
金华市顺泰水电建设有限公司	盛　鼎	高级工程师	2013.12	
金华市顺泰水电建设有限公司	沈华峰	高级工程师	2013.12	
金华市顺泰水电建设有限公司	陈铁汉	高级工程师	2013.12	
金华市顺泰水电建设有限公司	卢华中	高级工程师	2013.12	

续表

单　位	姓 名	职 称	评 定 年 月	备 注
金华市顺泰水电建设有限公司	张水平	高级工程师	2013.12	
浙江大禹建设有限公司	宋国治	高级工程师	2013.12	
义乌市王大坑水库管理处	黄　建	高级工程师	2013.12	
义乌市岩口水库管理处	吴华其	高级工程师	2013.12	
金华市水文站	陈　航	高级工程师	2014.12	
金华市水文站	梁宝华	高级工程师	2014.12	
婺城区苏孟水电管理处	盛云忠	高级工程师	2014.12	
婺城区乌溪江引水工程管理处	郑建军	高级工程师	2014.12	
婺城区乌溪江引水工程管理处	汪晓春	高级工程师	2014.12	
金华市沙畈水库管理处	严旭华	高级工程师	2014.12	
兰溪市农村水利管理站	徐国坚	高级工程师	2014.12	
东阳市横锦水库管理局	石晓兰	高级工程师	2014.12	
武义县水文站	陈荣华	高级工程师	2014.12	
磐安县五丈岩水库管理处	周国洪	高级工程师	2014.12	
金华市水利水电勘测设计院有限公司	刘建波	高级工程师	2014.12	
金华市沙金九水资源开发建设有限公司	虞小虹	高级工程师	2014.12	
金华市顺泰水电建设有限公司	卢黎挺	高级工程师	2014.12	
金华市顺泰水电建设有限公司	金寿洪	高级工程师	2014.12	
金华市顺泰水电建设有限公司	吕江涛	高级工程师	2014.12	
金华市顺泰水电建设有限公司	鲍志松	高级工程师	2014.12	
义乌市水库管理站	何旭斌	高级工程师	2014.12	
义乌市水利水电工程质量监督站	叶俊飞	高级工程师	2014.12	
义乌市塔下水轮泵站	吴旭玲	高级工程师	2014.12	

二、水利学会

按照章程，金华市水利学会由理事长、副理事长、理事组成。2009 年 7 月在磐安召开了第五次会员代表会议，选举产生第五届理事会。包晓华为理事长，潘炉生、池向东、贾跃俊、张序林为副理事长，邵英豪为秘书长，陈琦、陈小伟等 19 人为常务理事，理事会聘请阮金荣同志为名誉理事长。

2005 年以来，金华市水利学会集水利事业的勘测、规划、设计、施工管理、机电排灌和水利经济分析核算等技术优势，开展各类学术研究、学术报告、技术培训等工作。水利信息化、除险加固、节水灌溉和水产养殖等技术在市本级及全市得到全面应用和推广。

第八章　特色工作

第一节　村级农民水务员队伍

为加强农村水利设施长效管理，适应社会主义新农村建设的需要，2008 年，金华市水利局牵头在金华市本级（含婺城、金东区和金华经济开发区）探索组建农村农民水务员队伍，努力让农村水利设施有人管、管得好，充分发挥其长期效益和作用，促进农村水利事业的健康持续发展。经过深入调研、制订政策、宣传动员、人员选拔、上岗培训等工作，2008 年金华市本级建立了 1057 名农村农民水务员队伍，并且发挥了相应作用。2009 年，这批农村农民水务员参加培训后正式上岗，这是浙江省首支、全国少有的村级水利管理队伍。2010 年，村级农民水务员队伍建设在全市推开，全市共有 5264 名村级农民水务员。国务院办公厅、水利部办公厅都要求报送相关信息稿件。时任省委常委、副省长葛慧君、时任省水利厅厅长陈川，以及金华市的有关领导都作了批示和肯定。2010 年 8 月 20 日，水利部网站、农田水利基本建设简报刊登了题为“浙江金华建立农民水务员队伍成功破解村级水利设施管护难题”的文章。水利部网站、农田水利基本建设简报作了采访报道。2010 年 9 月 23 日，《中国水利报》头版头条刊登题为《浙江金华设立村级农民水务员——农民水官破解农田水利管护难题》的长篇报道。2010 年 12 月，时任省水利厅厅长陈川在全国水利工作会议上将金华村级农民水务员队伍建设情况作为三个方面内容之一进行了交流发言。2010 年 12 月 23 日光明日报以《咱村的农民水务员，“棒”》为题报道了金华村级农民水务员队伍建设情况。12 月 31 日中央电视台中国新闻栏目报道金华市村级农民水务员队伍建设情况。2011 年，金华市村级农民水务员队伍建设经验被《中共浙江省委浙江省人民政府关于加快水利改革发展的实施意见》（浙委〔2011〕30 号）吸收采用，予以全省推广。

一、村级农民水务员队伍建设的背景

随着新农村建设的深入推进，农村农业和农民对生活生产用水需求提出了新的更高要求，防洪、供水、水环境保障能力需要不断提高，农村水利发展面临新的挑战和任务。水库山塘

需除险加固，农田水利灌溉设施，渠系需加快节水配套改造，河沟池塘也需要加强整治，农村水利建设任务仍然十分艰巨。同时，已建的农村水利设施怎么管，仍是未解的难题。兴建的大量农民饮用水工程，河沟池塘的长效保洁，如何有效管理，保障发挥长效作用，仍在不断探索之中，农村水利设施的长效管理机制尚未形成。还有农村水利设施管理的人员缺失问题突出。乡镇水管员多是身兼多职，主要从事于政府的其他中心工作，水利工作只是附带而已，部分乡镇甚至已没有水管员。大部分村又没有很好地落实农村水利设施的管理人员。村里没人来管，基层政府又鞭长莫及，大多农村水利设施处于“农民管不了，集体管不好，政府管不到”的“三不管”境地。如果这些问题不能及时有效解决，将直接影响农村水利事业的长期发展。

二、主要做法

农村农民水务员是一个全新行业，怎么产生和管理，没有现成的做法和经验，需要不断探索和积累经验。从金华市本级农村的实际出发，组建农村农民水务员队伍的主要做法是：

（一）加强领导，多方支持。2008 年下半年结合开展深入学习实践科学发展观活动，金华市水利局把建立健全农村农民水务员列入重要课题，抽调局有关人员和金东、婺城区有关人员一起深入开展专题调研，召开了多次座谈会和民主恳谈会，听取了市、区、乡镇和村四级多方人员的意见、建议，在此基础上，制定和不断完善农村农民水务员建设的设想方案。经过认真深入研究，2009 年 2 月初金华市水利局和金华市财政局正式下发文件要求启动金华市本级农村农民水务员队伍建设，提出总体要求、基本设想。金华市水利局把启动金华市本级农村农民水务员队伍建设列入 2009 年全市水利的重要工作来抓，局长“一把手”亲自抓，加强指导和检查，务求实效。时任金华市副市长蔡健自始至终关心、支持这支队伍建设，多次参加座谈会，提出队伍建设的总体要求、意见建议，牢牢把握队伍建设的方向、目标。时任浙江省水利厅厅长陈川多次过问和肯定金华市本级农村农民水务员队伍建设，还率队到金华进行过专门调研。金东、婺城和市开发区政府多次召开会议抓好动员部署、方案制定和督查落实等工作。两区水务、财政等部门专门成立领导小组，明确责任科室，落实人员，具体抓好这项工作。

（二）明确方向，政府引导。经过深入研究，明确这支队伍建设的指导思想和基本原则。要全面贯彻落实科学发展观，有效推进基层“强塘”工程的组织实施，以保障农业生产和农民生活用水为目标，进一步发挥农民自我管理的主体作用，建立健全农村水利设施管理队伍，努力解决村级末端涉水事务管理缺位的问题，逐步建立起保障农村水务健康发展的长效机制。同时，加强农村水务管理必须坚持政府引导、农民主体的原则，必须坚持水务员队伍建设与农村基层组织建设相结合的原则，必须坚持因地制宜、注重实效的原则，充分发挥农民在新农村建设中的主体作用,组建一支农村农民水务员队伍，作为农村水务管理的主体。

市、区建立农村农民水务员队伍建设资金补助制度和专项资金，给予资金补助，并根据实施效果增加资金规模。

（三）制定标准，从严选聘。明确农村农民水务员配置定额，综合考虑各行政村水利设施状况、人口和具体水务管理任务等因素，合理配置农村农民水务员。目前，以行政村为单元，每个行政村配置一名农村农民水务员。

明确农村农民水务员条件和待遇，具有初中以上文化水平，本村农业户口，且常年在家务农；有责任心、热爱水务工作，能够承担起水务的各项任务；年龄25-60周岁（男）。村两委主要领导不得兼任农村农民水务员。由市、区财政按照每人每年1000-1500元的标准发放补贴。年底经考核优秀的，再给予适当年终奖励。

抓好农村农民水务员的选聘，本村符合条件的人员均可报名，由村两委推荐并张榜公示7天无异议，送乡镇（街道）审批，报区水务局备案。

（四）落实职责，规范管理。农民水务员与村委会签订管护责任书。农村农民水务员为村两委管理人员。村两委负责出勤考核和职责考评。乡镇（街道）水管员和区水务局负责技术指导。区水务局等部门还负责农村农民水务员的上岗、业务培训工作。区水务、财政局等部门负责制订农村农民水务员队伍建设实施方案、考核办法，明确农村农民水务员工作职责，加强监督检查。市水利、财政局等部门负责制订实施指导意见，负责牵头和面上指导工作。为了提高农村农民水务员业务水平，三个区2009年都组织了一至二期上岗和业务培训班。

三、农村农民水务员的职责和作用

农村农民水务员在村两委的领导和上级部门的指导下开展工作，负责农村公共水利设施的日常管理和维护，负责农村节水和水资源保护工作，负责农村水利突发事件应急处置和上报。从金华市本级农村的实际出发，我们明确定位农村农民水务员为村里的“水官”，具体来说，农村农民水务员要发挥“五员”的作用。

一是当好“宣传员”。农村农民水务员长期接触农村群众，在不同的场合、用不同的方式可随时深入宣传水利工作，将常用的水利法规知识、水雨风旱险情、村社水事动态等信息传递到各家各户，提高群众的水事意识。

二是当好“巡查员”。农村农民水务员要严格履行日常巡查和维护管理的职责，时刻关注水利设施的运行状况，及时发现各类水事问题，按照能力范围内可处理的立即处理，能力范围内不能处理的及时向镇街报告的原则，及时妥善处理好萌芽状态的水事，违章种植、建筑、挖填等违法行为得到及时制止和清理，确保各类水利设施发挥应有效益。农村农民水务员要对村里的“水事”了如指掌，哪段水渠有损毁渗漏，哪个涵洞水量过大，哪里发生了争水纠纷，均可在第一时间或向上报告，或及时处理。农村农民水务员是管水队伍网络的“末梢神经”，这根“末梢神经”敏感起来了，农村基层的许多“水事”就可“小事”化了，否则，“小事”产生的后果也可酿成大问题。

三是当好“协调员”。农村农民水务员来自本村，对全村的水利设施和农户用水需求较为了解，要科学调度村内山塘水库水源，调配本村田间用水与邻村间的灌溉用水，保证农田灌溉用水得到合理分配，既可节约用水又化解矛盾，确保农村社会的和谐稳定。

四是当好“疏导员”。水务员熟悉本村地形地貌和每家每户的情况，经过培训掌握基本的防汛抢险等知识后，遭遇暴雨、洪涝、干旱、台风等突发性自然灾害时，要及时组织群众开展抢险自救工作，或及时疏导群众转移到安全地带，减少自然灾害带来的人员伤亡和蒙受损失。

五是当好“联防队员”。金华市本级三个区1000多名水务员，是一支具有很强战斗力的处理突发水事的有生力量。通过建立科学可行的联防机制，统筹调度，集中处理各类突发自然灾害险情和应急水事，从而全面提升农村水事的应急处理水平。

农村农民水务员队伍组建，使农村公共水利设施有了真真切切的主人，使村级涉水事务有了实实在在的管理主体，遏制了水利突发事件的发生，优化了水资源配置，改善了农村生产、生活环境，加强了乡村水利建设与管理工作，促进了农村经济可持续发展。通过建立县、乡镇和村三级水务管理体系，为基层农村防汛防旱、水利建设与管理奠定了坚实的基础，也为当地水利事业的发展发挥着不可估量的作用。

第二节 基层水利服务体系

2011年，金华被列入全省基层水利服务体系改革试点市。针对基层水利服务体系建设中乡镇的水利服务组织普遍存在着管理机构缺位、服务功能不强，管理无力、效率低下等突出问题，全市以乡镇（流域）一级为重点，通过整合职能、整合人员、整合资金，因地制宜完成了流域管理站、区域管理站、乡镇水利站的组建。截至2014年年底，全市共建成基层水利站138个，在编水利员310人，在岗村级农民水务员5264人，基本形成了县县水务一体化、乡乡成立水利站、村村都有水务员的‘三位一体’基层水利服务体系管理模式，在全省率先完成基层水利服务体系改革试点任务。

1.试点工作概况

（1）改革总体思路。以科学发展观为统领，紧紧围绕建立健全“职能明确、布局合理、队伍精干、服务到位”基层水利服务体系的目标，坚持“改革创新、因地制宜、高效有序”的基本原则，在完善和巩固县级水务一体化管理模式，深化村级农民水务员队伍建设的基础上，以乡镇（流域）为重点，着力解决当前基层水利工作存在的“管理机构缺位、运行经费不足、服务功能不强”突出问题，促进基层水利事业可持续发展，让水利改革发展的成果更好地惠及全市人民群众。

（2）改革实施方案。金华市水利渔业局研究制定了《全市基层水利服务体系改革实施方案》，并由市政府办公室下发至各县（市、区）人民政府。《方案》明确，根据金华县县水务一体化、村村都有水务员的比较优势，在乡镇（流域）一级进行涉水职能、资金、人员的整合，到2012年年底，全面组建完成乡镇（流域）水利服务机构，基本形成具有金华特色的县、乡、村三位一体的基层水利服务体系，全面提高基层水利服务能力。一是完善基层水利服务机构体系。巩固和完善县级水务一体化管理模式；因地制宜设置乡镇水利服务机构；深化村级农民水务员队伍建设；健全基层防汛防台体系。二是全面理顺乡镇水利服务机构的管理体制。明确乡镇水利服务机构的公益性职能；理顺乡镇水利服务机构的管理体制。三是建立乡镇水利服务机构良性运行机制。科学核定水利员编制，严格资格准入和日常管理；调整和充实乡镇水利服务机构工作人员；加强乡镇水利服务机构能力建设。《方案》还对改革的组织保障和时间安排作了明确要求，2011年至2012年4月是试点实施阶段，在浦江全县范围内率先完成乡镇水利站的组建；2012年5—10月为评估推广阶段，在浦江试点的基础上，在全市范围内全面推开基层水利服务体系建设，延伸县级水利部门的职能；2012年10—11月是总结完善阶段，基本形成具有金华特色的县乡村三位一体的基层水利服务体系。

（3）加强组织领导。成立了市政府分管领导为组长，市水利局、市发改委、市财政局、市人力社保局、市民政局、市农业局、市编委办、市农办等部门负责人为成员的加快水利改革发展试点工作领导小组，领导小组办公室设在市水利局。市水利局主要领导亲自挂帅，负责联系浦江县基层水利服务体系改革试点工作。

（4）改革完成情况。2008年10月进行农村管水员队伍建设调研，经过多轮水利改革，所辖9个县（市、区）均已成立水务局，大部分已经划入城市供水、污水处理等职能，实现了水务管理一体化。在此基础上，在全国率先建立村级农民水务员队伍，目前有5264名农民水务员。2012年6月，作为基层水利服务体系建设先期试点，浦江县所有乡镇（街道）全部挂牌成立水利站。随后，兰溪、永康等地也以组建流域管理站的形式强化基层水利服务。目前，全市各地以乡镇（流域）一级为重点，因地制宜完成了流域管理站、区域管理站、乡镇水利站的组建。目前，通过理顺管理机制，设立机构，配备人员，一张快速反应、协调高效的水利管理组织网络已逐渐形成。

2.改革创新举措和亮点

（1）创新做法和经验。一是整合职能。完善县域内流域（区域）水利站“条块结合、以条为主”的管理体制。结合基层农业公务服务体系建设，健全乡镇水利服务机构，增挂乡镇水利服务机构的牌子。将分散在农办、防汛指挥所、乡镇综合服务中心等当中的水利职能进行整合，明确由乡镇水利服务机构负责行使。防汛防台抗旱任务较重乡镇设置的防汛防台抗旱办事机构，与乡镇水利服务机构实行综合设置。二是整合人员。落实流域（区域）水利站或综合设置乡镇水利服务机构的人员编制，人事、经费和考核管理由县级水行政主管部门负责。对乡镇涉水人员进行整合，乡镇水利服务机构要确保有3~5名工作人员，由分管乡镇长为机构主要负责人，专职人员（水利员）为分管负责人，并结合配备其他专兼职人员等，集体研究辖区水利管理服务工作。明确机构成员的岗位职责，充分发挥分管领导对辖区水利工作的沟通协调和抓总的作用，专职人员在水利建设管理和日常运作中的主力作用。三是整合资金。统筹各路项目资金，发挥资金聚合作用。流域（区域）水利站或综合设置乡镇水利服务机构的人员编制所需经费纳入县级财政预算。对条条块块上来的水库山塘巡查经费、农民水务员补助经费、小农水补助经费等水利资金与地方自筹资金进行整合，最大程度地发挥资金效益。注重权、责、利的统一，突出公益性职能，加大公共财政的保障力度。定期召开月度例会，交流工作经验，提高工作积极性。

（2）新出台规章制度。2011年，中央一号文件出台以来，全市相继出台了一些基层水利改革措施。

金华市：《金华市农村饮用水工程运行管理办法》（金华市政府令47号，2012年）、《关于开展全市水利改革试点工作的通知》（金市水计〔2012〕4号）、《关于印发金华市本级农田水利工程项目和资金管理暂行办法的通知》（金市财农〔2012〕191号）。

婺城区：《金华市婺城区人民政府关于建立健全婺城区基层水利服务体系的实施意见》（婺区政发〔2012〕31号）、《关于明确婺城区各乡镇（新狮街道）水利管理机构编制的通知》（金婺编〔2013〕4号）。

金东区：《中共金华金东区委金华市金东区人民政府关于印发〈金华市金东区基层水利管理体制方案〉的通知》（金区委〔2012〕17号）。

兰溪市：《关于印发兰溪市乡镇街道公共服务机构设置方案的通知》（兰编〔2013〕76号）、《关于同意市水务局下属部分事业单位设置调整的批复》（兰编〔2012〕52号）。

东阳市：《中共东阳市委办公室东阳市人民政府办公室关于建立基层水利管理体制的若干意见》（市委办〔2013〕79号）、《东阳市人民政府办公室关于印发〈东阳市河道分级管理实施办法〉的通知》（东政办发〔2013〕150号）、《东阳市人民政府办公室关于加强小型水库和小农水项目工程长效管理工作的通知》（东政办发〔2013〕302号）。

义乌市：《关于义乌市村级水务员队伍管理的几点意见》（义水务〔2011〕40号）。

永康市：《永康市人民政府关于同意实施永康市农田水利工程管护体制改革方案的批复》（永政发〔2011〕80号）、《永康市人民政府办公室关于对农村水利设施管护人员进行考核的实施意见》（永政办发〔2011〕161号）。

浦江县：《中共浦江县委员会浦江县人民政府关于建立基层水利管理体制的若干意见》（县委〔2012〕6号）、《关于同意在各乡镇（街道）事业综合服务中心增挂水利站牌子的批复》（浦编委〔2011〕28号）。

武义县：《武义县人民政府关于武义县小型农田水利设施管护实施方案的批复》（武政办发〔2012〕75号）。

磐安县：《中共磐安县委员会 磐安县人民政府关于基层水利管理体制的若干意见》（县委〔2012〕53号）、《关于同意在各乡镇设立水利站的批复》（磐编〔2013〕5号）。

第三节 农民饮用水工程管理

2003—2012年，金华市大力推进农民饮用水工程建设，累计投资24亿元，解决和改善了3573个行政村280万人口饮水安全问题，数量占全省1/5，农村饮水安全人口覆盖率达到96%以上，在全省率先基本解决了全市农民饮用水不安全问题。全市探索出了城市管网延伸供水、集镇联村供水、村级分散供水等三种模式，形成了面广量多、大小并存的农民饮用水工程格局，取得了可喜的成绩，为全省起到了很好的示范作用。如义乌市基本建成了城乡供水一体化的框架，永康三年任务一年完成，浦江县实施了甘泉工程，武义县实施了清泉工程以及磐安山区农民饮用水工程建设经验在全省总结推广。全省新农村水利建设现场会、全省农村水利工作会议、千万农民饮用水现场会等分别在全市召开。为确保工程建得成、管得好、用得起、长受益，全市突出建管并重的工作思路，通过树立"民生水利"理念，用好村级农民水务员、乡镇水利员两支队伍，明确饮用水工程所有权、管理、受益三大主体，落实政策、管理机构、资金、运行机制四项保障，探索建立起一套建后管理机制，有效巩固了"千万农民饮用水工程"建设成果，确保了工程"建得成、管得好、用得起、长受益"。至2012年年底，全市已有6个县（市、区）通过"省农村饮用水工程长效管理达标县"考核，占全省1/6强，农民饮用水工程长效管理迈出了新步伐。

1.树立一种理念。牢固树立"民生水利"理念，坚持"以人为本、民生至上"，以保障农村居民生活、生产用水为目标，以提供优质供水服务为宗旨，将农民饮用水工程的建后长效管理作为贯彻中央一号文件、落实民生意愿和加强创新农村社会管理的一项重要内容，早谋划、早部署，扎扎实实地做到建管并重，实现了农民饮用水工程运行管理全覆盖。2012年底，全市纳入省长效管理考核的总人口有131.23万人，达标工程为1491个，占解决和改善人口总数的46.8%。

2.用好两支队伍。一是村级农民水务员队伍。充分发挥5100余名村级农民水务员常年奋战在水利一线的优势，通过签订责任书等方式，将农民饮用水工程的水源保护、管网巡查、设施管护、水费收取、知识宣传等职能纳入农民水务员工作职责，并将农民饮用水工程建后管理业务知识纳入农民水务员培训内容。山塘水库较少的婺城区罗埠、洋埠等乡镇，更是将农民水务员的工作重点明确放在农民饮用水工程建后管理上。二是乡镇水利员队伍。在乡镇水厂或乡镇水管站（水利员）中增加农村饮用水管理职能，由专职人员统一指导辖区内联村或单村饮用水工程管理以及村级农民饮用水工程专职管理员的监督管理和培训。如浦江县每个乡镇都成立水利综合服务站，负责本辖区农民饮用水安全。

3.明确三个主体。一是所有权主体。按照国家补助、群众自筹及社会资金补充等不同投资主体，对工程的所有权进行明晰。以国补资金为主建设的集中饮用水工程，主体工程的所有权为国家所有。由国家补助、群众自筹及社会资金共同投资建设的股份合作制集中饮用水工程，根据各方投资比例确定股份。单村或联户供水工程，产权归集体所有。二是管理主体。结合城市管网延伸供水、集镇联村供水、村级分散供水的三种建设模式，明确城市管网延伸饮用水工程，由城市水厂负责管理。如金东区 83%的农村人口通过城市管网延伸供水，主要依靠金华市自来水公司负责管理，实行城乡居民同网、同质、同价。农村区域集中饮用水工程由乡镇水厂、供水管理机构管理或按区域联站成立的供水公司具体管理。如浦江县白马里傅水厂、郑家坞镇水厂、浦阳街道周西坞水厂，供水人口 3.7 万人，由乡镇（街道）牵头，在受益村组建供水管理委员会或通过招商引资成立专门运行管理机构。分散式农村饮用水工程由联村、单村成立的用水户协会或经营权承包等方式管理。如磐安县 12 个集镇供水工程和 356 个行政村饮用水工程中，有 20%采用承包的方式进行管理，有 80%由村集体制定专人负责管理，2 个集镇供水实行企业化运作。三是受益主体。明确农民是工程受益主体，加大宣传力度，扩大农民对工程建设和管理的知情权、参与权和监督权，调动和鼓励农民参与建设与管理的积极性、主动性，提高农民自我管理意识。引导扶持建立健全农户用水协会，以一个村或一个饮用水工程为单位成立农户用水协会或饮用水工程管理小组，协会成员由受益村民代表选举产生，成员多少视饮用水工程大小、管理难易而定；协会负责工程日常巡查、维护管理、费用收取，以及工程改造更新等；水费收缴标准、管理人员费用、维修更新以及经费筹集等重大事项，由协会牵头组织受益村民采取“一事一议”的方式确定；费用收缴以及使用情况定期向村民公开，接受村民监督。如武义县泉溪镇董源坑村建立饮用水工程管理小组，其水源工程，管道工程，村网工程等均属董源坑全体村民所有。

4.落实四项保障。一是政策保障。出台农村饮用水工程长效管理办法以及具体的农村饮用水管理考核（绩效考核）办法（细则），对工程管理机构设置和职责、工程维护管理、水源、水质管理、供水管理、水价核定、水费计收及财务管理、奖惩等进行责任明确。二是机构保障。在水行政主管部门设置了农民饮用水专职管理机构，落实人员和编制，对农村饮用水工程进行监管和技术指导。财政、卫生、环保等部门负责经费安排、水质检测、水源地监测等相关工作。与乡镇水厂或乡镇水管站、村级农民水务员等，逐步构建形成县（市、区）、乡、村三级联动的农民饮用水管理机构体系。如兰溪市增设了城乡饮用水工程建设管理办公室，落实事业编制 2 人；永康市成立了农村饮用水服务站（水质检测中心、节水中心），落实事业编制 11 人；武义县、磐安县成立了农村饮水工程管理办公室，分别落实事业编制 6 人、3 人。三是资金保障。按照“补偿成本，合理收益，优质优价、公平负担”的原则，合理制定水价，规范水费收缴，提高水费收缴率。对不同用途的水实行不同的水价，逐步推行用水定额管理、超额累进加价等制度。在实行“有偿供水、以水养水”的前提下，考虑到工程较强的公益性，财政安排专项资金，以奖代补用于支持农民饮用水工程特别是用于分散式农民饮用水工程的水质化验、药剂购买、水源地保护、安全和供水设施的维修及更新等管理运行维护等。如婺城区每年安排资金 120 万元，浦江县每年安排 102 万元，磐安县每年安排 200 万元，用于奖励补助。四是运行保障。从“水源地保护、应急预案、水质监管、水质监测、持证上岗”等方面出台一系列文件，建立健全一整套管理制度、水质监控网络工程和信息管理系统，使工程的考核、运行、维护、水质的检测、水源的保护、应急救援、管理人员守则及业务培训等都有据可依。如浦江县、磐安县等委托专业机构每月一次进行水源水质检测，并编制水资源质量通报。浦江县卫生部门在管网延伸的工程设置了 14 个管网检测点，检测 106 个项目，每星期采样检测一次。磐安县对 12 个集镇（99 个受益村）和 56 个行政村，每村每年 2 次（枯水期和丰水期各一次）进行出厂水、管网末梢水的水质进行检测，编制了《农村饮用水安全保障应急员》，储备了小型泵站、常用应急消毒药剂等物资。

第四节　“浙中水乡”建设

2013 年 2 月，时任金华市委书记陈一新首次提出了“浙中水乡”的概念，并提出金华是否可以建设“城市水库”的战略命题，紧接着，市水利局迅速组织专家开展可行性研究，启动“浙中水乡”规划建设前期工作。2013 年 6 月，成立了浙中水乡建设领导小组，时任市委书记陈一新任组长，下设办公室，时任市水利局局长包晓华任办公室主任。

市委、市政府把水利工作提到前所未有的高度加以认识，创造性作出了建设“城市水库”、打造“浙中水乡”的战略决策，统筹部署水管理、水安全、水环境、水生态和水文化建设，全面打造浙中地区水资源战略新优势。目前，这项工作正在全市范围内全面展开。“浙中水乡”概念性规划、总体规划及金义都市新区和金华湖海塘区域两个市级水乡建设试点的详细规划基本完成。《中国水利报》头版头条详细报道了“浙中水乡”　“城市水库”建设工作，温州、绍兴等地纷纷前来学习取经。

6 月 14 日，金华市“浙中水乡”建设动员大会在市文化中心召开，市四大班子领导出席会议。会议提出，金华市加快建设“城市水库”、打造“浙中水乡”的总体要求是：按照“干好一三五、实现四翻番”的部署要求，以“两联两蓄三统一”为抓手，以试点工程为样板，全面加强水环境综合治理，加快推进农业水利向城市水利、环境水利、生态水利转型，努力打造“城水相依、湖库相嵌、江河相连、山水相融、保用相促、人水和谐”的浙中水乡，不断提高科学“蓄水、调水、治水、用水”水平，为金华赶超崛起打造水资源战略竞争优势。“两联”是江溪河网连通、山塘水库连片，“两蓄”是时空错位蓄水、外引水源蓄水，“三统一”是水资源统一配置、水景观统一建设、水效益统一开发。

2013 年浙江省委十三届四次全会提出，要以治污水、防洪水、排涝水、保供水、抓节水为突破口倒逼转型升级。五水共治行动从 2014 年开始，将时间表分为三年、五年、七年三步。2014 年 1 月，金华市委市政府部署全市五水共治工作，市水利局承担市委市政府“五水共治”项目二部的具体工作，安排 8 名组成人员，实行集中办公 6 人。市水利局同步成立“五水共治”工作领导小组，并设立了办公室，抽调局下属单位精干力量 5 人，集中办公。

1.总体思路

按照省、市“五水共治”工作部署，紧紧围绕治水促转型总体目标，以钱塘江堤防加固、水资源保障、水库山塘除险加固、中小河流治理、农村河道综合整治为重点，实施“治水安婺”“蓄水兴婺”“净水美婺”“节水泽婺”“智水强婺”五大工程，全面提高区域防洪排涝能力、城乡用水安全保障能力、水资源综合管理能力和水环境保护能力，为建设“两富”现代化都市区提高水资源保障。

2.总体目标

通过 3~5 年的努力，基本建立洪旱无恙、供灌协调的水安全保障体系，打造河畅水清、岸绿景美的水环境生态体系，构建持续优化、合理调度的水资源配置体系，培育特色鲜明、繁荣发展的水经济文化体系，健全体制完善、统一高效的水资源管理体系，建设水蓄起来、水连起来、水活起来、水净起来、水美起来的人水和谐社会，实现水资源综合利用与人口、环境、经济社会协调发展。

到 2016 年，全市实现河道保洁全覆盖、全域化，金华江上游省、市级河道、饮用水源保护区实行全面禁止采砂，水库洁水渔业面积达到 90%以上；城市防洪标准全面达到 50 年一遇以上，有条件的中心集镇防洪标准达到 20 年一遇以上，年病险水库发生率控制在 3%以内，完成病险水库除险加固 80 座；主要低洼易涝地区防涝标准达到 10 年一遇以上，重点区域达到 20 年一遇以上；农田灌溉水有效利用系数提高到 0.559 以上；多水源供水的工程体系基本形成。

3.主要任务

一是实施“治水安婺”工程。加快推进钱塘江治理，完成城市防洪及钱塘江堤防加固建设 147.8 千米，实施金华市区城市排涝、婺城区长湖区块乾西排涝站等工程；全市完成中小河流治理 204 千米，全面完成金东、东阳、永康 3 个中小河流重点县综合整治项目建设任务；完成病险水库除险加固 80 座，万立方米以上山塘整治 378 座。

二是实施“蓄水兴婺”工程。继续实施武义石峡、磐安花溪等水库水源建设，积极推进好溪水利枢纽、永康北部水库联网等跨流域、跨地区引水工程建设，实施新建水厂及供水管网建设工程14个，改善提升农村饮水安全人口30万人，新增年供水能力1.6亿立方米。

三是实施“节水泽婺”工程。加快推进灌区配套改造建设，实施全市农田水利标准化建设工程，着力解决“最后一千米”问题，新增旱涝保收面积15万亩，扩大有效灌溉面积18万亩，新增固定喷微灌面积3万亩，农田灌溉水有效利用系数提高到0.559以上。

四是实施“净水美婺”工程。实施湖海塘及其水系整治、长湖综合治理工程、金义都市新区满堂湖扩容及水环境改善工程等项目14个；开展“消灭垃圾河”专项行动，实施河道水面保洁10836千米；加大河道采砂整治力度，金华江上游省、市级河道、饮用水源保护区实行全面禁止采砂。

五是实施“智水强婺”工程。深化水务体制改革，探索水资源统筹保护开发利用机制，组建浙中城市群水资源管理委员会和水务集团，实现水务一体化管理。深入实施最严格的水资源管理制度，强化用水总量控制和水量分配，推行水权交易制度和水生态补偿机制，积极推广城乡用水水价改革。巩固村级农民水务员队伍建设成果，完善基层水利服务体系。深化水利工程建设和管理体制改革，研究启动智慧水利建设，推进水利管理现代化。

至2014年年底，全市完成 “五水共治”水利投资34.1亿元。

第九篇　水利改革

第一章　加快水利改革发展的总体部署

为全面贯彻落实《中共中央国务院关于加快水利改革发展的决定》（中发〔2011〕1号）和《中共浙江省委浙江省人民政府关于加快水利改革发展的实施意见》（浙委〔2011〕30号）精神，2011年4月14日，中共金华市委金华市人民政府出台了《关于加快水利改革发展的实施意见》（市委〔2011〕1号），对加快水利改革发展做出了部署。文件对继续深化改革不断创新水利发展体制机制提出了如下意见：

1.完善水资源管理体制。强化城乡水资源统一管理，对城乡供水、水资源综合利用、水环境治理和防洪排涝等实行统筹规划、协调实施，促进水资源优化配置。建立市级水资源管理委员会，定期协调解决水资源节约、保护、开发、利用和水污染防治方面的重大问题。完善和巩固县级水务一体化管理模式，适时实行市级水务一体化管理。加强水利规划在城乡水资源统一管理中的作用，市县在编制城乡建设、工业布局、农业发展等规划时必须征求水行政主管部门对防洪安全、水资源保护、水功能区纳污能力等方面的意见。

2.加快水利工程建设和管理体制改革。强化水利建设行业监管，全面落实水利工程质量、安全责任制。理顺市、县农村水利、水电、水文等管理职能，健全完善相应机构。深化国有水利工程管理体制改革，将公益性、准公益性水管单位基本支出和维修养护经费纳入市、县财政年度预算。推进小型水利工程管理改革，明晰所有权和使用权，落实管护主体、管理责任和管理经费，各级财政要增加对公益性小型水利工程管护经费的补助。积极推行物业化、专业化的水利工程管理模式，提高水库、水闸、河道、堤防的巡查、保洁、养护人员的收入。全面启动标准化水库建设，“十二五”时期大中型水库达标率达到30%，小（一）型水库达标率达到10%。建立健全水利工程管理的考核制度。

3.健全基层水利服务组织。健全职能明确、布局合理、队伍精干、服务到位的基层水利服务体系。完善县域内流域（区域）水利站“条块结合、以条为主”的管理体制，建立健全流域或乡镇水利服务管理机构。防汛防台抗旱任务较重乡镇设置的防汛防台抗旱办事机构，与乡镇水利服务机构实行综合设置。落实流域（区域）水利站或综合设置乡镇水利服务机构的人员编制，所需经费纳入县级财政预算。选配充实乡镇水利管理员，强化基层水利服务机构水资源管理、防汛防台抗旱、农田水利建设、水利科技推广等公益性职能。

4.深化村级农民水务员队伍建设。市、县财政要给予一定的资金补助。要通过总结经验、规范管理、整合职能，着力提高业务能力、增强工作责任心和主动性，进一步提高村级农民水务员队伍建设水平，争取抓出新的成效、发挥更大的作用。

5.积极推进水价改革。充分发挥水价的调节作用，兼顾效率和公平，大力促进节约用水和产业结构调整。完善分类水价制度，实行城市居民生活用水阶梯式水价制度、工业和服务业超计划超定额用水累进加价制度，阶梯式水价递增部分和累进加价主要用于节水技术研发推广、设施建设、管理和奖励。推进水利工程原水价格改革，向城市和工业供水的水利工程的原水价格按成本加适当利润核定，并与公共供水的销售价格同步调整。减轻农业灌溉用水的负担，定额内用水水费由各级财政转移支付给水利工程运行管理单位。制定中水回用等非常规水资源利用的鼓励政策。

6.强化科技支撑。健全水利科技创新体系，加大水利先进技术和适用产品推广应用力度。强化水文、气象在防灾减灾中的技术支撑作用，加强水文、气象基础设施建设，扩大覆盖范围，优化站网布局，增强预测预报能力。加快水利信息化建设，推进信息技术在防汛抗灾、水利工程管理、水资源管理、水政执法等方面的应用。健全信息化管理职能，建立市级水利防汛数据库管理机构。

7.推进依法治水。建立健全水法规体系，全面推进水利综合执法。深化水政执法体制改革，探索水利、国土、环保、林业、城市管理、交通、公安等多部门联合执法机制，加强水利执法队伍和能力建设，落实执法保障经费，提高综合执法能力。建立重大水事违法案件挂牌督办制度，限期查处整改。建立水事纠纷依法调处机制，维护社会水事秩序。认真开展全国第一次水利普查工作。完成水利工程管理范围内土地征用及划界公告、确权发证工作。做好水库移民安置工作，落实后期扶持政策。

第二章 水利工程管理体制改革

为加快建立与社会主义市场经济相适应的水利工程管理体制和运行机制，确保水利工程的安全运行，充分发挥水利工程效益，2008 年 9 月，金华市人民政府批复了《金华市本级水利工程管理体制改革实施方案》（金政发〔2008〕87 号），将沙畈水库管理处、金兰水库管理处、安地水库管理处、安地渠道管理所等四家水利工程管理单位列入改革范围。方案明确：四家水利工程管理单位编制内承担公益行任务的在职人员经费、离退休人员经费、公用经费等基本支出以及公益行部分的工程日常运行、维修养护等项支出（简称“两费”）由市财政承担，更新改造费用纳入基本建设投资计划，由市财政在水利建设基金等非经营性资金中安排。鉴于当时四家单位承担公益性职能与经营性任务的人员尚未分离到位，公益性管理人员失业经费暂由原渠道安排列支。公益性工程的维修养护经费由市水利局会同市财政局按照《浙江省水利工程维修养护定额标准（试行）》，根据维修养护项目实际需要，在水利建设基金等财政性资金中安排。

2009 年 2 月 28 日，金华市机构编制委员会关于核定市本级水利工程管理单位人员编制的批复（金市编〔2009〕22 号）同意核定沙畈水库管理处、金兰水库管理处、安地水库管理处编制各 30 名，核定安地渠道管理所编制 25 名。核定后，四家水利工程管理单位确定为准公益类事业单位，其中三个水库管理处从事生产经营活动的人员不在核定编制，现有人员可保留事业身份。

第三章　水务管理体制改革

第一节　金华市水务管理体制改革

为进一步加强水资源保护和开发利用，优化水资源配置，理顺水资源管理体制，促进经济社会全面、协调、可持续发展，2012 年 7 月，金华市政协向市委、市政府报送了统筹浙中城市群水资源开发利用的建议案。时任金华市委书记陈一新书记、徐加爱市长、蔡健副市长分别作出了重要批示，对统筹浙中城市群水资源开发利用工作提出具体要求。2013 年 1 月 31 日，《中共金华市委办公室金华市人民政府办公室关于统筹浙中城市群水资源保护开发利用工作的意见》（市委办〔2013〕13 号）。文件明确通过加强和完善水资源管理委员会职能、深化水务管理一体化改革和加快推进涉水经营事务市场化步伐，巩固完善水务一体化管理，加快理顺水资源开发利用管理体制。通过加快水源工程建设、完善金华市区供水体系和实施区域引调水和联网供水工程，加快构建浙中地区水资源开发利用新格局。通过建立水权协商与水量分配机制、积极推进水价改革和完善生态补偿机制，强化水资源稀缺价值，建立水资源统筹配置的市场机制。通过实行最严格的水资源管理制度、加强水污染治理和加大节水力度，提高水资源利用效率，大力推进节水型社会建设。

2013 年金华市源水水资源投资开发建设有限公司成立。公司注册资本金为 6000 万元人民币，股东有金华市沙畈水库管理处、金华市金兰水库管理处、金华市白沙溪流域开发建设有限公司，其中金华市沙畈水库管理处出资 3600 万元，金华市金兰水库管理处出资 2350 万元，金华市白沙溪流域开发建设有限公司 50 万元，经营范围为水利建设项目投资、水资源开发、防洪设施工程建筑施工、灌溉服务、水利发电、水资源管理。

第二节 县市区水务管理体制改革

2009年6月，水利部在永康市率先启动全国水务管理体制改革，将水利工程管理模式由多头管理变为水务部门一个口子管理，专门成立水务局河道管理分局，负责流域内河道管理、水政监察、流域监督、 污水处理、供排水管理等工作。2011年，永康市制定出台了《永康市水务体制改革方案》，对水务局原下设18个事业单位进行重新撤并设置，新设立了4个流域管理所和饮用水服务管理站，重新确定事业编制187名。

第四章 基层水利服务体系改革

2011年，金华市被列为全省基层水利服务体系改革试点市。针对基层水利服务体系建设中乡镇的水利服务组织普遍存在着管理机构缺位、服务功能不强，管理无力、效率低下等突出问题，金华市以乡镇（流域）一级为重点，通过整合职能、整合人员、整合资金，因地制宜完成了流域管理站、区域管理站、乡镇水利站的组建。截至2014年年底，全市共建成基层水利站138个，在编水利员310人，在岗村级农民水务员5264人，基本形成了县县水务一体化、乡乡成立水利站、村村都有水务员的“三位一体”基层水利服务体系管理模式，在全省率先完成基层水利服务体系改革试点任务。2013年1月4日，《金华日报》头版头条以《“三位一体”激活基层水利服务活力——金华在全省率先完成基层水利服务体系改革试点任务》为题进行了专题报道。改革的主要内容有：

1.完善基层水利服务机构体系

（1）完善和巩固县级水务一体化管理模式。进一步理顺水务管理职能，适时实现市级水务一体化。强化城乡水资源统一管理，加快城乡水资源综合规划编制工作，对城乡供水、水资源综合利用、水环境治理和防洪排涝等实行统筹规划、协调实施，促进水资源优化配置。加强县级水利工程质量与安全监督管理机构建设，适当增加人员编制，工作经费列入县财政预算。

（2）因地制宜设置乡镇水利服务机构。根据自然条件、水资源分布特点、经济社会发展水平等因素，处理好流域管理与区域管理、单一管理和综合管理的关系，科学合理地设置乡镇水利站或流域（区域）管理站。流域特点明显的地区，以跨乡镇的流域为单元设立流域管理站；跨乡镇水利工程较多或幅员面积较小的地区，若干乡镇合并以区域为单元设立区域水利站；水利工程任务繁重乡镇面积较大的地区，以乡镇为单元独立设立水利服务机构；也可在乡镇农业综合服务中心内设水利服务机构，增挂水利站牌子。探索流域（区域）水利站与乡镇农业公共服务中心两者并存、优势互补的管理模式，明确界定各自职责，强化水行政部门、乡镇政府对基层水利的专业力量配置。防汛防台抗旱任务较重乡镇设置的防汛防台抗旱办事机构，可以单独设置防汛防台抗旱办事机构，也可以与乡镇水利服务机构实行综合设置。

（3）深化村级农民水务员队伍建设。稳定村级农民水务员队伍，完善人员配置。综合考虑各行政村水利设施状况、人口和具体水务管理任务等因素，及时调整和合理配置村级农民水务员。健全农村农民水务员聘用制度，严格村级农民水务员选聘标准，完善持证上岗制度。统筹调整村级水务员工作职责，各级财政安排一定的资金，用于队伍考核奖金的发放、必要的工作用具的配备和意外伤害险的办理，适当提高补助标准。各地要通过总结经验、规范管理、整合职能，着力提高业务能力、增强工作责任心和主动性，进一步提高村级农民水务员队伍建设水平，争取抓出新的成效、发挥更大的作用。

（4）健全基层防汛防台体系。推进基层防汛防台体系长效管理试点建设，及时调整充实基层防汛防台组织体系。加强基层防汛防台体系的数字化管理，开发集成防汛指挥机构、防汛责任人、抢险调度专家库、物资队伍、防汛预案、洪水风险图、灾害安置点、防汛抗旱报表、工情数据库等业务，系统信息与各防指成员单位及县－乡－村防汛部门共享。加强城市街道、社区和重点企事业单位防汛体系建设与管理，积极组织开展基层防汛防台工作示范建设。2012 年年底前，全市创建 1 个示范县（市、区）（义乌市），10 个示范乡（镇、街道），144 个示范村（社区）和企事业单位。做到每个县（市、区）有示范乡（镇、街道），每个乡（镇、街道）有示范村（社区）和示范企事业单位，做到每个县（市、区）有示范乡（镇、街道），每个乡（镇、街道）有示范村（社区）和示范企事业单位。完善基层防汛防台体系长效管理机制，组织开展年度管理考核。

2.全面理顺乡镇水利服务机构的管理体制

（1）明确乡镇水利服务机构的公益性职能。乡镇水利服务机构主要承担农村水利公共管理和服务职能，负责管理范围内有关涉水事务的组织协调和管理。流域（区域）站是县级水行政主管部门在乡镇的直属机构，专司公益性职能，不再承担经营性服务职能，定性为公益性事业单位。乡镇水利站是乡镇水利公益性服务主体，要整合乡镇农办、防汛指挥所、综合服务中心等承担的水利职能，明确由乡镇水利站负责行使。

（2）理顺乡镇水利服务机构的管理体制。完善县域内流域（区域）水利站“条块结合、以条为主”的管理体制。乡镇水利站受乡镇党委、政府领导，并接受县水行政主管部门的工作指导，人员选配方面应充分吸收水利部门的意见。根据管理体制的不同，县级水行政主管部门或乡镇负责人员调配，县级水行政主管部门负责业务指导，人员考评、晋升、调动要充分听取条（块）上的意见。

3.建立乡镇水利服务机构良性运行机制。

（1）科学核定水利员编制，严格资格准入和日常管理。根据区域内水利建设和管理任务的特点，原则上按平原和海岛每 10～20 平方千米配 1 人，丘陵和山区每 30～50 平方千米配

1人的标准，选配充实乡镇水利员并进行定编定岗，用足现有编制，弥补空编人员，保障队伍稳定。实行水利员资格准入和聘用制度，水利员队伍中水利专业技术人员在所占的比例达到80%以上。新进水利员由水利部门提出招考方案，要在具有水利专业大专以上学历人员中公开招考。水利员职称评聘须经水利部门审核同意。水利员调动由水利部门提出具体方案，征求乡镇同意后办理调动手续。水利员业务考核由水利部门为主。严格人员编制管理，杜绝在编不在岗现象。

（2）调整和充实乡镇水利服务机构工作人员。完善流域（区域）站的人员结构，落实人员编制，优化年龄结构，加强专业技术人员队伍建设，充实专业技术力量。乡镇水利站由3~5名专兼工作人员组成，其中必须有1名以上专职水利员和水利专业技术人员。由乡镇分管领导以上人员为主要负责人，乡镇水利员为分管负责人，并结合配备其他专兼职人员等。集体研究辖区水利管理服务工作。明确机构成员的岗位职责，充分发挥分管领导对辖区水利工作的沟通协调和抓总的作用，专职人员在水利建设管理和日常运作中的主力作用。

（3）加强乡镇水利服务机构能力建设。流域（区域）管理站或综合设置乡镇水利服务机构的人员经费和正常运行所需经费全额纳入县级财政预算，确保工资、福利、社会保险及办公设施、技术培训等各项经费足额到位。水费和相关的水规费中安排资金用于水利服务机构工作条件建设。根据各地实际，制定基层水利机构标准化建设标准，落实乡镇水利服务机构办公场所和设施设备配置，并将其建设纳入农田水利建设内容，支持和改善基层水利机构服务条件。注重统筹各路水利资金，发挥资金聚合作用，最大程度地发挥资金效益。

4.改革完成情况。2012年6月，作为基层水利服务体系建设先期试点，浦江县所有乡镇（街道）全部挂牌成立水利站。随后，兰溪、永康等地也以组建流域管理站的形式强化基层水利服务。2014年全市各地以乡镇（流域）一级为重点，因地制宜完成了流域管理站、区域管理站、乡镇水利站的组建。通过理顺管理机制，设立机构，配备人员，一张快速反应、协调高效的水利管理组织网络已逐渐形成。改革后，基层水利服务机构实行“条块结合”的管理体制，其中浦江率先在全县范围内设立乡镇水利站，婺城、金东、兰溪、磐安等也先后增设或增挂水利站（牌子），金东、兰溪、永康、武义等地增设流域管理站。金东区乡镇水利站由乡镇和水务局共管，其余地区乡镇水利站由乡镇管理，经费保障列入乡镇财政预算；流域管理站由县级水务局管理，经费纳入县级财政预算。除金东区连个流域站为参公单位外，其余基层水利机构均为公益一类事业单位，主要承担农村水利公共事务管理与服务职能具体从事管理范围内水资源管理、防汛防台抗旱、农田水利建设、水利科技推广等组织协调和管理服务的实施工作。

全市乡镇水利员编制数331人，在岗人数310人，新增在岗人员除调配外，均为新招大专学历以上水利专业人才，人员结构进一步优化。各地乡镇水利员经费均纳入乡镇街道财政预算，归乡镇管理，由乡镇或县级水务局考核；流域（区域）管理站县级水务局管理并考核，纳入县财政预算。

大力开展乡镇（街道）水利站标准化建设，标准化建设经费由所在镇（街道）负责，浦江县所有乡镇已全部建成标准化水利站并通过达标验收，兰溪建成3家，永康建成4家，东阳在建2家，其余各地也正在逐步开展标准化水利站建设。

积极探索农村水利会管理模式，明确以行政村（社区）或村庄连片为单位，组建农村水利会，报县级民政部门备案。全市共有登记农村水利合作组织25家。

各地相继出台中小型水利建设专项资金管理办法等制度，基本明确各级河道管理权限，基本完成小型水库、山塘等小型水利工程的安全监管责任和事权的划分，明确养护标准，加大财政补助力度。中型水利工程基本实现管养分离，小型水利工程探索区域化统一集中管理，婺城在竹马、长山和蒋堂三个乡镇开展小型水利工程集中管理养护工作试点。

金华市：《金华市农村饮用水工程运行管理办法》（金华市政府令47号，2012年）、《关于开展全市水利改革试点工作的通知》（金市水计〔2012〕4号）、《关于印发金华市本级农田水利工程项目和资金管理暂行办法的通知》（金市财农〔2012〕191号）。

婺城区：《金华市婺城区人民政府关于建立健全婺城区基层水利服务体系的实施意见》（婺区政发〔2012〕31号）、《关于明确婺城区各乡镇（新狮街道）水利管理机构编制的通知》（金婺编〔2013〕4号）。

金东区：《中共金华金东区委金华市金东区人民政府关于印发〈金华市金东区基层水利管理体制方案〉的通知》（金区委〔2012〕17号）。

兰溪市：《关于印发兰溪市乡镇街道公共服务机构设置方案的通知》（兰编〔2013〕76号）、《关于同意市水务局下属部分事业单位设置调整的批复》（兰编〔2012〕52号）。

东阳市：《中共东阳市委办公室东阳市人民政府办公室关于建立基层水利管理体制的若干意见》（市委办〔2013〕79号）、《东阳市人民政府办公室关于印发〈东阳市河道分级管理实施办法〉的通知》（东政办发〔2013〕150号）、《东阳市人民政府办公室关于加强全市小型水库和小农水项目工程长效管理工作的通知》（东政办发〔2013〕302号）。

义乌市：《关于义乌市村级水务员队伍管理的几点意见》（义水务〔2011〕40号）。

永康市：《永康市人民政府关于同意实施永康市农田水利工程管护体制改革方案的批复》（永政发〔2011〕80号）、《永康市人民政府办公室关于对农村水利设施管护人员进行考核的实施意见》（永政办发〔2011〕161号）。

浦江县：《中共浦江县委员会浦江县人民政府关于建立基层水利管理体制的若干意见》（县委〔2012〕6号）、《关于同意在各乡镇（街道）事业综合服务中心增挂水利站牌子的批复》（浦编委〔2011〕28号）。

武义县：《武义县人民政府关于武义县小型农田水利设施管护实施方案的批复》（武政办发〔2012〕75号）。

磐安县：《中共磐安县委员会 磐安县人民政府关于基层水利管理体制的若干意见》（县委〔2012〕53号）、《关于同意在各乡镇设立水利站的批复》（磐编〔2013〕5号）。

金华市基层水利服务体系改革试点情况表

表 9-1　　　　2014 年 01 月 23 日

项目	基层水利服务机构			村级水利队伍（组建人数、覆盖村社区、职责、管理制度、考核、经费等）	农民水利合作组织（建立数量与类型、职责、议事规则、经费等）	中小型水利工程维修养护管理（事权划分、管养分管、管理制度、经费来源等）	改革投入经费（总额、来源等）
	机构设置（机构类型、单位性质、管理体制、经费形式）	机构人员（编制数、在岗人数和结构、经费、管理、考核方式等）	水利站建设（服务条件、标准化、经费等）				
改革前状况	各县（市、区）均无乡镇水利站，东阳、磐安等县市原有水利站被撤并至乡镇综合服务机构，各地乡镇水利服务职能均划在乡镇农业综合服务中心等机构，经费纳入乡镇街道财政预算；武义设6个区域水利水产服务站，经费纳入县财政预算	各地乡镇水利员编制均在乡镇农业综合服务中心等机构，大部分为兼职，部分县市区未明确水利员编制数。全市乡镇水利员编制数（含兼职）229人，在岗人数214人，仅东阳、磐安45岁以下人员超过50%，大专以上学历人员比例较低，部分地区水利专业人员比例不高；除武义外，各地人员经费均纳入乡镇街道财政预算，由乡镇管理并考核；武义区域水利水产服务站由县水务局管理并考核，纳入县财政预算	改革前，经费保障已列入乡镇（街道）财政预算，但没有标准化建设的考核要求，办公场所、办公设备等硬件配套参差不齐	纳入省改革试点前，全市已率先开展村级水务员队伍建设，至2011年底，全市除东阳外，均建立全覆盖的农村水务员队伍，水务员人数4751人，协助承担农村防汛防台、河道巡查保洁、农田灌溉管理、水政监察协查等工作；村级水利员培训和考核由乡镇（街道）或县水务部门负责，经费保障有县级财政、县乡两级财政等形式	武义县在壶山街道上端头村、大田乡宏阁村等4个村成立了4个农民用水协会，永康成立了9个农民水利合作组织；经费均自筹。其余各地基本无农民水利合作组织	金华市本级直接管理沙畈、金兰、安地、九峰及安地渠道；各县（市、区）小（1）型以上水库由各地水务局直管；其余小型水利工程由县、镇、村分别管理或共同管理。管养基本一体化，经费主要来自上级和本级财政补助	

续表

市县政府印发改革实施方案设定目标	金华市改革实施方案设定的目标：根据金华县县水务一体化、村村都有水务员的比较优势，在乡镇（流域）一级进行涉水职能、资金、人员的整合，到2012年年底，全面组建完成乡镇（流域）水利服务机构，基本形成具有金华特色的县、乡、村三位一体的基层水利服务体系，全面提高基层水利服务能力。 各地也相应设置了实施方案，要求设立乡镇水利站或流域管理站。流域（区域）管理站或综合设置乡镇水利服务机构的人员经费和正常运行所需经费全额纳入县级财政预算	要求各地增设乡镇水利站(流域管理站)或在乡镇农业综合服务中心增挂水利站牌子，明确专职水利员的编制数，乡镇水利站由3-5名专兼工作人员组成，其中必须有1名以上专职水利员和水利专业技术人员。当水利员出现空缺时，按专业要求及时予以补充。乡镇水利员由乡镇管理，流域管理站人员由水务局管理。人员业务培训由县级水务局负责。人员考核由镇乡（街道)和市水务局共同负责	按照“五有”要求，要求给地分期开展乡镇（流域)水利站标准化建设，工作经费纳入财政预算。一是有人员。二是有场所。三是有设施。围绕满足防汛防台指挥、值班和日常办公需求，配备必要的办公设施、仪器设备、通讯及交通工具等。四是有经费。五是有制度	稳定村级农民水务员队伍，完善人员配置。综合考虑各行政村水利设施状况、人口和具体水务管理任务等因素，及时调整和合理配置村级农民水务员。健全农村农民水务员聘用制度，严格村级农民水务员选聘标准，完善持证上岗制度。统筹调整村级水务员工作职责，各级财政安排一定的资金，用于队伍考核奖金的发放、必要的工作用具的配备和意外伤害险的办理，适当提高补助标准	大力推行农村水利会管理机制。以行政村（社区）为单位，组建农村水利会，报县级民政部门备案，承担村级涉水事务的组织和协调工作。农村水利会接受乡镇（街道)水利站的业务指导，实行民主管理，会务公开，接受村民监督；县级财政对农村水利会提供公共服务给予适当财政补助	中型水利工程运行管理体制改革：完善管理机构，探索集约化管理；推广管养分离，试行专业化管理；落实“两项经费”，构建长效化管理；健全规章制度，推进规范化管理。 小型水利工程运行管理体制改革：明确管护主体，落实管理责任；落实管护经费，建立良性管护机制；探索区域化统一集中管理；探索水电站群集约化、专业化管理	

续表

改革完成情况及水利公共服务绩效	改革后，基层水利服务机构实行“条快结合、以条为主”的管理体制，其中浦江率先在全县范围内设立乡镇水利站，婺城、金东、兰溪、磐安等也先后增设或增挂水利站（牌子），金东、兰溪、永康、武义等地增设流域管理站。金东区乡镇水利站由乡镇和水务局共管，其余地区乡镇水利站由乡镇管理，经费保障列入乡镇财政预算；流域管理站由县级水务局管理，经费纳入县级财政预算。除金东区连个流域站为参公单位外，其余基层水利机构均为公益一类事业单位，主要承担农村水利公共事务管理与服务职能具体从事管理范围内水资源管理、防汛防台抗旱、农田水利建设、水利科技推广等组织协调和管理服务的实施工作	全市乡镇水利员编制数331人，在岗人数310人，新增在岗人员除调配外，均为新招大专学历以上水利专业人才，人员结构进一步优化。各地乡镇水利员经费均纳入乡镇街道财政预算，归乡镇管理，由乡镇或县级水务局考核；流域（区域）管理站县级水务局管理并考核，纳入县财政预算	大力开展乡镇（街道）水利站标准化建设，标准化建设经费由所在镇（街道）负责，目前浦江县所有乡镇已全部建成标准化水利站并通过达标验收，兰溪建成3家，永康建成4家，东阳在建2家，其余各地也正在逐步开展标准化水利站建设	积极探索建立一支稳定的村级水利员队伍，各地先后制定下发了农村水务员队伍建设实施方案或考核意见，明确了村级水利员的工作职责、选用条件、聘用程序、培训、考核及工资补助等。目前，全市已组建一支规模为5264人、行政村全覆盖的农村水务员队伍，承担村级防汛减灾、水事调解、工程建设监督与日常巡查、河道水域管理、灌溉放水、水政监察协查等涉水事务服务工作	积极探索农村水利会管理模式，明确以行政村（社区）或村庄连片为单位，组建农村水利会，报县级民政部门备案。目前，全市共有登记农村水利合作组织25家。其中，东阳市成立了南市街道槐堂灌区等9个灌区协会，负责所属灌区干渠等骨干工程的经营及维护；浦江县成立了3个用水协会，在加强和改进村级水利工作方面发挥了较好的带头示范作用。县级财政给予适当补助	各地相继出台中小型水利建设专项资金管理办法等制度，基本明确各级河道管理权限，基本完成小型水库、山塘等小型水利工程的安全监管责任和事权的划分，明确养护标准，加大财政补助力度。中型水利工程基本实现管养分离，小型水利工程探索区域化统一集中管理，婺城在竹马、长山和蒋堂三个乡镇开展小型水利工程集中管理养护工作试点	省、市、县财政投入3200多万元

续表

<table>
<tr><td>创新亮点与做法</td><td>进一步理顺管理体制。按照科学合理、精干高效的原则，加强和完善以乡镇为单位的水利站建设</td><td>加强用人机制的改革创新，引入竞争考核机制，建立健全“公开公正、竞争上岗、定期考评、合理流动”的乡镇水利站人事管理制度</td><td></td><td>在全省率先建立一支稳定的村级水利员队伍</td><td></td><td></td><td></td></tr>
<tr><td>中央一号文件出台以来其他基层水利改革措施</td><td colspan="7">全市各地先后出台了基层水利管理体制改革方案或意见等文件，另外金华市本级和各县（市、区）还根据实际出台了其他基层水利改革有关政策措施。

金华：出台了《金华市农村饮用水工程运行管理办法》《金华市本级农田水利工程项目和资金管理暂行办法》等文件。
金东：出台了《金东区小型水库洁水渔业奖励实施办法》。
东阳：出台了《东阳市河道分级管理实施办法》《加强小型水库和小农水项目工程长效管理工作办法》等文件，明确县级水务局与镇乡、街道的水利工程建设管理权限和河道、水库、山塘等工程的事权划分。
永康：出台了《永康市农田水利工程管护体制改革方案》，推行相对集中与农民自治相结合的建设管理模式。同时，还以城市污水厂污泥处理项目作为代建制试点项目，开展代建制运作的探索。
武义：出台了《武义县小型农田水利设施管护实施方案》。
磐安：加强县级项目法人建设，推动重点水利项目建设。针对中小型农村水利工程建设任务重，积极探索建立县级项目法人制，明确以县水利发展有限公司作为县级项目法人，负责本县范围内跨镇（街道）的重点水利工程建设管理。</td></tr>
</table>

第五章　县市区水利改革典型

1.兰溪农防加固代建制。2010年4月7日，时任浙江省长吕祖善、副省长葛慧君等视察兰溪市防汛工作，作出了“全力加快钱塘江干堤农防加固建设，原计划5年完成的农防加固任务用3年完成，提高防灾抗灾能力”的重要指示。根据建设计划，农防及部分干堤加固工程涉及防洪围片15个，加固堤防总长约74.4千米；新建、更新、改建排涝站23座，装机总容量6947千瓦；新建、更新、改建节制闸26座；新建滚水堰6座，总投资8.84亿元。这么大规模的农防加固工程在兰溪市水利建设史上是空前的，无论是工程管理技术还是工程质量管理都面临着巨大的挑战。为解决水利工程专业技术人员严重不足的困难，兰溪市将农防工程委托有资质的单位进行实施阶段代建。2011 年 5 月 31 日，通过招标确定了代建单位为浙江省水利水电勘测设计院。

工程建设实行实施阶段代建后，建设单位主要负责提出建设标准和使用功能；上报建设计划、下达年度投资计划以及资金调整计划；负责招标工作（或对招标文件进行审核、把关）；对进度款支付、工程设计变更进行把关、审批；资金筹措与结算；政策处理以及协调工程建设中的重大问题；依法进行稽查和监管、组织审核工程决算、组织竣工验收等。

代建单位主要是按合同约定，负责进行工程监理、施工和材料设备采购的招标工作；负责有关合同的洽谈、签订以及合同履行的全过程管理；对工程进度报表进行审核、签证，并提出拨款意见；负责工程设计变更的审核、协助报批和工程投资的控制；对工程质量、进度和安全进行控制；负责技术资料的整理、汇编等工作。

通过实施代建制，达到了原来确定的各项目标要求，取得了良好效果：一是前所未有地推动工程建设。二是工程建设各方面得到较好控制。三是规范了过程管理。

2.兰溪市“五水共治”定向融资。2014 年，在浙江金融资产交易中心支持下，兰溪市在全省率先与杭州兴业银行合作，开展“五水共治”定向融资。该融资计划发行人为兰溪市水务建设工程投资有限责任公司，负责水务建设工程投资经营，负责钱塘江干堤加固、农村污水管网建设、水库加固、中小河流治理等业务。该融资计划经浙江省人民政府金融工作办公室备案通过，在浙江金融资产交易中心发行和交易。兰溪市行政服务中心接受兰溪市政府申请挂牌发行 “五水共治”定向融资计划。2014 年 6 月 24 日至 7 月 13 日为首次募集日，共募集资金 5 亿元人民币。

3.永康市小型水利工程区域化集中管理。2012 年永康市被列为浙江省小型水利工程区域化集中管理试点县，选择象珠镇、西溪镇、舟山镇作为试点乡镇，依托流域管理所、首席水利员进行区域化集中管理试点工作。成立了永康市华溪、南溪、酥溪、永康江流域管理所，对辖区内的小型水利项目实行分流域日常管理，初步形成了 “以大带小、小小联合”区域化集中管理的模式。

4.东阳市小型水利工程长效管理。2013 年，东阳市人民政府办公室下发《关于加强小型水库和小农水项目工程长效管理工作的通知》（东政办发〔2013〕302 号，明确准公益水管单位的水库、渠道巡查经费按有关定额规定和实际运行需要进行核定；镇乡（街道）及农村集体组织所有的水库山塘，市财政按水库 5000 元/座、重要山塘 2500 元/座、其他山塘 1200 元/座给予补助；镇乡（街道）负责的小（一）型水库灌区渠道、中型灌区的分干渠和支渠分别按 2 万元/个、2 万 ~ 3 万元/条、1 万 ~ 2 万元/条给予补助。

第十篇　机构人文

第一章　水利机构

第一节　行政机构

2011年11月，金华市水利局更名为金华市水利渔业局，是主管水利和渔业工作的市政府工作部门。内设办公室、规划计划与建设处、行政审批处、安全监督与综合处，行政编制12人。市纪委、监察局派驻（出）纪检监察机构的人员编制2名。下属事业单位16个，企业及其他单位6个。2011年7月，中共金华市水利局委员会更名为中共多金华市水利渔业局委员会。更名后市水利渔业局划入原市水利局的职责。取消已由国务院、省政府、市政府公布取消的行政审批事项和扩权强县改革中省政府、市政府规定应当交由县（市、区）政府主管部门具体实施的事项。取消制订水利行业的经济调节措施、指导水利行业多种经营工作的职责。加强水资源的节约、保护和合理配置，保障城乡供水安全，促进水资源的可持续利用；加强水政监察和水行政执法工作；加强防汛防台抗旱、水利突发公共事件应急管理，减轻水旱灾害损失。加强渔业防灾减灾工作；加强渔业安全生产监督管理及初级水产品质量安全监督管理职责；加强水生生物资源和渔业水域生态环境保护管理职责。主要职责有：

1.负责保障水资源和渔业资源的合理开发利用。拟订水利发展和渔业发展规划、水资源开发利用规划及有关政策，组织编制并监督实施全市重要流域（区域）综合规划、防洪规划和有关专业规划，组织编制并监督实施全市渔业产业发展专项规划。拟订有关水行政管理与渔业行政管理的政府规范性文件。负责提出水利与渔业固定资产投资规模和方向、市级财政性资金安排的初步意见，提出市级水利与渔业建设投资安排建议并组织实施。

2.统一管理水资源（含空中水、地表水、地下水）、渔业资源。组织开展水资源调查评价工作，拟订全市和跨县（市、区）地域水中长期供求规划、水量分配方案并监督实施，拟订全市渔业资源开发、利用、保护配置规划并监督实施，负责重要区域的水资源调度，组织实施取水许可、水资源有偿使用制度和跨县（市、区）作业的渔业捕捞许可证、水产养殖使用证制度及水资源费、渔业资源增殖保护费征收制度，组织有关国民经济总体规划和有关专项规划及重大建设项目的水资源论证和防洪的论证工作。指导水利行业供水和乡镇供水工作。指导、监督黄土丘陵、低丘红壤的治理与开发。

3.负责水资源和渔业资源保护工作。组织编制水资源保护规划，拟订水功能区划并监督实施，指导饮用水水源保护工作，指导地下水开发利用和城市规划区地下水资源管理保护工作。核定水域纳污能力，提出限制排污总量意见，指导入河排污口设置工作。组织指导渔业水域生态环境的监测和保护工作。组织渔业环境调查、监测、监视和评价。负责渔业资源、水生野生动植物资源的保护，组织渔业水域生态保护与修复和渔业资源的增殖工作。

4.负责水旱灾害的防治工作。组织、协调、监督、指导全市防汛防台抗旱工作，组织编制市防汛防台抗旱应急预案并组织实施，对重要流域和重要水工程实施防汛防台抗旱调度和应急水量调度。指导水利突发公共事件的应急管理工作。

5.指导水利设施、水域及其岸线的管理与保护。指导重要河道、水库的治理和开发，按规定制定水利工程建设与管理的有关制度并组织实施，指导水利工程建设与运行管理，组织实施市直管或跨县（市、区）域的重要水工程的建设与运行管理。组织实施有关涉河涉堤建设项目审批（含占用水域审批）并监督实施。依法负责水利行业安全生产，组织、指导水库、水电站大坝和江堤的安全监管，组织实施水利工程建设的监督，指导水利建设市场的监督管理。管理河道采砂工作。

6.组织、指导水政、渔政监察和水行政执法、渔业行政执法，负责重大涉水、涉渔违法案件的查处，协调、指导水事纠纷和渔事纠纷的处理。依法行使渔政渔港监督管理、渔业船舶及船用产品的监督检验。

7.指导农村水利工作。组织协调农田水利基本建设，指导农村饮水安全、节水灌溉等工程建设和管理工作，指导农村水利社会化服务体系建设。在职责范围内负责水能资源开发利用管理、组织开展水能资源调查评价工作，拟订水能资源开发利用规划、政策并组织实施，指导水电农村电气化和小水电代燃料工作。

8.负责水土保持工作。拟订水土保持规划并监督实施，组织实施水土流失的综合防治、监测预报，负责有关建设项目水土保持方案的审批、监督实施及水土保持设施的验收工作，指导市重点水土保持建设项目的实施。

9.负责组织、指导全市的节约用水工作，并具体负责农业节约用水的指导、协调和监管。拟订节约用水政策及有关标准，参与编制节约用水规划，制定年度用水计划，发布节约用水情况通报，指导和推动节水型社会建设工作。

10.指导水文工作。负责水文水资源监测、水文站网建设和管理，对江河水库和地下水的水量、水质实施监测，发布水文水资源信息、情报预报和全市水资源公报。

11.负责渔业行业管理。组织实施渔业生产经营许可制度；指导全市水产养殖、捕捞、加工、流通和新兴渔业发展工作；指导渔业经济体制改革、渔业产业结构调整、产品品质改善和渔业产业化；负责编制并组织实施渔港、水产原（良）种场、现代渔业示范基地的规划；组织拟订水产养殖业发展规划；组织实施水产养殖病害防治和水生动植物防疫检疫工作。

12.开展水利、渔业科技工作和队伍建设。组织水利与渔业科技、技术推广及对外合作交流工作，组织开展水利行业质量监督工作，指导全市水利、渔业队伍建设。

13.指导、监督市级水利、渔业资金的管理。提出有关水利、渔业的价格、税收、信贷的建议。

14.组织实施金华市本级水利规划、建设、管理和水资源保护工作。

涉水部门的职责分工：

1.水资源保护和水污染防治的职责分工。市水利渔业局对水资源保护负责，市环境保护局对水环境质量和水污染防治负责。市水利渔业局核定水域纳污能力，提出限制排污总量意见。市环境保护局按规定组织编制主要污染物排放总量控制计划及相关政策并监督实施。两部门要进一步加强协调配合，建立协商机制和信息共享制度，定期通报水资源保护与水污染防治有关情况，协商解决有关重大问题。市环境保护局发布水环境信息，对信息的准确性及时性负责。市水利渔业局发布水文水资源信息，其中涉及水环境质量的内容，市水利渔业局和市环境保护局应协商一致。

2.节约用水工作的职责分工。市发展和改革委员会会同水利、农业、城市节水、经贸等有关部门根据本行政区域水资源状况和水资源综合规划，编制节约用水规划。市水利渔业局负责组织、指导、监督全市的节约用水工作，并具体负责农业节约用水的指导、协调和监管，制定年度用水计划。市住房与城乡建设局负责指导、协调、监管城市供水的节约用水工作以及城市供水管网通达范围内的农村节约用水工作。市经济和信息化委员会负责指导、协调、监管全市工业节约用水工作。

3.河道采砂管理的职责分工。市水利渔业局对河道采砂影响防洪安全、河势稳定、堤防安全负责，市国土资源局对保障河道内砂石资源合理开发利用负责，市交通运输局对河道采砂影响通航安全负责。由水利部门牵头，会同国土资源、交通运输等部门，负责河道采砂监督管理工作，统一编制河道采砂规划和计划并组织出让。河道采砂许可证、河道采矿许可证由水利部门统一受理、送达，其中河道采矿许可证申请受理后转交国土资源部门办理。河道采砂的水上执法监管，要充分发挥交通运输部门执法机构的作用。

2002年以来，永康市、义乌市、兰溪市、浦江县、武义县、婺城区、金东区、磐安县、东阳市相继组成水务局，将地表水、地下水、城乡供水、农村饮用水等纳入水务局管理职能。

2005～2014年，金华市水利渔业局历任负责人名单如下：

金华市历任水利行政负责人

（2005—2014 年）

表 10-1

机构	职　务	姓　名	任　期	备　注
金华市水利局	局　长、党委书记	季熙星	2004.07—2005.06	
	副局长、党委委员	阮金荣	2004.07—2005.06	
	副局长、党委委员	潘炉生	2004.07—2005.06	
	副局长、党委委员	池向东	2004.07—2005.06	
	纪检组长、党委委员	陈益民	2004.07—2005.06	
	总工程师	贾跃俊	2004.06—2005.06	
金华市水利局	局　长、党委书记	包晓华	2005.06—2011.06	
	副局长、党委委员	阮金荣	2005.06—2010.01	
	副局长、党委委员	潘炉生	2005.06—2011.06	
	副局长、党委委员	池向东	2005.06—2011.06	
	纪检组长、党委委员	陈益民	2005.06—2005.08	
	纪检组长、党委委员	孟庆连	2005.08—2009.12	
	副局长、总工程师、党委委员	贾跃俊	2005.06—2011.06	2007.02 任党委委员 2010.06 任副局长
	局长助理、党委委员	田为民	2007.12—2011.06	
	纪检组长、党委委员	许洪忠	2010.05—2011.06	
	党委委员（副局级）	曹智冲	2011.2—2011.06	
	党委委员	张春阳	2010.02—2011.06	
金华市水利渔业局	局　长、党委书记	包晓华	2011.06—2013.04	
	副局长、党委副书记	潘炉生	2011.6—2013.04	
	副局长、党委委员	池向东	2011.6—2013.04	
	副局长、总工程师、党委委员	贾跃俊	2011.6—2013.04	
	纪检组长、党委委员	许洪忠	2011.6—2013.04	
	副局长	金时刚	2011.12—2013.04	
	副局长、党委委员	田为民	2011.06—2013.04	2012.03 任副局长
	党委委员（副局级）	曹智冲	2011.06—2013.04	
	党委委员	张春阳	2011.06—2011.09	

续表

金华市水利渔业局	党委书记	包晓华	2013.04—2013.11	
	局　长、党委副书记	潘炉生	2013.04—2013.11	
	副局长、党委委员	池向东	2013.04—2013.11	
	副局长、总工程师、党委委员	贾跃俊	2013.04—2013.11	
	纪检组长、党委委员	许洪忠	2013.04—2013.11	
	副局长	金时刚	2013.04—2013.11	
	副局长、党委委员	田为民	2013.04—2013.11	
	党委委员（副局长级）	曹智冲	2013.04—2013.11	
	党委委员	朱建宏	2013.04—2013.11	
金华市水利渔业局	局　长、党委书记	潘炉生	2013.11—2014.12	
	副局长、党委副书记	张新有	2014.12—2014.12	
	副局长、党委委员	池向东	2013.11—2014.12	
	副局长、总工程师 党委委员	贾跃俊	2013.11—2014.12	
	纪检组长、党委委员	许洪忠	2013.11—2014.07	
	副局长	金时刚	2013.11—2014.12	
	党委委员	廖利民	2014.09—2014.12	
	副局长、党委委员	田为民	2013.11—2014.12	
	党委委员（副局长级）	曹智冲	2013.11—2014.12	
	党委委员	朱建宏	2013.11—2014.12	
	党委委员	赵燕华	2014.01—2014.12	

第二节　市级直属单位

截至2014年年底，金华市水利渔业局直属单位有16个。

1.金华市防汛防旱指挥部办公室。1987年建立，属全额拨款事业单位，定编3人，2007年1月，增加编制2人，2008年11月17日，经浙江省人事厅（浙人函〔2008〕265号）文批准，列入参照公务员法管理单位，定编5人，负责全市防汛防旱工作。2008年2月，市防汛防旱指挥部办公室主任朱建宏同志确定为副局级。现有在编人员5人，编外人员2人。

2.金华市水库管理处。1980年建立，2011年7月更名为金华市水库管理处，2011年9月13日，经浙江省公务员局（浙公局函〔2011〕99号）文批准列入参照公务员法管理单位，编制12人，同年10月调整编制为9人。负责全市水库、电站管理，安全生产、水库除险加固等工作，现有人员 9 人。

3.金华市水土保持办公室、黄土丘陵办公室。1973 年 5 月成立金华地区革命委员会开发黄土丘陵指挥部。1984 年 2 月建立“金华地区开发黄土丘陵办公室”，编制 3 人。1985 年 11 月更名为“金华市黄土丘陵办公室”，隶属市水电局。1996 年 9 月市水土保持办公室与市黄土丘陵办公室实行两块牌子一套班子，为正科级全额拨款事业单位，定编 5 人，2009 年 2 月增挂水土保持监测站牌子。2010 年 10 月，经浙江省公务员局（浙公局函〔2010〕116 号）文批准，列入参照公务员法管理单位，编制 5 人，现有人员 5 人。

4.金华市农村水利管理处。前身为金华地区机电排灌站，成立于 1980 年,撤地建市后，经金华市编制委员会批准更名为金华市机电排灌站。2007 年定为正科级事业单位，编制 6 人。2012 年 7 月 22 日，经市机构编制委员会批复更名为金华市农村水利管理处，公益一类事业单位，编制 6 人。负责全市农村饮水、高效节水灌溉、灌区改造和泵站、渠道、山塘等小型水利工程的建设等工作，现有人员 6 人。

5.金华市水政监察支队。1998 年 4 月成立，自收自支事业单位，编制 10 人，2007 年减编 1 人，2008 年 11 月 17 日，经浙江省人事厅（浙人函〔2008〕265 号）文批准列入参照公务员法管理单位，编制 9 人。负责全市水政监察、水事纠纷调处、水事案件查处等，现有人员 9 人。

6.金华市水利水电工程质量与安全监督站。前身为金华市水利建设工程质量监理站，成立于 1996 年。1999 年经市机构编制委员批准更名为金华市水利水电工程质量监督站，定编 6 人。2007 年核减编制 1 名，同年列为正科级监督管理类事业单位，2009 年 3 月更名为金华市水利水电工程质量与安全监督站；2011 年调整为全额拨款事业单位，2012 年列入承担行政职能事业单位。负责全市水利水电建设工程质量安全监督等工作，现有正式在编人员 5 人。

7.金华市水文站。1954 年建立，属全额拨款事业单位，以后管理体制调整曾多次变动。1986 年更名为金华市水文站，隶属省水文局。1995 年 2 月，水文管理体制调整，实行属地管理，金华市水文站归属市水利局，为正科级全额拨款公益一类事业单位，承担全市水文站网及基础设施建设与管理、水文测验、水文情报预报、水文水资源调查评价、水资源质量监测评价、水文资料整编审查等职能。现有正式在编人员 22 人。

8.金华市河道管理处。金华市河道管理处成立于 1990 年 3 月，原定为差额拨款事业单位，定编 10 人。2001 年 10 月，建立浙江省防汛机动抢险总队金华支队，编制及人员从市河道管理处和原婺城区水利电力工程管理站各划出 5 名组成。2007 年 11 月，金华市河道管理处确定为监督管理类，编制数 5 人，2011 年 10 月，增加编制为 8 名。2012 年 3 月，经省公务员局（浙公局函〔2010〕116 号）文批准列入参照公务员法管理单位，编制 8 名。负责河道执法，水域、堤防、水闸行业管理，涉河审批和采砂审批，水事纠纷调处，河道整治等工作。

9.浙江省防汛机动抢险总队金华支队。2001 年 10 月建立，业务上接受国家、省防指办和市防汛指挥部领导，行政上隶属金华市水利局。2007 年 10 月调整为差额拨款的纯社会公益类事业单位，编制 10 人，现有人员 8 人，主要承担省内水库抢险和本市防汛抢险任务。

10.金华市渔政管理处。1986 年 7 月建立，归属市水产局，原名金华市渔政管理站， 1987 年 5 月更名为金华市渔政管理处。1990 年 3 月增挂金华市渔港渔船监督管理站和渔船检验站两块牌子。1995 年归属市水利局。2008 年 11 月 17 日，经浙江省人事厅（浙人函〔2008〕265 号）文批准列入参照公务员法管理单位，定编 5 人。负责全市渔业普法执法，渔事纠纷调处，渔事案件查处，渔港渔船监督管理，渔业安全生产，渔船检验，渔业船员培训。现有人员 6 人。

11.金华市水产技术推广站。1981 年 4 月建立，隶属地区水利局，1985 年 5 月撤地建市后，更名为金华市水产技术推广站，隶属金华市水产局。1995 年市水产局撤消后归属市水利局，为公益一类事业单位，承担着全市水产技术推广、指导等职能。2010 年 10 月增挂金华市水生动物防疫检疫中心牌子，现有正式编制 4 人，在编在岗 4 人。

12.金华市沙畈水库管理处。1996 年 6 月建立，属自收自支事业单位，2009 年 2 月确定为准公益性事业单位，核定事业编制 30 人，现有正式工作人员 48 人。

13.金华市金兰水库管理处。1958 年建立，经多次更名，2001 年 3 月金华市行政区划调整，更名为“金华市金兰水库管理处”，归属市水利局。原有编制 108 人，2009 年完成水管单位体制改革，确定为自收自支准公益性事业单位，核定 事业编制人员 30 名。主要管理金兰水库、栗山水库及其所属的水电站、引水渠等水利工程。

14.金华市安地水库管理处。1959 年建立金华县安地水电灌溉工程处，经多次更名，2001 年 3 月金华市区区划调整，更名为金华市安地水库管理处，归属市水利局。2009 年完成水管单位体制改革，确定为自收自支准公益类事业单位，核定事业编制人员 30 名，负责安地水库、安地电厂的运行管理，现有人员 54 人。

15.金华市九峰水库管理处。2009 年 12 月建立，为正科级全额拨款准公益类事业单位，核定编制 30 人，负责九峰水库运行管理等工作，现有人员 21 人。

16.金华市安地渠道管理所。1978 年 12 月建立，2001 年 5 月金华市区区划调整，更名为金华市安地渠道管理所，归属市水利局。2009 年完成水管单位体制改革，确定为自收自支准公益类事业单位，核定事业编制人员 20 人，负责安地渠道管理运行等工作，现有人员 19 人。

第三节　纪检监察派驻机构

金市编〔2006〕40 号文件核定市水利局纪检组、监察室编制 2 名，其中领导职位副处 1 名，正科 1 名。为了积极稳妥地推进纪检派驻机构统一管理，进一步发挥派驻机构职能作用，促进党风廉政建设和反腐败工作深入开展，2014 年 7 月 30 日，中共金华市委、金华市人民政府出台了《关于对市纪委市监察局派驻机构实行统一管理的改革方案》（金委发〔2014〕29 号），共设置十五 15 个市直纪检监察派驻机构。其中整合设立的中共金华市纪委第八派驻纪检监察组，授权监督市水利局、市农业局、市林业局 3 家单位，办公地点设在市水利局。

中共金华市委第八派驻纪检监察组行政编制 6 名，其中纪检组长 1 名，兼任市水利局党委委员。机构人员编制划转到市纪委，市纪委对机构人员的组织生活、工作安排、工资福利、后勤保障等实行统一管理。派驻机构主要职责：

（一）监督检查。监督检查授权监督单位党政领导班子及其成员维护党的政治纪律、贯彻执行民主集中制、选拔任用干部、贯彻落实党风廉政建设责任制和勤政廉政等有关情况。

（二）受理信访举报。受理对授权监督单位及所属系统管理的党组织、党员和行政监察对象的控告、检举；受理市纪委、市监察局信访转办件。

（三）发现问题线索。坚持问题导向，经批准，初步核查授权监督单位领导班子及市管干部涉嫌违反党纪政纪的问题，按规定报告案件线索，参与案件调查。负责查办授权监督单位管理权限范围内的领导干部违反党纪政纪的案件及其他干部违反党纪政纪的重要案件。

第二章　水利竞赛

第一节　浙江省水利“大禹杯”竞赛活动

省政府从 1995 年起在全省开展水利“大禹杯”竞赛活动，全市水利系统积极参加竞赛活动，取得了较好的成绩。2005—2014 年期间，全市共获得“大禹杯”金奖 5 个，银杯奖 1 个，铜杯奖 2 个。其中，2007 年金华市本级获第十三届省水利“大禹杯”金杯奖，2008 年永康市获第十四届省水利“大禹杯”金杯奖，2010 年金东区获第十六届省水利“大禹杯”金杯奖，2011 年浦江县获第十七届省水利“大禹杯”金杯奖，2014 年兰溪市获第二十届省水利“大禹杯”金杯奖；2006 年浦江县获第十二届省水利“大禹杯”银杯奖；2012 年，永康市获得第十八届省水利“大禹杯”铜杯奖，2013 年婺城区获第十九届省水利“大禹杯”铜杯奖。

第二节　全国水利系统先进集体

2010 年，金华市水利局获全国水利最高荣誉奖——“全国水利系统先进集体”称号，该奖于 2010 年 1 月 17 日由人力资源社会保障部、水利部联合表彰，每五年评一次。

附：全国水利系统先进集体申报材料（金华市水利局）

近年来，金华市水利局深入学习贯彻科学发展观，认真践行新时期治水新思路，以争创全省水利“大禹杯”和全国水利文明单位为抓手，求真务实，争优创先，团结带领全局干部职工，取得了显著成效。2007年，金华市本级继1998年后再次荣获全省水利工作最高荣誉奖——省水利“大禹杯”金奖，成为浙江省11个市本级中唯一的双冠王。自1995年省政府评比以来全市累计获得6个金奖，成为11个市中的最好成绩。2008年金华市水利局被水利部授予“全国水利文明单位”，是全省11个市级水利局中首批全国水利文明单位。2009年金华市水利局荣获全国农村水电及电气化建设先进单位。近5年内金华市水利局被市委、市政府和省水利厅多次评为年度综合考核先进单位。金华市水利局连续被市委评为2005-2006年度、2007—2008年度市直机关党建工作先进单位、思想政治工作优秀单位。局机关支部连年被评为市级先进基层党组织，授予市直机关“学习型党组织”等称号。局团委被评为省级先进团委，金华市通联站被中国水利报社连年评为先进通联组织。金华市水利局的水政监察、河道保洁、水资源费征收、水利信息等工作多次被省水利厅评为全省年度先进单位。金华市水利局新农村建设、生态市建设、防汛防台、纪检监察、工会、财务管理、信息、档案、人口与计划生育、治安安全单位、社区共建等工作多次连续被市级相关部门评为年度先进或优胜单位。直属单位中有被评为全省抗台救灾先进集体、市直机关“十佳示范党支部”，全市优秀共产党员、全市劳动模范和全市“十大”杰出青年等荣誉称号。义乌市被评为全国水资源管理工作先进单位，东阳、永康市被评为全国农田水利基本建设先进县。永康市被列为水利部联系点，要求永康市水利工作在全国实现“六个率先”。

一、深入开展精神文明建设，不断提升水利行业新形象。坚持“两手抓、两手都要硬”的方针，加强领导，选好载体，深化教育，力求实效。加强理想信念、典型示范和警示教育相结合。以创建示范党支部活动为载体和抓手，推进党建工作的制度化和规范化建设。围绕“作风建设年”活动，紧密结合水利系统实际，全面开展了以“端正作风、规范执法、奉献水利”为主题，以开展领导干部学习班、作风警示教育、水利执法检查等“七个一”为重点内容的教育活动。深入开展学习实践科学发展观活动。在浙江大学举办了全市水利系统领导干部培训班，请省水利厅和浙江大学的专家、教授来上课，省水利厅章国方副厅长在开班仪式上指出为全省带了好头。举行系统学习会、培训会、务虚会、党课教育会，邀请省市讲师团、党校和高等院校专家讲课，加强“三个代表”重要思想和科学发展观的学习。深入开展党章、《江泽民文选》和社会主义荣辱观的学习教育活动，清明节开展祭扫金华市实干家陆乌铁墓活动，“七一”前夕举行水利系统纪念建党会议，邀请韩继绍同志作《献身水利事业、勤政廉洁一生》事迹报告会，全面推行“党员践行承诺”活动。成立全市水利系统思想政治工作研究会、全市水利系统书画协会和局系统工会工作委员会，举办了水利系统体育运动会、书画摄影比赛、迎新春联欢晚会和青年篮球赛等文体活动，创办了《书画水利》季报，丰富了水利干部职工文化生活。每年都广泛发动党员捐款捐物，局机关支部成立党员关爱基金，积极主动地深入基层走访慰问老党员、老干部、生活困难党员和群众。积极主动支援汶川抗震救灾，水利领导干部和党员带头捐款，多次赈灾捐款，帮助灾区共渡难关，金华市水利局累计捐款 31 多万元，为市机关部门前列。“慈善一日捐”等捐款活动多次被评为市级先进单位。关心离退休干部工作，在国庆 60 周年前夕，金华市水利局韩继绍同志被评为全省离退休干部先进个人。

二、抓机制清源头，促进领导干部带头遵纪守法。局领导班子及其成员坚定理想信念，坚决贯彻落实党的路线、方针、政策和上级决策。充分认识到民主集中制的重要性，较好地贯彻执行民主集中制，切实搞好班子团结。注重发挥班子的整体功能，重视调动班子成员的积极性，努力营造团结干事的良好氛围。带头执行《制度汇编》的各项制度，努力做到用制度规范行为、按制度办事、靠制度管人。

围绕金华市水利局干部“一个都不倒、一个都不少”的目标，认真落实党风廉政建设责任制，加快构建金华水利特色的惩防体系。编印《制度汇编》，集中汇编了人财物管理 6 个方面的 36 项制度，努力按制度办事。把“四大纪律、八项要求”和“五个不许”、机关效能建设“四条禁令”和节日期间“十个严禁”规定，制作成便携卡片，发放给局公务员和局属各单位班子成员，勤提醒、常敲钟。组织全市水利领导干部到省廉政文化教育基地--浦江郑宅、金华监狱开展专题警示教育活动，用好《浙江省水利系统违纪违法案例选编》，推行重点工程建设委派财务总监做法，实行下属单位财务内审制度、党委会提拔任用干部票决制和廉政谈话、承诺制，严肃查处作风建设和水利资金使用、水利工程建设中的违法违纪行为。近 5 年内金华市水利局未发生违规违纪等问题。

高度重视安全生产工作，定期开展安全生产大检查，把一切不安定因素解决在萌芽状态，确保了全局无重大案件、重大事故发生，多次被评为省、市安全生产考核优秀单位。加强社会治安综合治理，完善门卫值班制度，内部治安状况良好。落实市、区计划生育管理责任目标，强化计划生育管理责任制，完成计划生育年度管理目标。

三、争创一流业绩，水利发展取得新成效。立足人民群众最关心、最直接、最现实的水利需求，围绕提高防洪保安能力、城乡供水能力、水环境生态能力“三大能力”，着力抓好千库保安、千万农民饮用水、千万亩十亿方节水工程、万里清水河道“三千一万工程”建设，加快构建以保障人民生命财产安全为首位、保障城乡饮水安全为重点、提高农业综合生产能力和改善城乡水环境为目标的“四大体系”， 较好地完成了各项工作任务，水利各项事业取得显著成效，为促进经济社会的发展提供了有力支撑和保障。金华市本级九峰水库和金兰水库、莘畈水库除险加固工程基本建成。我市千库保安工程和千万农民饮用水工程目标约占全省五分之一，建设任务为全省最重，但领导重视程度之高，投入力度之大，成效之明显，是我市水利建设史上少有的，带动我市水利建设掀起了新一轮热潮，走在到全省前列。近几年全省新农村水利建设现场会、全省农村水利工作会议、千万农民饮用水工程建设现场会、“强塘”工程建设现场会和防汛防旱工作会议等全省性会议多次在我市召开。到2008年年底，金华市累计建成水库811座，总库容达18.46亿立方米，水库数量约占全省五分之一。完成金兰水库等水库除险加固305座。基本完成县级城区的城防工程建设，大部分防洪标准达50年一遇以上。40个万亩以上灌区有三分之二实施了节水配套改造。全市农村饮水安全覆盖率约达80%以上。全市建成水电站371座，装机26.26万千瓦。义乌向东阳购买横锦水库部分水权，率先在全国实践水权理论，开创水权交易的先河。各县（市、区）都成立了水务局，成为我省首批水务局。

第三节　全国水利文明单位

2008年，金华市水利局被水利部授予“全国水利文明单位”，是全省11个市级水利局中首个全国水利文明单位。

第四节　其他先进单位争创活动

自2001年被授予金华市级文明单位以来，金华市水利局每年均通过市文明委年度文明单位复评。2009年荣获全国农村水电及电气化建设先进单位。2005年以来，市水利局被市委、市政府和省水利厅多次评为年度综合考核先进单位，2005—2006年度、2007—2008年度市直机关党建工作先进单位、思想政治工作优秀单位，水利局机关支部连年被评为市级先进基层党组织，授予市直机关“学习型党组织”等称号，局团委被评为省级先进团委，金华市通联站被中国水利报社连年评为先进通联组织。同时，水政监察、河道保洁、水资源费征收、水利信息等工作多次被省水利厅评为全省年度先进单位，新农村建设、生态市建设、防汛防台、纪检监察、工会、财务管理、信息、档案、人口与计划生育、治安安全单位、社区共建等工作多次连续被市级相关部门评为年度先进或优胜单位。

第五节　水利行业技能竞赛

“以赛代学，以赛促学”，2005—2014年金华市水利系统不少技术过硬、创新能力强的技能型人才通过技能竞赛的方式脱颖而出。

2007年9月，金华市水文站徐亮参加浙江省第四届水文勘测工技能竞赛获第六名，并被授予“浙江省水利技术能手”称号。2009年6月徐亮被授予“第六届全国水利技术能手”称号。2012 年 5 月，徐亮参加第四届全省水利行业水文勘测工技能竞赛获理论第六名，综合第八名的好成绩。

2014 年 10 月，金华市沙畈水库管理处张利明参加第五届浙江省水利行业水轮发电机组值班员职业技能竞赛，获得实际操作技能比赛第一名、理论考试第二名，个人综合成绩第一名，并被授予“浙江省技术能手”称号。

第三章　水利人物

第一节　人物传

1.韩继绍（1921—2012），山东莱芜人，中共党员，高级工程师。1946 年 7 月天津大学（原天津工商学院）工学院土木工程系毕业。曾任浙江省水利局工程员、省水利局金华江水利工程处副工程师、金华专署水利处处长、水利科科长，1956 年经省政府批准为工程师，成为中华人民共和国成立后，党和政府培育下的金华专区第一个水利工程师，1983 年经省政府批准为高级工程师，从 1996 年起任金华市水电局技术顾问、高级工程师。

数十年来，韩继绍同志参与了许多重点工程建设。如金华湖海塘水电灌溉工程、金华金兰水库、义乌柏峰水库、金华县杨卜山水轮泵站、金华“乌引”工程、金华沙畈水库、金华“三江”治理、金华城区河盘桥水利枢纽工程、金华沙金兰引水工程等。参与抢救了许多危险水库。如金兰、上湖垅、马塘垅、洪畈、鹿田等 10 多座中小型水库，使库下广大人民群众的生命财产及时转危为安。1973 年，金兰水库在安全运行十多年后，由于大堤沉陷不均而产生心墙部位严重的深层裂缝、危及大坝安全，被水利部定为危险水库。韩继绍通过外出学习、向专家请教，经过多方案对比，最后经省水利厅批准，从 1973 年冬开始到 1979 年，采取“自重黄泥灌浆”方法，处理心墙的深层裂缝，共灌入黄泥浆 6782 立方米，折合干土 5600 吨，使水库转危为安，恢复正常运行，金兰水库土坝深层裂缝黏土灌浆这项技术成果也因此获得省水利厅 1986 年科技进步一等奖、金华专署 1983 年优秀科技成果二等奖，同时为浙江省拉开了通过灌浆来处理病险水库中土坝裂缝和渗漏问题的序幕。1994 年，浙江省人民政府授予韩继绍同志全省抗洪救灾模范个人，并通报表彰。

2.胡育平，男，1958 年 8 月出生，中共党员，金华市水利局水利高级工程师。1980 年 2 月，从学校毕业就投身水利工程建设，先后主持了沙畈水库、沙畈二级电站、九峰水库三个省重点工程建设管理。

在胡育平带领下的水利工程建设获得了多项荣誉。沙畈水库建设获全省建设工程最高奖——“钱江杯”；工程建设指挥部两次评为省重点工程先进单位；沙畈水库和沙畈二级电站均被省水利厅评为优质工程；沙畈水库大坝在水利部质检抽查活动中综合得分名列全国第二；沙畈电厂被水利部授予“安全生产先进单位”称号。

2008年5月，浙江省人民政府授予胡育平“浙江省重点建设立功竞赛先进个人”称号，2010年5月，胡育平荣获“金华市劳动模范”称号，2011年2月，被评为金华市“十佳实干型干部”。

3.邵茂良，男，汉族，1960年6月出生，浙江兰溪人，1979年3月参加工作，1986年3月加入中国共产党，大专学历。2007年担任兰溪市水务局局长。

邵茂良担任兰溪市水务局局长期间，筹资十多亿元，建成一大批水利工程，完成四座中型水库的除险加固，受益农田10万亩；组织实施农民饮用水项目24个，惠及人口30万人；2010年，兰溪市投资9亿多元的农防加固项目和投资2.7亿元的第二水源工程顺利动工，农防防洪能力和城乡供水安全保障得到极大提升。其间，邵茂良先后获得全省“为民好书记”、“全国防汛抗旱先进个人”等称号。

第二节　荣誉谱

一、获奖单位

2005—2014年，全市水利系统获市（地）厅级以上先进单位荣誉称号56个，其中省（部）级14个、市（地）厅级42个。列表如下：

金华市水利系统获省部级先进单位统计表

（2005—2014年）

表10-2

（一）部级

获奖单位	授奖单位	荣誉称号	获奖时间
义乌市水务局	水利部	全国水利系统水资源工作先进集体	2006
东阳市水务局	水利部	全国农田水利建设先进县	2006
永康市水务局	水利部	全国农田水利基本建设先进单位	2008
金华市水利局	水利部	全国水利文明单位	2008
金华市水利局	水利部	全国水利系统先进集体	2010
兰溪市渔政站	农业部	2010年度渔业文明执法窗口单位	2011
浦江县水务局	国家发改委、水利部	全国农村饮水安全工程示范县	2012.07

金华市水利系统获省部级先进单位统计表

表10-3

（二）省级

获奖单位	授奖单位	荣誉称号	获奖时间
义乌市水务局	浙江省人民政府	浙江省第十一届水利“大禹杯” 水资源管理先进单位	2005
浦江县水务局	浙江省人民政府	浙江省第十二届水利“大禹杯”银杯奖	2006
金华市水利局	浙江省人民政府	浙江省第十三届水利“大禹杯”金杯奖	2007
永康市水务局	浙江省人民政府	浙江省第十四届水利“大禹杯”金杯奖	2008
金东区水务局	浙江省人民政府	浙江省第十六届水利“大禹杯”金杯奖	2010
浦江县水务局	浙江省人民政府	浙江省第十七届水利“大禹杯”金杯奖	2011
永康市水务局	浙江省人民政府	浙江省第十八届水利“大禹杯”铜杯奖	2012
婺城区水务局	浙江省人民政府	浙江省第十八届水利“大禹杯”铜杯奖	2013

金华市水利系统获市（地）厅级先进单位统计表

（2005—2014年）

表10-4

（一）厅级

获奖单位	授奖单位	荣誉称号	获奖时间
兰溪市水产技术推广站	省海洋与渔业局	全省水产技术推广先进单位	2006.12
兰溪市渔政站	省海洋与渔业局	2007年度渔业系统“群众满意基层站所”	2007.12
浦江县水务局	省卫生厅	浙江省饮用水供水单位卫生监督量化分级（A级单位）	2008.05
兰溪市渔业行政执法大队	省海洋与渔业局	2007年度全省渔业行政执法工作先进集体	2008.4
东阳市水务局	省水利厅	全省重点水利工程建设管理先进集体	2008
金华市水利管理站	省水利厅	2008年度全省农村水电工作先进集体	2009
金东区水政监察大队	浙江省水利厅	优秀等次的水政监察大队	2009
兰溪市水务局	省海洋与渔业局	2009年度海洋与渔业工作先进县（市、区）局	2009.12

续表

兰溪市水务局	省海洋与渔业局	2008年度“百万亩养殖塘建设工程”工作县级先进单位	2009.3
东阳市水务局	省水利厅	千万农民饮用水工程建设管理先进集体	2009
东阳市水务局	省水利厅	2008年度水资源费征收工作先进集体	2009
东阳市水务局	省海洋与渔业局	2008年度海洋与渔业工作先进集体	2009
金华市金东区水务局	浙江省水利厅	全省堤防加固建设先进单位	2010
金东区八仙溪	浙江省水利厅	河道生态建设新材料、新技术应用示范工程	2010
金东区水政监察大队	浙江省水利厅	优秀等次的水政监察大队	2010
金华市金东区水务局	省海洋与渔业执法总队	海洋与渔业先进局	2010
义乌市水务局	省水利厅	浙江省万里清水河道建设先进单位	2010.05
兰溪市水务局	省海洋与渔业局	2010年度海洋与渔业工作先进县（市、区）局	2010.12
兰溪市水务局	省海洋与渔业局	2010年度全省海洋与渔业系统政务信息先进集体	2010.12
兰溪市水务局	省水利厅	全省堤防加固建设先进单位	2010.5
金华市水利管理站	省水利厅	2010年度全省农村水电工作先进集体	2011
金东区水务局	省水利厅	2010年度全省农村水电工作先进集体	2011
金东区水政监察大队	浙江省水利厅	优秀等次的水政大队	2011
金东区水务局	浙江省水利厅	县（市、区）级优秀奖	2011
金东区水政监察大队	浙江省水利厅	第一批全省水政检察队伍建设“三百、六保障”达标示范单位	2011
金东区水务局	浙江省水利厅	第一批全省水政检察队伍建设“三百、六保障”达标单位	2011
兰溪市水务局	省水利厅	2010年度全省水利系统信息工作先进单位	2011.1
兰溪市水务局	省海洋与渔业局	2011年度全省海洋与渔业系统政务信息工作先进集体	2011.12
兰溪市水保站	省水利厅	浙江省灌溉试验及农业用水定额管理先进集体	2011.8
金华市金东区水务	浙江省水利厅	全省取水用水监管考核优秀单位	2012
金东区水政监察大队	浙江省水利厅	获得优秀等次的水政监察大队	2012
金东区水政监察大队	浙江省水政监察总队	优秀等次的水政大队	2012

续表

浦江县自来水公司	省公安厅省社会管理综合治理委员会	省级治安安全示范单位	2012
武义县城市自来水公司	省消费者权益保护委员会	第八届浙江省消费者信得过单位	2012
金华市水库管理处	省水利厅	2011 年度全省农村水电工作先进集体	2012
兰溪市水政监察大队	省水利厅	2011 年度全省水政监察队伍优秀支队	2012.1
兰溪市水务局	省海洋与渔业局	2011 年度全省县级海洋与渔业工作先进单位	2012.1
兰溪市水务局	省水利厅	2011 年度全省农村水电工作先进集体	2012.2
武义县小水电管理站	省水利厅	2011 年度全省农村水电工作先进集体	2012
武义县城市自来水公司	省消费者权益保护委员会	第九届浙江省消费者信得过单位	2013
金华市水库管理处	省水利厅	2012 年度全省农村水电工作先进集体	2013
兰溪市水务局	省水利厅	2012 年度全省农村水电工作先进集体	2013
武义县水务局	省水利厅	2012 年度全省农村水电工作先进集体	2013
兰溪市水务局	省海洋与渔业局	2012 年度全省县级海洋与渔业工作先进单位	2013.1
兰溪市水务局	省海洋与渔业局	2013 年度全省海洋与渔业系统政务信息工作先进县级单位	2013.12
浦江县自来水公司	省质量技术监督局	浙江服务名牌证书	2013.12
兰溪市水务局	省水利厅	2013 年度全省农村水电工作优秀集体	2014
永康市水务局	省水利厅	2013 年度全省农村水电工作优秀集体	2014
金东区政府	省水利厅	河道保洁长效管理先进市、县（市、区） 二等奖	2014
东阳市水务局	省水利厅	河道保洁长效管理先进市、县（市、区）一等奖	2014
浦江县自来水公司	省总工会 省安全生产监督管理局 省卫生和计划生育委员会	2013 年度浙江省“安康杯”竞赛先进集体	2014.03

金华市水利系统获市（地）厅级先进单位统计表

表 10-5

（二）市（地）级

获奖单位	授奖单位	荣誉称号	获奖时间
金东区水务局机关党委	中共金华市委	金华市创先争优先进基层党组织	2012
浦江县自来水公司	金华市人民政府	金华市关系和谐企业	2013.04

二、获奖个人

2005—2014 年，全市水利系统获市（地）厅级以上先进个人荣誉称号 43 人次，其中省（部）级 8 人次、市（地）厅级 35 人次。列表如下：

金华市水利系统获省部级先进工作者统计表

（2005—2014年）

表10-6

（一）部级

姓名	授奖单位	荣誉称号	获奖时间	所在单位
徐　亮	水利部	第六届全国水利技术能手	2007	金华市水文站
骆红旭	水利部	全国农村水电及电气化建设先进个人	2009	金华市水利管理站
胡志秀	水利部	全国农村水电及电气化建设先进个人	2009	东阳市小水电管理站
杨文兴	水利部	全国农村水电及电气化建设先进个人	2009	磐安县水务局
叶余钢	水利部	全国农村水电及电气化建设先进个人	2009	武义县水务局
李　明	农业部	全国无公害农产品优秀检查员	2009	金华市水产技术推站
池向东	水利部	全国水利工程管理体制改革工作先人	2010	金华市水利局
骆红旭	水利部	全国水利建设与管理先进个人	2011	金华市水利管理站
李　明	农业部	全国农业先进个人	2013	金华市水产技术推站

金华市水利系统获省部级先进工作者统计表

表10-7

（二）省级

姓 名	授奖单位	荣誉称号	获奖时间	所在单位
李　明	省委、省政府	省优秀科技特派员	2005	金华市水产技术推广站
胡育平	省人民政府	浙江省重点建设立功竞赛先进个人	2008.05	金华市沙畈水库管理处
何永耀	省人民政府	全省百万亩生态型水产养殖塘标准化建设先进个人	2011.1	兰溪市水务局

续表

李　明	省政府	全省百万亩生态型水产养殖塘标准化建设先进个人	2011	金华市水产技术推广站
李　明	省政府	浙江省农业科技成果转化推广奖	2013	金华市水产技术推广站
杨平源	省人民政府	2012 年度省重点建设立功竞赛先进个人	2013.4	兰溪市水务局
何晓辉	省人民政府	2012 年度省重点建设立功竞赛先进个人	2013.4	兰溪市水务局
曹胜余	省人民政府	浙江省优秀农村工作指导员	2013	金华市九峰水库管理处

金华市水利系统获市（地）厅级先进工作者统计表

（2005—2014 年）

表 10-8

（一）厅级

姓　名	授奖单位	荣誉称号	获奖时间	所在单位
吴双贵	省海洋与渔业执法总队	先进个人	2006	金东区渔政站
徐　亮	省水利厅	浙江省水利技术能手	2006	金华市水文站
梅新贵	省海洋与渔业执法总队	2005 年度全省渔业行政执法工作先进个人	2006.4	兰溪市渔政站
梅宴平	省海洋与渔业局	2006 年度全省渔业船舶检验系统先进工作者	2007.3	兰溪市渔业船舶检验站
程志良	省海洋与渔业局	2006 年度全省渔业行政执法工作先进个人	2007.4	兰溪市渔政站
梅新贵	省海洋与渔业局	2007 年度全省渔业行政执法工作先进个人	2007.4	兰溪市渔政站
丰巧婷	省水利厅	2007 年“浙江省水利工程优秀质量监督员	2008	金东区水利质监站
骆红旭	省水利厅	2007 年度全省农村水电工作先进个人	2008	金华市水利管理站
曹胜余	省水利厅	重点工程先进管理个人	2008	金华市九峰水库工程建设指挥部
何建春	省水利厅	2008 年全省农村水电工作先进个人	2009	国湖水电管理处
施杰尔	省水利厅	先进个人	2009	金东区农村供水改水办公室

续表

梅新贵	海洋与渔业执法总队	2008 年度全省渔业行政执法工作先进个人	2009.3	兰溪市渔政站
陈巧英	省水利厅	2008 年度水利综合统计先进个人	2009.11	磐安县农村饮用水办公室
厉富强	省水利厅	千万农民饮用水建设先进个人	2009.12	磐安县水务局
贾晓晟	海洋与渔业执法总队	2008 年度全省渔业行政执法工作先进个人	2009.3	兰溪市渔政站
梅新贵	省海洋与渔业局	2009 年度全省渔业船舶检验系统先进工作者	2009.3	兰溪市渔政站
骆红旭	省水利厅	2009 年度全省农村水电工作先进个人	2010	金华市水利管理站
胡小斌	省水利厅	2009 年度全省农村水电工作先进个人	2010	金华市水利管理站
刘　恒	省水利厅	2009 年度全省农村水电工作先进个人	2010	金东区水务局
叶小明	浙江省水利厅	全省万里清水河道建设先进个人	2010	金东区河道管理所
方拥军	浙江省水利厅	全省堤防加固建设先进个人	2010	金东区水务局
周险峰	省水利厅	全省万里清水河道建设先进个人	2010.05	磐安县河道与渔政管理所
何永耀	省海洋与渔业局	2009 年度渔船安全生产监管工作先进个人	2010.5	兰溪市水务局
杨平源	省水利厅	2010 年全省万里清水河道建设先进个人	2010.5	兰溪市水务局
邵柏清	省水利厅	2010 年度全省堤防加固建设先进个人	2010.5	兰溪市水务局
刘江良	浙江省水利厅	2011 年“浙江省水利工程优秀质量监督员	2011	金东区水利质监站
周清南	省水利厅	2010 年度全省农村水电工作先进个人	2011.4	兰溪市水务局
邵志平	省水利厅	2010 年度全省农村水电工作先进个人	2011.4	义乌市水务局
曾建武	省水利厅	2010 年度全省农村水电工作先进个人	2011.4	武义县水务局
梅新贵	省海洋与渔业局	2011 年度全省海洋与渔业系统政务信息工作先进个人	2011.12	兰溪市水务局
陈巧英	省水利厅	2010 年度水利综合统计先进个人	2011.12	磐安县农村饮用水办公室

续表

周险峰	省水利厅	2011年度浙江省水利工程优秀质量监督员	2011.12	磐安县水利质监站
周设华	省水利厅	2011年度全省农村水电工作先进个人	2012	婺城区水务局
杨文兴	省水利厅	2011年度全省农村水电工作先进个人	2012	磐安县水务局
薛宏钢	省水利厅	2011年度全省农村水电工作先进个人	2012	浦江县水务局
周险峰	省水利厅	2012年度浙江省水利工程优秀质量监督员	2012.12	磐安县水利质监站
梅新贵	省海洋与渔业局	2011年度渔船安全生产监管工作先进个人	2012.3	兰溪市渔政站
梅新贵	省海洋与渔业局	2011年度水产品质量安全监管先进个人	2012.5	兰溪市渔政站
郑松平	省水利厅	首席水利员	2012.9	武义县水务局
邱方荣	省水利厅	首席水利员	2012.9	武义县水务局
曾建武	省水利厅	2012年度全省农村水电工作先进个人	2013	武义县水务局
薛宏钢	省水利厅	2012年度全省农村水电工作先进个人	2013	浦江县水务局
刘树坚	省水利厅	2012年度全省农村水电工作先进个人	2013	金东区水务局
叶玲屏	省海洋与渔业局	2013年度全省海洋与渔业系统政务信息工作先进个人	2013.12	兰溪市水务局
童文林	省水利厅	2013年度全省农村水电工作优秀个人	2014	金华市水库管理处
曾建武	省水利厅	2013年度全省农村水电工作优秀个人	2014	武义县小水电管理站
陈　亮	省水利厅	2013年度全省农村水电工作优秀个人	2014	婺城区水务局

金华市水利系统获市（地）厅级先进工作者统计表

表 10-9

（二）市（地）级

姓名	授奖单位	荣誉称号	获奖时间	所在单位
杨春苗	金华市人民政府	金华市劳动模范	2007	金华市金兰水库管理处
胡育平	金华市人民政府	金华市劳动模范	2010	金华市沙畈水库管理处
胡育平	金华市委 金华市人民政府	十佳实干型干部	2011	金华市沙畈水库管理处
邵茂良	金华市委 金华市人民政府	十佳实干型干部	2011	兰溪市水务局
胡育平	中共金华市委	金华市创先争优优秀共产党员	2012.06	金华市沙畈水库管理处
骆红旭	中共金华市委	金华市机关“十大中层干部标兵”	2013.9	金华市水库管理处

第四章　水利文化

第一节　水利工程与文化

随着金华市经济社会的发展和人民生活水平的提高，水利工程建设除了基本的防洪、供水等功能外，对景观和休闲娱乐等要求越来越高，在金华市区城市防洪堤改造、河道整治等工程建设中融入了生态、休闲、人文景观等元素，实现人水和谐共生。

金华市城南桥至河盘桥段防洪景观工程位于金华经济开发区，东起城南桥，西至河盘桥，全长 1720 米，宽 15～100 米，设计防洪标准五十年一遇。工程于 2009 年 11 月开工建设，2010 年底完工，是金华市区第一段将城防建设与景观建设相结合的工程。沿江带设置了许多景观节点，包括亲水码头、观景平台、观景游步道以及极具金华历史文化内涵的大型文化艺术浮雕群。

浮雕群共分四个主题区块，分别是《婺华天宝》《邹鲁之风》《金华德育歌》《千古风流》，总面积约 703 平方米。《婺华天宝》浮雕长 82 米、高 3 米，借用“物华天宝”成语之含义，以金华传说、名人诗文、名优特产等为素材，展现金华城市的辉煌历史和 8 个县市最具代表性地方特产。双龙洞、茶花、佛手、宣莲、火腿、木雕、婺州窑、万佛塔等婺州瑰宝惟妙惟肖，李白、李清照、徐霞客等名人诗文述说着金华厚重的历史文化底蕴。　在《婺华天宝》西侧，另一幅长9米，高约2.7米的浮雕名为《邹鲁之风》，它以《金华丛书》的经、史、子、集书名作为浮雕背景，“小邹鲁”三字作为浮雕的主要元素，彰显婺文化的厚重与儒学文化的深度。再往西就是由金华市委宣传部组织编写的《金华德育歌》，以三字经的形式阐述了金华历史、文化、人物，由书法的形式予以表现。最后是四组浮雕群中最大的一幅——《千古风流》，长214米、高2米。《千古风流》整合了婺文化的精髓，集神话传说、生活习俗、名人名篇、传统戏剧曲艺、名胜古迹于一体，包括沈约与八咏楼、张志和的《渔歌子》、诗僧贯休的罗汉图、吕祖谦为代表的“金华学派”和以陈亮为代表的“永康学派”、元代名医朱丹溪、清代戏曲家李渔等。

东关大桥至电大街大桥段江堤加固改造工程位于金华市区东阳江南岸，东起东关大桥，西至电大街大桥，全长815米。工程于2012年12月开工建设，2013年12月完工。改造后的江堤集城市防洪、绿化、人文景观等功能于一体，绿地成茵，亭台水榭错落有致，成为金华市民休闲健身的好去处。主雕塑《鲤鱼跳龙门》、地雕《水韵流芳》、墙景浮雕《五水共治》等记载了金华水利事业的快速发展。

主雕塑《鲤鱼跳龙门》取材于中国传统神化故事“鲤鱼跳龙门”，寓意金华水利事业在新的历史条件下，冲破艰难险阻，不断攀登新的高峰。雕塑高16米，立于堤顶东关大桥端入口处，由浙江省雕塑研究会创作中心创作完成。

主雕塑的下方是一幅约200平方米的巨幅地雕《水韵流芳》——金华市流域水系分布图，全市主要河道名称以及大中型水库名称星罗棋布在水系图表面，直观地呈现出金华独特的水系风貌。

墙景浮雕《五水共治图》以金华市“五水共治”工作为主题，通过雕刻的形式分别描绘出山、水、林、田、湖的秀美画面，寓意山水林田湖是一个生命共同体，治水要运用系统思维，统筹自然生态各个要素的治水理念。

第二节　廉政文化

廉政文化是先进文化的重要组成部分，是社会主义和谐文化的重要内容。2010年，金华市水利局被列入省级廉政文化进机关活动示范点，按照“一个都不能倒，一个都不能少”的目标，从八个方面努力创建省级廉政文化进机关示范点。

1.广泛宣廉，增强廉政文化的影响力。在金华水利网站开设廉政文化栏目；在局机关办公楼布设勤政廉政格言警句、书画作品；在办公桌上设置有个人形象、座右铭和机关效能建设“四条禁令”为内容的警示牌；选择廉政格言警句、廉政书画作品或清正廉洁寓意图等制作电脑廉政屏保；在局机关办公楼大门口设置廉政文化电子显示屏，三、四楼建立廉政文化进机关宣传栏和学习园地橱窗；及时公开党务、政务、财务和勤政廉政制度规定及工作纪律、办事程序、服务标准等；在阅览室设置廉政书架、廉政教育影视场所等党风廉政宣传教育平台。

2.教育倡廉，增强廉政文化的吸引力。采取中心组学习会、支部学习会、民主生活会、局机关大会等形式，认真学习《党章》《实施纲要》以及领导干部廉洁从政若干准则等党纪政纪条规；机关干部每年要读一本以廉政为主题的好书，每月要读一篇以廉政为主题的文章，并写一篇读后感；领导班子成员或请有关专家每年讲一堂廉政党课；每年观看一部以上反腐倡廉电教片，并组织讨论；结合发生在浙江省水利系统的一些违法违纪案例，开展预防职务犯罪教育；适时开展任前谈话和诫勉谈话。通过开展形式多样的学习教育，提高廉政教育效果。

3.活动兴廉，增强廉政文化的渗透力。开展专题警示教育活动；组织局机关干部和局属各单位党政正职到法院现场旁听领导干部职务犯罪案件审理；参观廉政教育基地；重温入党誓言，进行革命传统教育和爱国主义教育；开展祭扫烈士陵园活动，通过活动缅怀革命先烈，凭吊英灵，继承遗志；适时举办廉政书法、摄影、绘画等作品展览。

4.制度保廉，增强廉政文化的有效力。在廉政文化建设的过程中，坚持把制度建设作为构建惩防体系抓好廉政建设的有效途径，建立完善一整套廉政建设的规章制度，努力做到用制度管人、管钱、管事。保证人事权、财务权、执法权规范、高效运行，杜绝因权力失控、滥用导致腐败。每年保证一定经费用于廉政文化硬件和软件的建设，逐步完善基础设施。

5.结贫思廉，增强廉政文化的互动力。局机关党支部与婺城区塔石乡桃连村扶贫结对，四个党小组与村里四个特困户结对，每年不少于三次前往走访慰问并进行交流，为结对村送温暖，帮助树立生活、生产勇气；送技术，帮助提高致富能力；送捐赠资金物品，帮助解决目前困难，送扶持资金，帮助开发扶贫项目。每年春节前四个党小组都要前往特困户家中走访慰问，使其感受到党组织对他们的关怀。局机关每位党员都结对一名局离退休党员，逢年过节不忘上门探望慰问，交流艰苦朴素、廉洁从政等情况，帮助解决他们日常生活中的困难。通过结贫思廉，使局机关每位党员干部思考如何廉洁自律，勤政为民。

6.家庭助廉，增强廉政文化的辐射力。以机关廉政文化建设成效影响带动基层廉政文化建设。将廉政文化向党员干部家庭渗透，在局机关干部和局属各单位党政正职家庭中开展“家庭助廉”倡议活动，给党员领导干部家属发放《中国共产党党员领导干部廉洁从政若干准则》等廉政规定，开展争当“贤内助”“廉内助”、创建“廉洁文明家庭”活动，在元旦、春节期间，向每位领导干部家庭寄发廉政明信片，温馨提醒大家加强党风廉政建设，筑牢家庭拒腐防线。

7.领导承廉，增强廉政文化的核心力。建立廉政文化进机关示范点创建活动领导小组，抓好组织实施。坚持局党委与局机关处室和局属单位之间，局属单位与内设科室之间层层签订《党风廉政建设责任书》制度；加强对党风廉政建设责任制贯彻落实情况的日常督查，每年年底组织领导干部进行述职述廉、廉政谈话、报告个人重大事项和年度考核测评工作。

8.监督促廉，增强廉政文化的督查力。充分发挥金华市水利局机关效能、政风行风、政务公开监督员的作用，通过组织监督员暗访、座谈会等形式，积极收集、了解社会各界群众对市水利系统机关效能建设、政风行风、政务公开等方面的意见和建议，及时进行纠正和整改；加强内部审计和执法监察、效能监察和行风政风监察，进一步规范行政行为，提高办事效率和质量，实现秉公用权、廉洁从政，确保廉政文化进机关活动取得实效。

第三节　书画协会

金华市水利系统书画协会创建于 2007 年 3 月，隶属金华市水利渔业局。其主要职责是，组织全市水利系统爱好书画的干部职工在抓好水利工作的同时，深入实际，深入群众，利用自身特长，创作优秀的书法、美术等作品，宣传和弘扬全市水利系统在水利改革、发展过程中涌现出来的感人事迹，通过作品来凝聚人心，鼓舞士气 ，提高水利部门的文化品位、精神风貌，更好地为水利中心工作服务。

金华市水利系统书画协会 2007 年创建时有会员 37 人，同年选举产生第一届理事会：时任金华市水利局局长包晓华任名誉主席，局纪检组组长孟庆连任主席，李锦满任秘书长，金保成、叶亮任副秘书长，理事有阮金荣、潘炉生、池向东、贾跃俊、金保成、张春阳、李锦满、郑建高、胡春龙、曹申生、应青、陈政权 12 人。2013 年 10 月进行换届，产生了第二届理事会：包晓华、潘炉生任名誉主席，孟庆连、应青、陈政权、芮顺淦、方钢军任顾问，金时刚任主席，李锦满任副主席兼秘书长，叶亮任副秘书长，理事有贾跃俊、金保成、朱志明、朱竣文、陈琦、刘恒、龚龙彬、虞俊寒、吴璐珏、季春华、杨春苗、龚兴位、郑建高、施青敏、张序林、胡改 16 人。至 2014 年 12 月，金华市水利系统书画协会共有会员 70 人。

后　记

金华市水利渔业局继编撰出版《金华市水利续志》（1991—2004）后，2014 年着手开展《金华市水利续志》（2005—2014）的编撰工作。同年 9 月成立《金华市水利续志》（2005—2014）编纂委员会，并抽调人员，收集资料，开始编撰。2016 年 12 月形成初稿，2017 年 4 月形成送审稿。

在书稿编纂过程中，得到浙江通志水利卷编辑部和金华市地方志编纂办公室的具体指导，各县（市、区）水利（水务）局和局属各单位提供第一手资料，由金华市水利渔业局办公室提供照片，在此一并致谢。

《金华市水利续志（2005—2014）》力求客观记载 2005—2014 年金华市水利发展面貌，但由于我们编志水平有限，差错、疏漏和不当之处，恳请读者批评指正。

图书在版编目（CIP）数据

金华市水利续志..2005-2014/浙江省金华市水利渔业局编.--北京：方志出版社，2017.7

ISBN 978-7-5144-2457-7

Ⅰ.①金… Ⅱ.①浙… Ⅲ.①水利史-金华--2005-2014 Ⅳ.①TV-092

中国版本图书馆CIP数据核字（2017）第171374号

金华市水利续志（2005—2014）

编　　者：浙江省金华市水利渔业局
责任编辑：齐　笑

出 版 人：冀祥德
出 版 者：方志出版社
　　　　　地址　北京市朝阳区潘家园东里9号（国家方志馆4层）
　　　　　邮编　100021
　　　　　网址　http://www.fzph.org
发　　行：方志出版社发行中心
　　　　　电话（010）67110500
经　　销：各地新华书店
印　　刷：金华市三彩印业有限公司

开　　本：889×1194　　1/16
印　　张：16.5
字　　数：371千字
版　　次：2017年7月第1版　　2017年7月第1次印刷
印　　数：0001~1000册

ISBN 978-7-5144-2457-7　　定价：288.00元